"十三五"普通高等教育本科系列教材

U0204528

AutoCAD机械设计
绘图教程 （第二版）

主　编　郭克希

副主编　郝诗明　魏吉双

参　编　唐　昆　付　卓　张明军

　　　　陈宇锋　程立志

主　审　刘静华

中国电力出版社

CHINA ELECTRIC POWER PRESS

内 容 提 要

本书由浅入深、循序渐进地介绍了 AutoCAD 在平面设计和三维图形设计中的各种基本命令、操作方法和使用技巧。全书共分 8 章,分别介绍 AutoCAD 概述、基本二维图形的绘制与编辑、工程二维图形的绘制与编辑、零件图和装配图的绘制、三维网格与三维曲面、三维实体造型与渲染、三维零件和装配体设计绘制、三维模型生成二维图等内容。本书通俗易懂、内容丰富、结构清晰、图文并茂、重点突出、注重实用。通过阅读本书,读者能够在较短的时间内掌握 AutoCAD 软件的操作和使用。

本书可作为高等院校和 AutoCAD 技术培训班的教材,也可供机械设计制造、平面设计、三维造型等行业相关专业人员以及 AutoCAD 的初、中级读者使用。

图书在版编目(CIP)数据

AutoCAD 机械设计绘图教程/郭克希主编 . —2 版 . —北京:
中国电力出版社,2016.1(2025.1 重印)
"十三五"普通高等教育本科规划教材
ISBN 978 - 7 - 5123 - 8625 - 9

Ⅰ. ①A… Ⅱ. ①郭… Ⅲ. ①机械设计-计算机辅助设计-AutoCAD 软件-高等学校-教材 Ⅳ. ①TH122

中国版本图书馆 CIP 数据核字(2015)第 290197 号

中国电力出版社出版、发行
(北京市东城区北京站西街 19 号 100005 http://www.cepp.sgcc.com.cn)
固安县铭成印刷有限公司印刷
各地新华书店经售

*

2011 年 8 月第一版
2016 年 1 月第二版 2025 年 1 月北京第十次印刷
787 毫米×1092 毫米 16 开本 14.75 印张 361 千字
定价 30.00 元

前　言

　　Autodesk 公司出品的 AutoCAD 软件，可用于二维绘图、详细绘制、三维设计，具有良好操作界面，可提高设计绘图效率，在机械、建筑、电子、土木工程、纺织、轻工、造船等各个领域应用广泛。DWG 是业界使用最广泛的设计数据格式之一。

　　AutoCAD 设计绘图软件每年更新版本，AutoCAD 2016 是 Autodesk 公司推出的 CAD 设计软件最新版本。与以前版本相比，它的功能更强、命令更简捷、操作更方便，并可以在各种操作系统上运行，支持 win8/8.1/Win7 等各个 32 和 64 位操作系统。

　　本书以 AutoCAD 2016 为平台，从工程实际出发，全面而深入地讲述了使用 AutoCAD 的各种功能实现工程设计绘图的方法和步骤，特别是在机械工程领域二维和三维图形绘制的实际运用。本书在保持和发扬第一版特色的基础上，进行修订工作的原则如下：

　　(1) 采用 AutoCAD 2016 默认安装的绘图工作环境进行命令的操作，由原来旧版本的经典界面操作转到新的操作界面，使绘图更加快捷。

　　(2) 除了最基本的绘图命令，其他的各种编辑命令、各种设置定义，均围绕着清晰、准确和高效三方面编排。

　　(3) 增加实例图形，使读者更易理解和掌握 AutoCAD 软件的使用。

　　全书共分 8 章，分别介绍 AutoCAD 概述、基本二维图形的绘制与编辑、工程二维图形的绘制与编辑、零件图和装配图的绘制、三维网格与三维曲面、三维实体造型与渲染、三维零件和装配体设计绘制、三维模型生成二维图等内容。书中大量实例来源于生产实际，并根据作者长期从事 CAD 教学和研究，总结了许多教学经验和技巧编入书中。书中每章后有习题和思考题，读者可以将基本知识和实战操作结合起来，快速、全面地掌握 AutoCAD 软件的使用方法和绘图技巧，达到融会贯通、灵活运用的目的。

　　参加本次修订工作的人员有郭克希（第 1、4 章）、魏吉双（第 2 部分、3 章）、唐昆（第 2 章部分）、郝诗明（第 5 章）、付卓（第 6、7 章部分）、程立志（第 7 章部分）、张明军和陈宇锋（第 8 章）。长沙理工大学的研究生彭文波参加了部分绘图工作。本书由郭克希（长沙理工大学）担任主编，郝诗明（长沙学院）和魏吉双（长沙理工大学）担任副主编。

　　本书由北京航空航天大学刘静华教授主审。在本书的编写过程中，得到了编写学校多位老师的大力支持和帮助，在此一并表示诚挚的谢意。

　　本书编写过程中参阅了有关文献，在此对这些文献的作者表示衷心的感谢。

　　由于编者水平所限，书中难免存在错误和不足之处，敬请读者予以指正。

编　者

2015.10

第 一 版 前 言

随着计算机技术的迅猛发展，计算机辅助绘图（Computer Aided Draft）和计算机辅助设计（Computer Aided Design）的应用技术得到迅速飞跃。在机械、建筑、电子等各个领域广泛应用的 AutoCAD 通用计算机辅助设计绘图软件也与时俱进，不断改进完善以前的版本，不断扩展拓新其功能，AutoCAD 2011 是该软件的最新版本。

本书针对我国当前高等教育工科院校学生以及从事工程设计和技术绘图的技术人员对计算机辅助设计绘图知识的需求，结合作者多年的 CAD 教学和工程实践经验精心编写而成。

由于 AutoCAD 功能强大，内容很多，本书在编写过程中，没有追求面面俱到，而是以工程实际为出发点，全面而深入地讲述了使用 AutoCAD 的各种功能实现工程设计的方法，特别是在机械工程领域二维和三维图形绘制的实际运用。本书主要具有以下几点特色：

1. 通俗易懂，循序渐进

本书结构层次分明，条理清楚，先二维后三维，反映了内容的内在联系及特有的思维方式。在内容编排上难点分散，由浅入深，循序渐进。对命令执行过程中的注意事项、作图技巧及容易出现的操作错误等及时给出各种提示。

2. 理论与实践相结合

本书内容选择注重科学性、时代性和工程实践性相结合，精选的机械图是采用工程中常见的机械装置的零件图和装配图。通过实例，注重培养读者良好的应用 AutoCAD 软件设计绘图的操作方法和习惯。每章末都附有上机实验和思考题，以供读者练习。

3. 反映 CAD 技术发展方向

结合 CAD 技术的发展趋势，本书除了介绍二维设计绘图以外，还结合 AutoCAD 2011 软件新的加强功能，介绍了三维网格与三维曲面设计，并采用了典型机械三维零件和装配体的设计绘制实例，以及三维模型的二维图形转换，反映了机械工程领域设计绘图技术的发展方向。

4. 遵循国家标准，科学规范

本书贯彻最新的 CAD 技术制图标准和机械制图标准，有利于工程图绘制的科学规范，便于交流和与国际工程设计接轨。

本书由长沙理工大学郭克希担任主编，长沙学院郝诗明担任副主编，参加编写的人员有郭克希、郝诗明、魏吉双、陈宇锋、程立志。长沙理工大学的殷彬、吴海、叶浩参加了部分绘图工作。

本书由北京航空航天大学刘静华教授主审。编写学校的领导及所属院系的同志们对本书的编写提供了许多帮助，在此一并表示诚挚的谢意。

本书编写过程中参阅了有关文献，在此对这些文献的作者表示衷心的感谢。

由于作者水平有限，书中内容不足之处恳请专家和读者批评指正。

编　者
2011.6

目　　录

第1章　AutoCAD　概　述

本章概要　介绍 AutoCAD 的用户界面及其操作方法，坐标系统的设置，命令和数据的输入与修改，以及 AutoCAD 提供的模型空间和图纸空间、绘图环境和图层的设置。

AutoCAD 自 20 世纪 80 年代首次推出 R1.0 版本以来，由于其简便易学、作图精确，具有良好的操作界面，能提高设计质量、缩短设计周期、增加经济效益等优点，一直深受广大工程设计人员的青睐，广泛应用于机械、建筑、土木、电子、化工、轻工等工程设计领域。随版本的逐年更新，AutoCAD 系统不断完善，可以轻松地交换信息和共享在产品设计、制造过程中的设计数据，充分体现了快捷方便、实用高效、以人为本的设计原则，在工程设计项目的整个生命周期实现了无缝的设计协作和交流。AutoCAD 2016 使 2D 和 3D 设计、文档编制和协同工作流程更加快捷，支持演示的图形、渲染工具和三维打印功能，同时赋予了用户更为丰富的屏幕体验，用户可创造出想象中的任何图形。

AutoCAD 软件具有以下特点：

（1）具有完善的图形绘制功能和强大的图形编辑功能。

（2）可以智能标注，生成精确的测量值。

（3）可以采用多种方式进行二次开发或用户定制。

（4）可以进行多种图形格式的转换，具有较强的数据交换能力。

（5）支持多种硬件设备和多种操作平台。

（6）具有通用性、易用性，适用于各类用户。

在学习用 AutoCAD 绘图之前，我们应先了解 AutoCAD 使用基础知识。

1.1　AutoCAD 2016 的工作空间

工作空间是指包括可固定窗口、菜单、工具栏及其他用户界面要素的 AutoCAD 窗口布局。

安装 AutoCAD 以后，系统会在桌面上创建快捷图标，并在程序文件夹中创建 Auto-CAD 程序组。用户可以用以下两种方法启动 AutoCAD 进入绘图界面。

（1）双击 Windows 操作系统桌面上的 AutoCAD 2016 快捷图标。

（2）在 Windows 操作系统桌面上，在"开始"菜单上依次单击"程序"—"Au-todesk"—"AutoCAD 2016 - Simplified Chinese"—"AutoCAD 2016"。

启动 AutoCAD 2016 中文版后，首先进入绘图初始界面，如图 1-1 所示。单击"开始绘制"按钮开始绘制新图形。

AutoCAD 2016 有三种预定义的工作空间，三维基础、三维建模和二维草图与注释工作空间，如图 1-2 所示。可以单击窗口右下角"切换工作空间"图标 ⚙ ▾，用"工作空间设置"对话框来控制工作空间的显示、菜单顺序和保存设置，可以选择预定义的工作空间，也

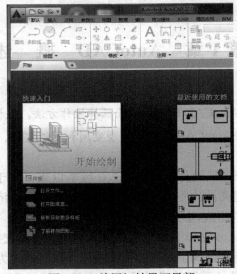

图1-1　绘图初始界面局部

可以自定义工作空间。使用工作空间时，只会显示与任务相关的菜单、工具栏、功能区选项卡和选项板。从 AutoCAD 2009 开始，AutoCAD 系统采用了功能区条状用户界面，功能区是显示基于任务的工具和控件的选项板，按任务进行分栏。

本书以二维草图与注释工作空间介绍用户界面。

AutoCAD 二维草图与注释工作空间的用户界面主要由标题栏、应用程序按钮、快速访问工具栏、菜单栏、联机帮助搜索、选项卡、选项板、绘图窗口、命令行、状态栏等组成，见图1-2（c）。

1.1.1　标题栏

标题栏位于应用程序主窗口顶部。AutoCAD 安装后，系统默认绘图窗口最大化，标题栏同时显示用户当前正在编辑的图形文件的文件名。标题栏右端有三个按钮，从左到右分别为最小化按钮、最大化按钮（还原）和关闭按钮，单击这些按钮可以使窗口最小化、最大化（还原）和关闭。此外，从 AutoCAD 2004 开始，标题栏的图形文件名可包含其完整路径显示，以方便用户了解图形文件所在位置。该功能可在菜单栏"工具（Tools）"，单击"选项（Options）"命令，在弹出的"打开和保存"选项卡对话框中设置。绘图窗口的左上部有文档选项卡，可以在多个已打开的绘图窗口快捷选择所需编辑的绘图文档。

1.1.2　菜单与应用菜单按钮

菜单包括菜单栏、快捷菜单和应用菜单。

菜单栏位于系统标题栏的下方，包含 AutoCAD 2016 的 12 个主菜单项。单击任意菜单项，会弹出相应的下拉菜单，如图1-3所示。在弹出的下拉菜单中选择子菜单或命令选项，即可实现相应功能。

快捷菜单由定点设备上的按键（如鼠标右键）支持。快捷菜单上显示的选项是上下文关联的，取决于当前的操作和光标的位置。AutoCAD 2016 规定弹出快捷菜单的位置包括绘图窗口、命令窗口、状态栏、模型标签和布局标签、选项卡和面板、对话框窗口。例如在选项面板上单击鼠标右键，可弹出图1-4所示的快捷菜单，快捷菜单上的子菜单打"√"表示

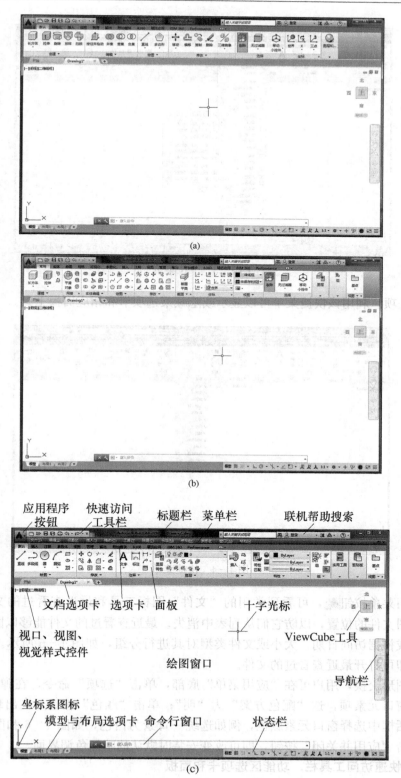

图 1—2　AutoCAD 2016 工作空间

(a) 三维基础工作空间；(b) 三维建模工作空间；(c) 二维草图与注释工作空间

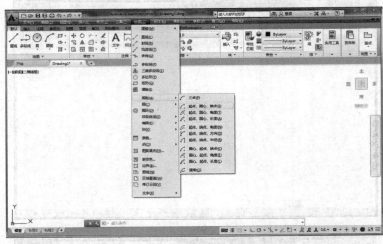

图 1-3　下拉菜单

显示该工具选项。利用该快捷菜单可以显示或隐藏某选项卡和相应面板工具。

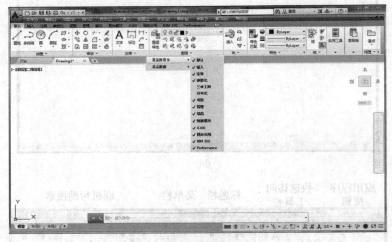

图 1-4　快捷菜单

　　单击应用菜单按钮，可看到常用的"文件"图标工具和最近查看过的文件。请务必锁定常用绘图文件的位置，以防它们从列表中消失。最近查看过的文件能够以图标或图片的形式显示，或根据访问日期、大小或文件类型对其进行分组，如图 1-5 所示。单击某个图标或图片，即可打开最近查看过的文件。

　　为便于图形交换，用户可在"应用菜单"底部，单击"选项"命令，在弹出的"显示"选项卡中的窗口元素项，选"配色方案"为"明"；单击"颜色"按钮，在出现的"图形窗口颜色"对话框中选择窗口元素颜色，例如选统一背景为白色，如图 1-6 和图 1-7 所示。选好后，单击"应用并关闭"按钮，即可改变安装时默认的暗黑色调界面。

1.1.3　快速访问工具栏、功能区选项卡和面板

　　位于屏幕左上角的快速访问工具栏显示常用工具，在采用功能区用户界面时很有用。可

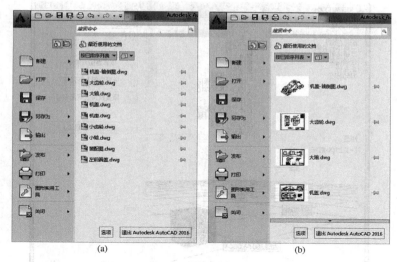

图 1-5 应用菜单

(a) 图标显示最近查看过的文件;(b) 图片显示最近查看过的文件

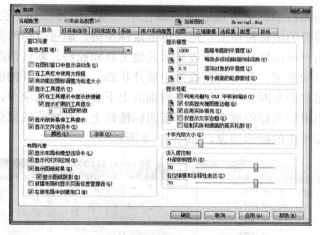

图 1-6 "显示"选项卡对话框

以快速进行设置工作空间,新建、打开、保存、打印文件或撤销、重做等操作。通过选择向下的箭头,能够快速将常用命令加入定制工具栏。AutoCAD 2016 安装时默认菜单栏是隐藏的,可通过单击快速访问工具栏右侧的图标▼,在出现的菜单中选择"显示菜单栏",如图 1-8 所示。菜单栏的显示见图 1-2(c)。

在创建或打开文件时,会自动显示功能区。功能区由许多包含工具和控件的选项面板组成,这些面板被组织到依任务进行标记的选项卡中。若要指定要显示的功能区选项卡和面板,在功能区上单击鼠标右键,然后在出现的菜单中单击或清除选项卡或面板的名称。

AutoCAD 2016 大部分常用命令集成在"默认(常用)"选项卡,该选项卡提供了"绘图"、"修改"、"注释"、"图层"、"块"、"特性"、"组"、"实用工具"、"剪贴板"、"视图"10 个工具面板。单击面板上某个图标,可以发出相应的命令或显示相应对话框。

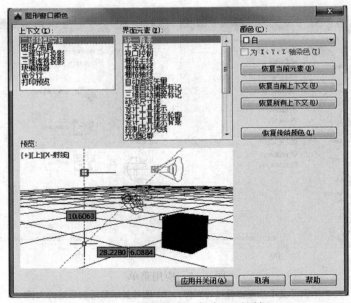

图 1-7　"图形窗口颜色"对话框

　　用鼠标左键单击面板图标下方或右侧的黑色小三角形图标按钮，会弹出其下拉图标按钮，拖动鼠标到所需要的图标按钮上，然后单击鼠标左键，即可选择所需要的命令。面板标题右侧的箭头表明用户可以展开该面板以显示其他工具和控件。默认情况，在单击其他面板时，展开的面板会自动关闭，若要使面板处于展开状态，可单击展开的面板左下角的图钉图标。另外，在执行某些命令时，将显示一个特别的上下文功能区选项卡，结束命令后，会关闭上下文选项卡。当鼠标光标停放在某个面板图标按钮上，系统将在鼠标位置显示简短的命令提示、命令说明和相应的提示信息，如图 1-9 所示。

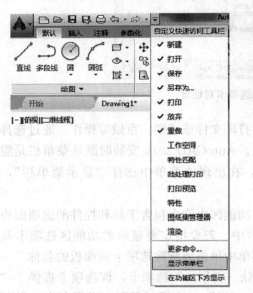

图 1-8　显示菜单栏

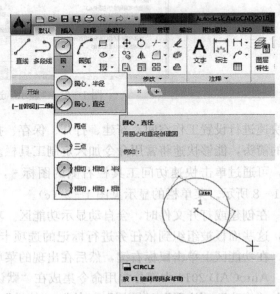

图 1-9　下拉图标和命令提示

1.1.4 绘图窗口

绘图窗口用于图形的绘制和编辑。AutoCAD 采用多文档设计环境，所以可以同时打开多个绘图窗口，如图 1-10 所示。

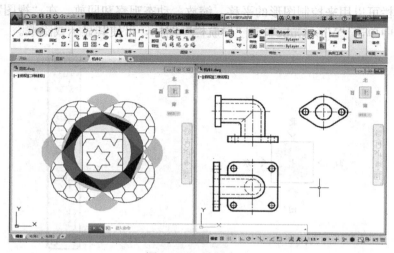

图 1-10 绘图窗口

1.1.5 状态栏

状态栏位于应用程序主窗口底部，用来显示用户当前的工作状态。状态栏的左侧可以显示或隐藏当前光标所在位置的坐标值，状态栏中间和右边的按钮用于指示并控制用户的工作状态。用鼠标单击任意按钮，可以切换当前的工作状态。可以单击状态栏最右边的"自定义"按钮，在出现的快捷菜单中设置显示或隐藏状态栏上某个按钮。当用户将鼠标置于状态栏上某按钮时，将显示相应命令的提示信息。状态栏上的命令是透明命令，即在其他命令执行过程中仍然能执行的命令。

1.1.6 十字光标

十字光标是绘图窗口中显示的绘图光标，用于绘图时的坐标定位和对象的选择。默认情况下，十字光标与屏幕大小的百分比为 5%。绘图时，用户可以在"应用菜单"底部，单击"选项"命令，在弹出的对话框中找到如图 1-6 所示"显示"选项卡中的十字光标大小项，根据需要拖动滑块或改变数值以调整十字光标尺寸。

1.1.7 命令行窗口

命令行窗口位于状态栏上方，用来接受用户键盘输入命令并显示提示信息。命令行上有命令历史窗口，可显示 AutoCAD 启动后所用过的全部命令及提示信息。命令行的高度是可调的，位置也可以移动。默认情况下，将启用动态显示命令。

文本窗口是命令行窗口的另一种形式。默认情况下，文本窗口是关闭的，用户可用 F2 键来切换其打开和关闭状态。有些命令会自动打开文本窗口，如"列表显示（List）"、"状态（Status）"等。

1.1.8 视口视图视觉样式控件、ViewCube 工具和导航栏

如图 1-2（c）所示，安装 AutoCAD 后，默认状态下在绘图区域的左上角有"视口"、"视图"、"视觉样式"控件，可以切换 ViewCube 和其他查看工具的显示，控制视口的数量，

选择命名或预设视图，还可以选择视觉样式。

　　如图 1-11 和图 1-12 所示，绘图区域右上角的 ViewCube 工具，可以显示模型的当前方向，并使用户可以交互式旋转当前视图或恢复预设视图，以从不同的视角查看图形。绘图区右侧的导航栏可以用来控制图形的平移、缩放、动态观察和回放。在"视图"选项卡"视口工具"面板中单击"ViewCube"或"导航栏"图标，可使其显示或隐藏。

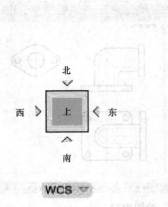

图 1-11　ViewCube 工具　　　　　　1-12　导航栏

1.1.9　工具选项板

　　工具选项板主要用于快速创建常用的对象。在"视图"选项卡中，单击"工具选项板"图标▣，或按 Ctrl+3 键，可以调出工具选项板。默认状态下工具选项板带有"建模"、"约束"、"注释"、"建筑"、"机械"、"图案填充"等 21 个子选项卡，用鼠标左键在子选项卡左下角折叠处单击，即可以在弹出的列表框中选择所需的子选项卡。用户可以对工具选项板进行定制，将常用的块和图案填充放置在工具选项板上，当用户需要向所画图形中添加块或图案填充时，只需用鼠标左键将其从工具选项板拖动至图形中即可，如图 1-13 所示。

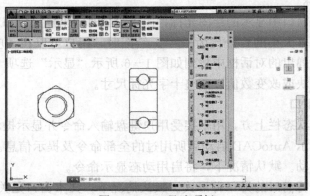

图 1-13　工具选项板

1.1.10　联机帮助搜索

　　可以通过单击"联机帮助搜索"工具栏上的"帮助"按钮或按 F1 键快速寻求帮助。通过"联机帮助搜索"，可以查询搜索各种信息源，其中包括在线信息。用户只需点击箭头便可打开或关闭搜索域，用户还可以轻松地访问产品更新和通知，用"联机帮助搜索"执行这些操作：使用关键字或短语搜索信息、登录 A360 以联机访问与桌面软件集成的服务（借助 A360 Drive 可以访问基于云的服务）、启动 Autodesk Exchange 应用程序网站、访问脱机帮助等。

1.2　AutoCAD 图形文件操作

AutoCAD 对图形文件的操作主要有新建文件、保存文件和打开文件三种。每一种文件操作均可采用单击用户界面左上角"快速访问工具栏"上的相应图标（见图 1-14）、直接输入命令名并按 Enter 键、单击菜单栏"文件"中对应的菜单项等操作方法来执行。

图 1-14　"快速访问"工具栏

1.2.1　创建新图形

单击"快速访问工具栏"上的新建文件图标，或单击菜单栏"文件"—"新建"，也可在命令行输入 New 并按 Enter 键，可弹出如图 1-15 所示的"选择样板"对话框。在"名称"列表框中，用户可根据不同的需要选择模板样式。对于一般用户选择"Acadiso. dwt"样式即可。选择需要的模板样式后，单击"打开"按钮，显示在当前窗口中的即是新建的图形文件。

单击应用菜单按钮，再依次单击"新建"—"图形"，如图 1-16 所示。同样可弹出如图 1-15 所示的"选择样板"对话框。

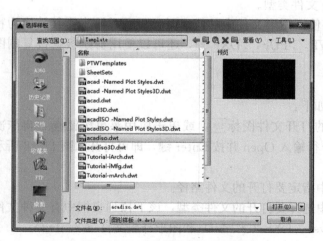

图 1-15　"选择样板"对话框

图 1-16　用应用菜单按钮创建新图形

★注意：如果在"选项"对话框的"文件"选项卡上指定了一个快速新建的默认图形样板文件，单击"快速访问工具栏"上的新建文件图标，将基于指定的默认图形样板文件快速创建一个新图形。

1.2.2　保存图形文件

当用 AutoCAD 绘制好图形后，应将文件保存在磁盘中。保存文件的操作步骤如下：

（1）对于新文件可以单击"快速访问工具栏"上的保存文件图标 🖫，或单击应用菜单按钮▲，再依次单击"保存"或"另存为..."，也可在命令行输入 Qsave 或 Saveas 并按 Enter 键，即可打开"图形另存为"对话框，如图 1-17 所示。

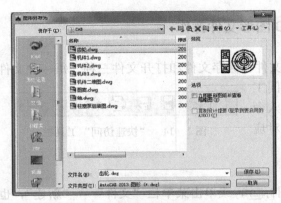

图 1-17　"图形另存为"对话框

（2）在"保存于"下拉列表框中指定图形文件保存的路径。

（3）在"文件名"文本框中指定图形文件的名称。

（4）在"文件类型"下拉列表框中选择图形文件要保存的文件类型。

（5）设置完成后单击"保存"按钮。

★注意：如果所编辑的文件是已保存过的文件，当再次单击"快速访问工具栏"中的保存文件图标 🖫 或在命令行输入 Qsave 命令则不会再弹出如图 1-17 所示的对话框，而是按原文件名保存。但若单击"快速访问工具栏"中的"另存为"图标 🖫 或在命令行输入 Saveas 命令，则再次打开如图 1-17 所示的对话框，提示用户重新设置保存路径、文件名及文件类型。

　　AutoCAD 默认的图形文件扩展名为 .dwg，高版本 AutoCAD 软件兼容低版本，可以将图形保存为图形格式（dwg）或图形交换格式（dxf）的早期版本或保存为样板文件（dwt）。如要在 AutoCAD 2007 中打开在 AutoCAD 2016 中画的图，可在"文件类型"下拉列表框中选择另存为 AutoCAD 2007 的 ∗.dwg 文件类型。

　　当其他 Windows 应用程序中需要使用图形文件中的信息时，可通过输出将其转换为特定格式。特定的图形图像格式有 .DWF，.PDF，.DXF 等，还可以使用剪贴板直接复制图形到其他 Windows 应用程序中。

1.2.3　打开图形文件

打开一个已存盘图形的操作步骤如下：

（1）单击"快速访问工具栏"上的打开文件图标 🗁，或单击应用菜单按钮▲，再依次单击"打开"—"图形"，也可在命令行输入 Open 并按 Enter 键，即可打开如图 1-18 所示的"选择文件"对话框。

（2）在"查找范围"下拉列表框中指定要打开的文件路径。

（3）在"文件类型"下拉列表框中选择要打开的文件类型，该下拉列表框中有 4 种文件类型：图形（∗.dwg）、标准（∗.dws）、DXF（∗.dxf）和图形样板文件（∗.dwt）。

（4）在文件列表框中选择要打开的文件，右侧的"预览"框中显示了对应的图形。

（5）单击"打开"按钮右侧的▾按钮，可在弹出的列表框中选择打开方式，默认状态为"打开"。

1.2.4　退出文件

绘制或编辑完图形后，与其他 Windows 应用程序一样，用户可用 AutoCAD 界面系统标题栏右端的关闭按钮，或单击应用菜单按钮▲下的"关闭"，也可执行 Quit 或 Exit 命令来退出 AutoCAD。如果当前正在编辑的图形文件没有执行保存，或修改后未做最后一次保存操作，在退出 AutoCAD 时，系统会弹出如图 1-19 所示的对话框，询问用户是否对所绘制或编辑的图形进行存盘。选择单击"是"按钮，系统弹出如图 1-17 所示的"图形另存为"对话框，用户可根据需要进行保存。

图 1-18　"选择文件"对话框

图 1-19　"是否保存文件"对话框

1.3　AutoCAD 坐 标 系 统

AutoCAD 使用的坐标系是笛卡尔右手坐标系。AutoCAD 的坐标系统有世界坐标系统（World Coordinate System，WCS）和用户坐标系统（User Coordinate System，UCS）两种。

1.3.1　世界坐标系

世界坐标系（WCS）是 AutoCAD 定义的默认坐标系，它是固定的、唯一的，不能改变的。在二维绘图过程当中，使用的坐标系就是世界坐标系。世界坐标系是将横轴方向定义为 X 轴，向右为正，向左为负；而纵轴方向定义为 Y 轴，向上为正、向下为负；Z 轴垂直于屏幕，向外为正，向内为负；三坐标轴按右手定则定义方向，其交点即为坐标系原点。如果采用坐标系的 X、Y 轴来进行绘图，即二维图形的工作方式，坐标图标 Y 轴上有一个 W 字母（二维方式）或 X 和 Y 轴之间有小方框的（三维方式），表示是世界坐标系。其在屏幕左下方的坐标图标显示如图 1-20（a）、（b）所示。

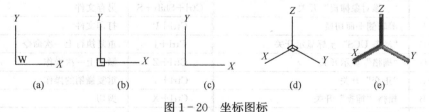

(a)　　　　　(b)　　　　　(c)　　　　　(d)　　　　　(e)

图 1-20　坐标图标
（a）、（b）世界坐标系；（c）、（d）、（e）用户坐标系

1.3.2　用户坐标系（UCS）

用户坐标系（UCS）是由用户自己定义的坐标系统。用户坐标系的原点可以在 WCS 内的任意位置上，其坐标轴可以任意旋转和倾斜。在用户坐标系中，进行绘图的操作与在世界

坐标系中操作方法是一样的，不同的是用户坐标系可以随用户需要任意地移动、改变方向。用户坐标系在屏幕上的坐标图标显示如图 1-20（c）、（d）、（e）所示。

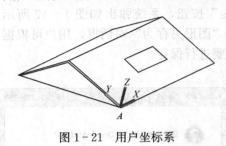

图 1-21　用户坐标系

假如，要在如图 1-21 所示的三棱柱上画一个矩形，它的第一个角点距棱柱 A 角点 X 方向为 120mm，Y 方向为 60mm。若使用世界坐标系绘制则比较麻烦，还要先确定棱柱 A 角点的位置，再画出矩形。如果在棱柱斜面上定义一个如图 1-21 所示的坐标系，就可以将三维问题转变为比较简单的二维问题，此时便可以采用 UCS 来实现。在绘制立体图形时经常会遇到这样的问题。

1.4　AutoCAD 命令、数据的输入和修改

用 AutoCAD 进行设计工作，用户的所有操作需要通过相关的命令来完成。通常，用户调用命令告诉 AutoCAD 要执行何种操作，然后系统响应命令并给出提示信息，用户再根据提示信息进行选择或进行数据的输入。

1.4.1　AutoCAD 命令的输入

AutoCAD 2016 命令的输入有以下四种方式：

（1）菜单输入：用菜单栏的下拉菜单、快捷菜单和应用菜单输入命令。

（2）工具面板输入：用鼠标单击某选项卡面板上图标输入命令。

（3）命令行输入：用键盘在命令行上"命令:"提示符后输入命令。

（4）加速键输入：用功能键或组合键输入命令。

常用的 AutoCAD 功能键和组合键见表 1-1。

表 1-1　　　　　　　　　常用的 AutoCAD 功能键和组合键

加速键	功　能	加速键	功　能
F1	帮助	Ctrl＋N	新建文件
F2	图形/文本窗口切换	Ctrl＋O	打开文件
F3 / Ctrl＋F	"对象捕捉"开关	Ctrl＋S	保存文件
F4	"三维对象捕捉"开关	Ctrl＋Shift＋S	另存文件
F5 / Ctrl＋E	等轴侧平面切换	Ctrl＋P	打印文件
F6 / Ctrl＋D	"动态 UCS"坐标显示开关	Ctrl＋J	重复执行上一次命令
F7 / Ctrl＋G	"栅格"显示开关	Ctrl＋Z	撤销上一次操作
F8 / Ctrl＋L	"正交"开关	Ctrl＋Y	重复撤销的操作
F9 / Ctrl＋B	栅格"捕捉"开关	Ctrl＋X	剪切
F10 / Ctrl＋U	"极轴"开关	Ctrl＋C	复制
F11	"对象捕捉追踪"开关	Ctrl＋V	粘贴
F12	"动态输入"开关	Ctrl＋A	选择全部对象
Ctrl＋1	对象特性管理器开关	Ctrl＋K	超级链接
Ctrl＋2	设计中心开关	Ctrl＋W	选择循环开关
Ctrl＋3	工具选项板开关	Ctrl＋Q	退出 AutoCAD

★注意：无论是 AutoCAD 2016 的英文版还是中文版，用键盘在命令行输入命令只能输入大写或小写的英文命令。并且除状态栏上的透明命令外，命令必须在命令行上"命令："提示符出现后，才能输入。

1.4.2　AutoCAD 数据的输入

用户在 AutoCAD 中输入命令后，系统一般还要求输入与这个命令有关的数据，如点的坐标、长度值、角度值、比例因子、开关量、字符串等。在屏幕上会提示该命令所需要的参数，直到提示信息提供完毕，命令功能即刻执行。例如绘一个圆，首先要确定它的圆心，再确定它的半径。AutoCAD 中数据输入的方式有很多种，通常采用以下几种。

1. 用定标设备输入

利用定标设备（如鼠标）将光标移动到所需要的位置，然后单击定标设备的选取键。该方法实际是从屏幕上取坐标点，存在着一定的误差。要进行精确绘图，可采用捕捉方式。

📢 **提 示** AutoCAD 许多操作可以用鼠标来完成。鼠标按钮定义：鼠标左键为选取或确定按钮，用于单击窗口对象、AutoCAD 对象、工具栏和菜单项；鼠标右键为 Enter 键按钮或快捷菜单；滚动鼠标滚轮或按住拖动，可放大、缩小或平移。

在 AutoCAD 中使用对象捕捉方式，可以很方便地捕捉到现存几何目标的参考点，如直线段的中点、圆的圆心、圆上的切点、直线上的垂点、圆的象限点等。在需要采用捕捉功能的图形中，首先用鼠标在对象捕捉目标工具栏（见图 1-22）中单击相应的捕捉按钮，然后将光标移动到捕捉目标附近，系统便能准确地捕捉到目标。单击菜单栏上"工具"，勾选下拉菜单中的"工具栏"—"AutoCAD"—"对象捕捉"，即可弹出如图 1-22 所示的"对象捕捉"工具栏。

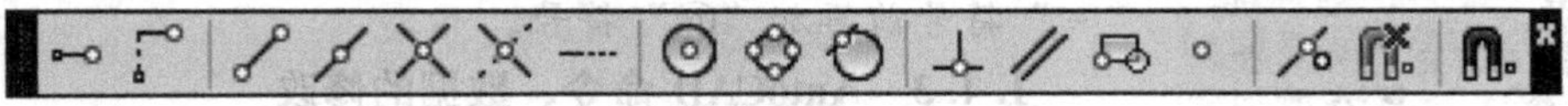

图 1-22　"对象捕捉"工具栏

2. 用键盘输入

通过键盘可输入坐标点、数值和字符串。输入坐标点或数值时，用户既可以使用绝对坐标，也可以使用相对坐标进行输入，而且每一种坐标输入方式中，又有直角坐标与极坐标之分。

（1）绝对坐标。绝对坐标是相对于当前坐标系（世界坐标系或用户坐标系）原点的坐标。当用户使用绝对坐标输入数据时，可以采用直角坐标或极坐标。

绝对直角坐标：使用直角坐标输入点时，可以直接输入该点的坐标值。例如，从键盘上输入"10，11，0"，表示 X 轴坐标值是 10，Y 轴坐标值是 11，Z 轴坐标值是 0。绘制二维图形，可以只输入 X、Y 坐标。

绝对极坐标：极坐标属于二维系统坐标表示法。使用极坐标是输入相对原点的距离和与 X 轴正向的夹角（逆时针为正）来确定该点的位置。输入格式为"距离＜夹角"。例如，某点距原点的距离为 20，该点和原点的连线与 X 轴正向的夹角为 45°，那么从键盘上输入该点的极坐标为"20＜45"。

📢 **提 示** 输入三维直角坐标时，即输入三个数据，每个数据之间要用"，"隔开。输入二维坐标时，即输入两个数据，数据之间也要用"，"隔开。而输入极坐标时，在输入距离和角度之间不要用"，"隔开，而是用"＜"符号隔开。

（2）相对坐标。相对坐标的坐标原点是当前点，所谓的当前点是到目前为止绘图的最后一个点。相对坐标也有直角坐标和极坐标之分。输入格式和绝对坐标输入基本相同，所不同的是在输入坐标值的前面加一个"@"符号。

例如：

命令：line　　　　　　　　　　　　　　　　（画直线）
指定第一点：10，11　　　　　　　　　　（起始点 x 坐标为 10，y 坐标为 11）
指定下一点或［放弃（U）］：@8，9　　（画到坐标点 x 为 18，y 为 20）
指定下一点或［放弃（U）］：　　　　　　（按 Enter 键）

这里当前点的位置就是（10，11），如果现在要绘到坐标为（18，20）的点，按绝对坐标输入就是"18，20"，而按相对直角坐标输入则为"@8，9"。表示 X 方向增量为 8，Y 方向增量为 9。

🔊 **提　示**　上述操作是用键盘操作。在实际操作过程中，相对坐标比绝对坐标使用得更多，原因在于图纸上的尺寸一般给的都是一个平面相对另外一个平面、一个点相对另一个点的相对距离。在 AutoCAD 2016 中，采用"动态输入"，默认相对坐标输入，此时要输入绝对坐标，需在坐标值前加"#"符号。

3. 用户坐标系中输入世界坐标

在绘制三维图形过程中，如果设置了用户坐标系，可以用以上的输入方法输入数据。如果需要在用户坐标系下使用世界坐标系下的坐标，只要在坐标值前加一个"＊"即可。例如，＊5，6，7，表示点（5，6，7）是在世界坐标系下的而不是在用户坐标系下。

🔊 **提　示**　在使用世界坐标系下的相对坐标时，需要在"＊"符号前再加"@"符号。

1.4.3　AutoCAD 命令、数据的修改

在绘图过程中，用户有时输入错误的命令或数据信息，按 Esc 键，即可取消当前命令的操作，命令行回到"命令（Command）："提示符下，用户再重新输入正确的命令。若命令已执行完，发现出错，可以用鼠标单击快速访问工具栏中的放弃按钮 ↶，或在命令行输入 Undo 命令并按 Enter 键，来撤销以前一次或多次的操作。默认状态下撤销前一次的操作。

有时用户会因输入错误信息，画错图形，需要改正却又不想重画。此时，用户可用鼠标单击"默认"选项卡中的"特性"面板标题右侧的箭头，或是在命令提示行中输入命令 Properties，此时屏幕上会出现一个对象特性管理器，如图 1-23 所示，用户即可在管理器中，对所画的线条属性进行修改。

图 1-23　对象特性管理器

1.5　AutoCAD 的模型空间和图纸空间

AutoCAD 为用户提供了两种绘图工作环境——模型空间和图纸空间，供用户创建和布

置图形。视口是指显示图形的区域，常用于显示图形的不同部分或从不同视角观察模型得到的视图。

1.5.1 模型空间和图纸空间

1. 模型空间

模型就是用户所画的二维或者三维图形。模型空间（Model space）是用户建立模型所处的工作环境，也是 AutoCAD 默认的工作环境，如图 1－24 所示。用户大部分的绘图和设计工作都是在模型空间中进行的。在模型空间中，可以将绘图窗口设置成多个平铺视口，在不同的视口显示模型的不同部分。用户在模型空间可按实际尺寸绘制图形，不必考虑最后绘图输出时图纸的尺寸和布局。

在模型空间环境下，多个视口中只有一个是当前视口，十字光标仅在当前视口中，用户也只能在当前视口中编辑或绘制实体。

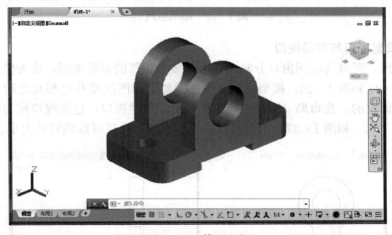

图 1－24 模型空间

2. 图纸空间

图纸空间（Paper space）是用户规划绘图布局时的一种工作环境，是一个只能显示二维视图的环境，如图 1－25 所示。它可以把图纸空间看成一张无限大的图纸，用户用它来安排、注释和绘制各种视图。在图纸空间中可以建立多个浮动视口，我们可以根据需要来确定视口的大小和位置，可以对其进行移动、旋转、缩放等编辑操作。每个浮动视口都可以显示模型的不同视图。在图纸空间环境下，AutoCAD 还可以为一个图形设置多重布局，每一个布局都可以使用不同大小的图纸和不同的绘图输出比例。

★ 注意：用户在图纸空间中绘制的图形对象在模型空间中是不可见的。

3. 模型空间与图纸空间的切换

在模型空间和图纸空间之间进行切换来创建模型会非常方便。使用模型空间可以创建和编辑模型。使用图纸空间可以构造图纸和定义视图。模型空间和图纸空间之间的相互切换，可用鼠标单击绘图窗口底部的"布局 1（Layout1）"或多个"布局"选项卡将模型空间转换成图纸空间，如果单击"模型（Model）"，则将图纸空间转换成模型空间；或者单击状态栏上"模型或图纸空间"按钮进行转换；也可以通过设置系统变量"TILEMODE"进行切换。

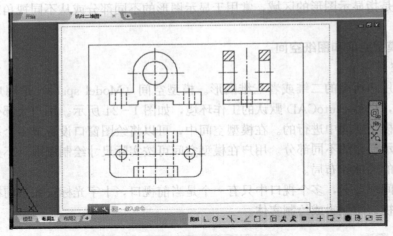

图 1-25 图纸空间

1.5.2 模型视口与布局视口

在模型空间，可以将绘图窗口分割成一个或多个相邻的矩形视图，称为模型视口或平铺视口，见图 1-24 和图 1-26。模型视口必须充满整个绘图区域并且相互之间不能重叠，其大小与位置是固定的。在布局（图纸空间）中也可以创建视口，这类视口称为布局视口或浮动视口，见图 1-25 和图 1-27。用户可以移动这些视口并且可以调整其大小。

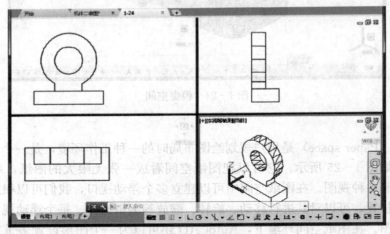

图 1-26 四个模型视口

1. 视口的创建和命名

单击菜单栏"视图"—"视口"中的选项，可以在模型空间或布局中建立指定数量的视口。当视口数量大于 1 时，系统将询问视口的排列方式。其中多边形视口只能在图纸空间使用，合并视口只能在模型空间使用。

在绘图区左上角单击"视口"控件，在出现的子菜单单击"视口配置列表"—"配置…"（见图 1-28），会弹出如图 1-29 所示"视口"对话框。可以用对话框进行视口布置，设置显示区域内视口的划分、排列方式，视口中的视图等内容。

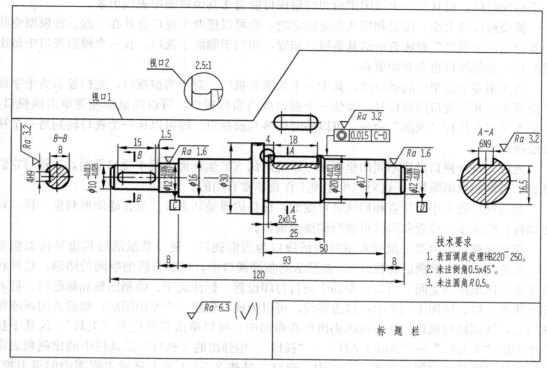

图 1-27　两个多边形布局视口

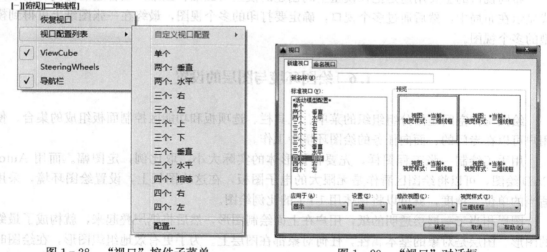

图 1-28　"视口"控件子菜单　　　　图 1-29　"视口"对话框

　　视口布置可命名保存，以便将来需要时在显示区域内将其恢复。命名保存的视口布置称为命名视口。在模型空间建立的命名视口可应用到图纸空间。在图纸空间不能建立命名视口。

　　2. 视口的应用与编辑

　　对复杂的图形而言，在不同模型视口中显示图形的不同部分可以缩短在单一视图中缩放或平移的时间，而且在一个视图中所犯的错误可能会在其他视图中表现出来。

模型视口的大小、位置和形状都是固定的，但可以把两个视口合并在一起。在模型空间中新建"一个视口"意味着取消其他视口布置，相当于删除了视口。在一个模型视口中做出修改后，其他视口也会立即更新。

当使用多个模型空间视口时，其中一个为当前视口。对于当前视口，光标显示为十字而不是箭头，并且视口边缘框显。要使一个视口成为当前视口，可以用鼠标左键单击该视口。只要不是正在执行"视图"命令，可以随时切换当前视口。即可以从一个视口转到另一个视口绘制。

允许为每个视口设置不同的坐标系（系统默认 XY 坐标面平行于视口平面，Z 轴与它们垂直，等轴测视图除外），这对三维建模工作是非常有用的。

布局视口的大小、位置和形状是可变的，视口边界是其表征。与普通图形对象一样，对布局视口的大小、位置和形状可进行调整或编辑。

在布局视口区内双击鼠标左键可激活视口为当前视口。视口被激活后其边界将加粗显示，如图 1-27 中被激活的视口 2。在激活的布局视口中，可编辑模型空间的图形，这种状态又称为图纸模型空间。可以在布局中进行打印设置、标注文字、绘制图框和标题栏、插入标题块等。要去掉图 1-27 中视口边界线，可以为视口创建一个专用图层，然后关闭或冻结该图层，从而隐藏视口边界而视图仍出现在布局中。可以单击菜单栏上"工具"，勾选下拉菜单中的"工具栏"—"AutoCAD"—"视口"，用弹出的"视口"工具栏中的比例列表设置当前视口的显示比例，在图 1-27 中，视口 2 是按 2.5∶1 放大显示主视图中的退刀槽，从而形成局部放大图（或详图）。

布局视口的主要用途是把在模型空间创建的模型（二维、三维）以合适的比例和投影方式显示在布局中，然后通过多个视口，确定要打印的多个视图，最终在一张图纸上可得到模型的多个视图。

1.6　绘图环境与图层的设置

绘图工作空间是由分组组织的菜单、工具栏、选项板和功能区控制面板组成的集合，使用户可以在专门的、面向任务的绘图环境中工作。

用手工绘制一张工程图样，先要根据形体的实际大小，取比例，定图幅。而用 Auto-CAD 绘图，可以将绘图区看作是无限大的电子图板，在这块图板上，设置绘图环境，采用适当的单位、精度，就可以将物体用 1∶1 的比例绘图。

图层相当于一层层透明的纸，用户在上面绘制图形，然后将纸层叠起来，就构成了最终的图形。图层是对象的基本属性，任何对象都在图层上。为了更有效地组织图形，在绘图时应将一张图纸上具有相同线型、状态的对象放在同一层上，并且给每一层设置不同的颜色，使图形看起来更清晰，一目了然。开始绘制一幅新图时，AutoCAD 自动生成层名为"0"的图层，其余图层用户自己建立，图层的数目根据图形的需要来确定。一般可建立粗实线层、细实线层、点画线层、虚线层、文本层、尺寸层等。AutoCAD 软件能在一个图形文件或图纸中支持无限数量的图层。

◁))　**提　示**　用户可以根据国家有关技术制图标准，预先设立 A4、A3、A2、A1、A0

系列图幅的绘图环境，并建立好图层，取相应文件名存盘。在绘图时，根据绘制物体大小，打开相应的图幅文件，修改个别设置参数，可以马上绘图。绘好图后，另取文件名存盘即可。

使用 AutoCAD 绘图时，通常按如下方法设置绘图环境和建立图层。

1.6.1　绘图环境的设置

绘图环境设置包括工作空间、应用程序界面、绘图区域等设置。绘图时，工作空间、应用程序界面、绘图区域背景颜色等可以采用预定义的，但绘图单位、精度、图形界限需要按所绘图形设置。

例如，用图 1-15 "选择样板" 对话框创建了新图形，要修改或重新设置绘图环境，可以按以下操作进行：

（1）依次单击应用菜单按钮 ▲ —"图形实用工具"—"单位"（见图 1-30），或单击菜单栏 "格式"—"单位"，也可在命令行输入 Units 并按 Enter 键，即可打开如图 1-31 所示的 "图形单位" 对话框。在 "图形单位" 对话框中，可设置绘制图形的长度、角度测量单位及其精度、角度测量的正方向和角度测量的起始方向。

图 1-30　选择 "应用菜单" 的单位　　　　图 1-31　"图形单位" 对话框

（2）单击菜单栏 "格式"—"图形界限"，或在命令行输入 Limits 并按 Enter 键，根据绘制需要，在命令行用键盘输入左下角点和右上角点坐标值，即可重新设置模型空间绘图区域大小。

1.6.2　图层的设置

建立图层包括新建图层，设置图层的颜色、线型、线宽、透明度和打印样式。

1. 新建图层

单击 "默认" 选项卡的 "图层" 面板上 "图层特性" 按钮，或单击菜单栏 "格式" 的子菜单项"图层"，也可在命令行输入 Layer 并按 Enter 键，此时在屏幕上会出现一个"图层特性管理器"对话框，如图 1-32 所示。在对话框中，单击上方靠中间的"新建"按钮 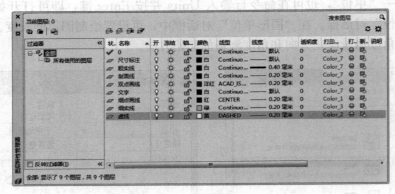，可新建粗实线层、细实线层、点画线层、虚线层等多个图层；单击按钮 ，可删除所选图层；单击按钮 ，可以设置选定图层为当前图层。

图层具有"打开或关闭"、"解冻或冻结"、"开或锁定"等多种状态，单击图层名右侧相应的类似灯泡、太阳、锁的图标可分别进行设定。

（1）图层打开，选定的图层可见、可打印。图层关闭，选定的图层不可见且不可打印。

（2）图层冻结，图层不可见，不能重生成，并且不能进行打印。将被冻结的图层解冻，使其可见，可以重生成，也可以进行打印。

（3）图层锁定，防止编辑这些图层上的对象。将选定的锁定图层解锁，允许编辑这些图层上的对象。

图 1-32　图层特性管理器

2. 设置颜色

单击"颜色"栏中要设置层的颜色名称，即出现"选择颜色"对话框，选好所需要的颜色后，单击"确定"按钮。

提示　屏幕上显示的图线，一般应按表 1-2 中所提供的颜色显示，并要求相同类型的图线采用相同的颜色。

表 1-2　　　　　　　　　　　　线 型 — 颜 色 对 应 表

图线类型	颜色	图线类型	颜色
粗实线	白色	细点画线	红色
细实线、波浪线、双折线	绿色	粗点画线	棕色
虚线	黄色	双点画线	粉红色

3. 加载线型

单击"线型"栏中要设置层的线型名称，即出现"选择线型"对话框。单击"加载"按钮，出现"加载或重载线型"对话框，如图 1-33 所示。选择画图形所需要加载的线型，如点画线（CENTER）、虚线（DASHED）等，选好后，单击"确定"按钮即可。

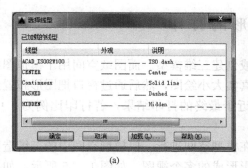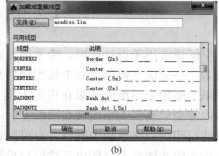

(a)　　　　　　　　　　　(b)

图 1-33　"选择线型"和"加载或重载线型"对话框
(a)"选择线型"对话框；(b)"加载或重载线型"对话框

4. 设置线宽

单击"线宽"栏中细实线层的线宽默认值处，在出现的"线宽"对话框中，选好所需要的线宽 0.2mm 后，单击"确定"按钮，如图 1-34（a）所示。

绘制的颜色、线型和线宽选择结果如图 1-32 所示。单击"确定"按钮选择完毕。

　提 示　有时用户虽然设置了粗实线的宽度，但是屏幕上显示的仍是细实线的宽度，这时单击主窗口状态栏上的"线宽"按钮，即可以显示粗实线的宽度。该命令为透明命令。或者选择菜单"格式"—"线宽"，在出现的对话框中，设置所需线宽，勾选"显示线宽"。默认线宽为 0.25mm，并可用滑块调整屏幕上线宽显示比例，如图 1-34（b）所示。设置好后，单击"确定"按钮。

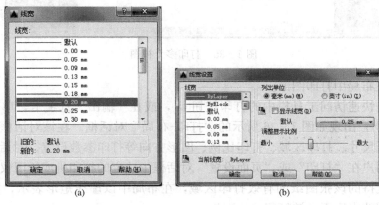

(a)　　　　　　　　　　　(b)

图 1-34　线宽设置对话框

说明：细实线、点画线宽度约为粗实线的二分之一或四分之一。

5. 设置透明度

单击"透明度"栏，可设定当前图形中选定图层的透明度级别，级别为 0～90 的值。也可将对象"透明度"设定为"ByLayer"、"ByBlock"或特定值。

1.7　图形的打印

模型空间通常用于设计图形，绘平面图或创建三维模型。而图纸空间用于模拟图纸和进行打印准备。一般应在模型空间中按实物的真实大小绘图，然后通过视口把图形布置到图纸空间。图纸空间模拟图纸的效果在视觉上接近于最终的打印结果，若打印比例为1∶1，图纸空间的内容会以真实大小出现在图纸上。

图形的打印可以在布局中进行，也可以在模型空间进行。但模型空间中的三维造型，只有利用布局才能在图纸上打印出三维模型投影形成的多个视图。如图1-35所示，如果从布局打印，可以事先在"页面设置"对话框中指定图纸尺寸。但是，如果从"模型"选项卡打印，则需要在打印时指定图纸尺寸。

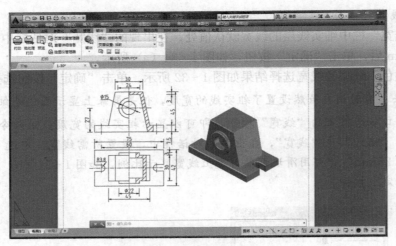

图1-35　打印多个视图

这里介绍在布局中打印图形。

用鼠标单击快速访问工具栏中的打印按钮 🖨 ，或在"输出"选项卡，单击面板上"打印"图标按钮 🖨 ，出现如图1-36所示的"打印-布局"对话框。在该对话框中，可以进行打印设备、图纸尺寸、打印区域、打印比例、图形方向等打印参数设置。对话框中列出的图纸尺寸取决于用户在"打印"或"页面设置"对话框中选定的打印机或绘图仪。可打印区域是指打印机所支持的该张图纸的有效打印区域，在布局中以虚线矩形表示，如图1-35所示，超出该范围的内容不会被打印。

设置好打印参数，单击对话框左下角"预览"按钮进行预览。预览效果满意后，单击"确定"按钮即可打印输出。

在"模型"选项卡打印图形，也可单击快速访问工具栏中的打印按钮 🖨 ，或在"输出"选项卡，单击面板上"打印"图标按钮 🖨 ，进入"打印-模型"对话框进行打印设备和打印参数设置，其打印参数的设置与"布局"选项卡中的设置一样，读者可参照上述内容设置打印图形。

图 1-36 打印设置

1.8 上 机 实 验

熟悉 AutoCAD 2016 中文版界面，建立一个图形样板文件，要求如下：
（1）图形单位：长度精度＝0，角度精度＝0。
图形界限：左下角（0，0），右上角（210，297）。
（2）设置图层见表 1-3。

表 1-3 设 置 图 层

图层名	颜色	线型	线宽	图层名	颜色	线型	线宽
粗实线	白色	Continuous	0.4	尺寸标注	青色	Continuous	0.2
细实线	绿色	Continuous	0.2	文字	白色	Continuous	0.2
虚线	黄色	Dashed	0.2	剖面线	白色	Continuous	0.2
细点画线	红色	Center	0.2				

1. 目的要求

通过该实验，用户可以熟悉 AutoCAD 2016 中文版界面，全面了解绘图环境的设置和图层的概念、特性、有关设置。重点应掌握图层的创建方法、设置图层的线型和颜色。

2. 操作指导

（1）设置绘图环境，包括绘图界限、绘图精度等。
（2）设置七个图层，并设置图层的线型及颜色。
（3）保存样板文件，取文件名为"A4.dwt"。

思 考 题

1-1 AutoCAD 用户界面主要由哪几部分组成？

1-2　如何创建一个新的图形文件？怎样保存图形文件？

1-3　命令的输入有哪些输入方式？数据的输入有哪些输入方式？

1-4　绘图窗口包含哪几种绘图工作空间？如何在它们之间切换？

1-5　简述模型视口、布局视口的异同点。

1-6　怎样创建"模型"选项卡中的平铺视口？

第2章　基本二维图形的绘制与编辑

本章概要　　介绍 AutoCAD 的图形对象及其属性，图形浏览方法，基本二维图形绘制、编辑修改命令，以及辅助绘图工具等内容。

2.1　图形对象及其属性

图形对象是指图形文件中的可视对象，如线条、文字、尺寸、图块等，图形对象的属性可分为基本属性和几何属性两大类。线型、线宽、颜色等是图形对象的基本属性，圆心、半径、直线的端点坐标等是图形对象的几何属性。

AutoCAD 二维绘图是在二维草图与注释工作空间绘制，"默认"选项卡中的"特性"面板包含三个下拉列表，如图 2-1 所示，从上至下依次为颜色列表、线宽列表和线型列表，可分别设置图形对象的颜色、线宽和线型。在默认界面的图形窗口中绘制图形对象时，基本属性被自动设置为三个列表中的当前值。在展开的列表中选择可修改列表的当前值。若先在图形窗口中选择图形对象，然后在列表中选择某属性值，可修改图形对象的基本属性。

图 2-1 中所示的 ByLayer 和 ByBlock 是两类特殊属性，是图形对象的属性与所在图层或图块保持一致的意思，可翻译为"随层"或"随块"。

在使用特性工具栏设置对象属性时应注意以下几点：

图 2-1　对象特性面板

（1）在默认状态下图形窗口中不显示图线的宽度，单击状态栏上的图标 ▤ 可在"显示线宽"和"隐藏线宽"两种状态间切换。受显示器分辨率的影响，线宽的显示效果一般是不真实的，但通过打印机等输出设备将图形变成图纸时，图线宽度一般都能得到真实显示。

（2）有时虽正确设置了线型，但仍看不到线型效果。例如，设置的是虚线但看起来更像实线。这是因为线型的外观效果还受线型比例的影响，该比例过大或过小都有可能使点画线或虚线看起来像实线。Ltscale 命令可设置全局线性比例（影响图形文件中的所有线型对象）。"对象特性管理器"可设置局部线型比例（仅影响被选择的图形对象），参见第 1 章。

图形对象的几何属性可在"对象特性管理器"中修改。

图层工具为用户提供了便捷的基本属性管理手段。若将图形对象放置到合适的图层，且属性设置为 ByLayer，那么对象的属性将与图层属性保持一致。修改图层的属性可使图层中所有对象的属性被修改。通过经典界面中的图层面板（见图 2-2）可设置图形对象所在的图层。

图 2-2　图层面板

在经典界面中绘制的图形对象被自动放置在当前图

层中，如图2-2所示当前图层是0层。用鼠标左键单击"图层控制"下拉列表，在展开的图层列表中单击合适的图层可使之成为当前图层，如图2-3所示。先选择图形对象，然后在图层列表中单击某个图层，即可把对象放置到该图层上。

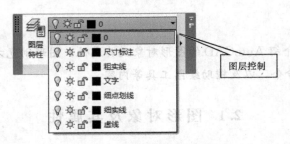

图2-3　图层控制列表展开

2.2　图形观察方法

显示图形的窗口称为视口或视区（View Port），在默认方式下系统只提供一个视口且与主图形窗口重合。工程图样往往大而复杂，视口中一般只能清晰地显示图样的一部分。本节主要介绍如何在视口中有效地浏览整张图样。

2.2.1　视图缩放

选择绘图窗口右侧的半透明导航栏中的"缩放"命令可以进行视图缩放操作，如图2-4所示。下面简要介绍常用缩放功能。

1. 实时缩放（Realtime）

单击右侧导航栏中图标下的小三角（见图2-4）选择"实时缩放"，或在绘图窗口右击鼠标，选择快捷菜单中的"缩放"选项，都可进行实时缩放，此时屏幕上显示"放大镜"图标，并在状态栏提示"按住拾取键并垂直拖动以进行缩放"。按住拾取键（一般指鼠标左键）并向上拖动，当前视口中的图形放大，向下拖动则图形缩小。按Esc键或按Enter键可结束实时缩放。

2. 返回上一个显示状态（Previous）

选择如图2-4所示的"缩放上一个"选项，可返回上一个显示状态。该命令相当于取消最近一次缩放或平移操作。

3. 窗口放大（Window）

选择如图2-4所示的"窗口缩放"选项，都可执行窗口放大，系统将依次提示"指定第一个角点：指定对角点："，并根据用户输入的两点确定一矩形区域（输入的两点作为矩形的对角顶点），并把矩形区域内的图形放大、调整至充满整个视口。

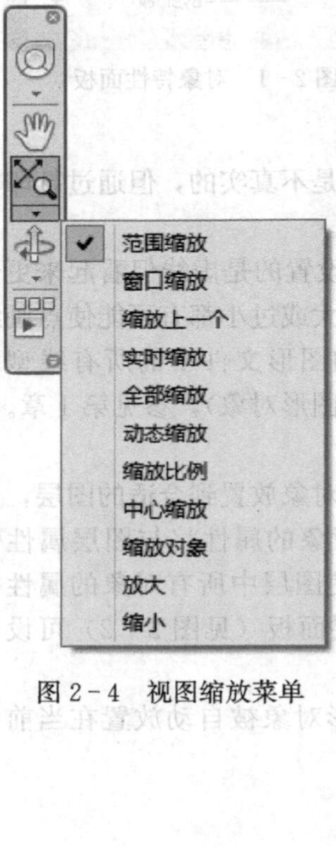

图2-4　视图缩放菜单

4. 范围缩放（Extents）

图 2-4 中所示的"范围缩放"选项可使整幅图样尽可能大地显示在当前视口中。

图 2-4 中所示的"全部缩放"与"范围缩放"类似。在平面视图中，"全部缩放"把整幅图形缩放到图形界限或当前范围之内；在三维视图中两者等价，即使图形超出了图形界限也能显示所有对象。

5. 对象

把选定的对象以尽可能大的比例显示在当前视口中。

6. 比例

执行该缩放操作时系统将提示"输入比例因子（nX 或 nXP）:"。输入的值后面跟着 X，意味着将根据当前视图指定比例；输入值并后跟 XP，则指定相对于图纸空间单位的比例。

例如，输入 0.5X 使屏幕上的每个对象显示为原大小的 1/2，输入 0.5XP 以图纸空间单位的 1/2 显示模型空间。创建每个视口以不同的比例显示对象的布局。

在图纸空间布局时，该缩放功能能易于使输出的图纸比例满足国家标准的要求。

在命令行中输入 Zoom 命令可快捷地执行上述常用缩放操作，下面是相应的提示信息：

指定窗口的角点，输入比例因子（nX 或 nXP），或者

［全部（A）/中心（C）/动态（D）/范围（E）/上一个（P）/比例（S）/窗口（W）/对象（O）］〈实时〉:

用户输入相应的选项缩写就可执行对应缩放操作。Zoom 命令执行过程中，按 Esc 键或 Enter 键可退出，单击鼠标右键将显示缩放快捷菜单（见图 2-4）。

★注意：在提示信息中，［ ］内的文字（字母）表示可选项，〈 〉内的文字或数字表示默认项或默认值。如果采用默认项或默认值，可以直接按 Enter 键。

2.2.2　平移

如图 2-5 所示，视口中往往只能清晰地显示局部的图样。图 2-5 中，粗实线矩形框表示视口边界，虚线表示没有在视口中的图形，即在屏幕上不可见的图形。若在不缩放的前提下需要观察图形右边部分，可按图中箭头方向进行平移。

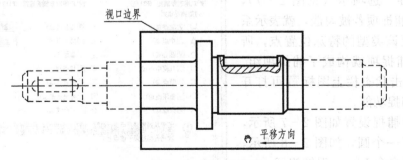

图 2-5　平移示意图

实时平移（Real Time）是最常用的平移方法。按住鼠标滑轮或单击绘图窗口右侧导航栏的手形图标 ，此时屏幕上将出现"手形"光标（见图 2-5），按状态栏中提示的"按住拾取键并拖动以进行平移"操作，可实现视口实时平移。按 Enter 键或 Esc 键可退出实时平移。

2.2.3 重生成图形

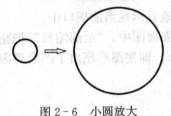

图 2-6　小圆放大

AutoCAD 系统中，圆（弧）、椭圆（弧）、样条曲线等常用多边形或折线段模拟，当图形被放大到一定程度时，将影响显示效果，如图 2-6 所示。为了改善这种现象，可输入 Regen 命令（见图 2-4），系统将根据图形数据库中的数据重新生成一满足视觉要求的圆（事实上仍然是多边形，只是边数比原来多）。

2.3　辅　助　绘　图　工　具

寻找已知圆的圆心、线段的端点和中点、两线段的交点等，对手工绘图而言也许不成为一个问题（没有很高的精度要求），但在 AutoCAD 中绘图时却是一个难点。这是因为 Auto CAD 绘图要求准确，否则将影响后续绘图步骤中对系统其他功能的使用，如图案填充、面积计算等。这类问题可用辅助绘图工具迅速解决。

2.3.1　对象捕捉（Object Snap）

由于 AutoCAD 系统在图形文件中记录了图形对象的准确几何参数，因此，系统可准确找到已知圆的圆心、线段的端点或中点、两线段的交点等。对象捕捉（或目标捕捉）功能可帮助用户获取某些点的准确位置。

下面介绍启动对象捕捉功能的方法。

1. 自动捕捉（Running Object Snap）

在用户运行某些绘图命令的过程中，若系统要求用户输入点的位置（或坐标），而这些点是已绘制图线上的或与之相关的特殊位置点，则用户可激活自动捕捉功能来获取这些点的准确位置作为当前绘图命令的输入。

右击状态栏上图标，选择"对象捕捉设置"可进入草图设置对话框，单击"对象捕捉"选项卡（见图 2-7），图 2-7 中的捕捉项若被勾选，就表示系统能自动捕捉该类型的特殊位置点，所有被勾选的捕捉项就构成了捕捉项组。按 F3 键或单击状态栏上图标可打开或关闭自动捕捉功能。

假定对象捕捉设置如图 2-7 所示，且已经画好了一个圆，如图 2-8 所示，现执行画直线命令 Line，系统提示：

指定第一点：

此时若将光标移到如图 2-8（a）所示的位置，系统将自动捕捉圆心，且

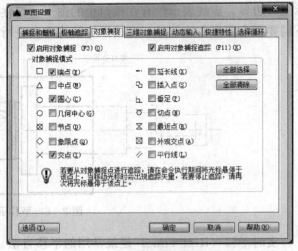

图 2-7　"对象捕捉"选项卡

在圆心处显示红色小圆圈标志，在十字光标附近显示文字"圆心"，表示此时是圆心捕捉项起作用，如果用户单击拾取键（一般是鼠标左键）确认，则直线将以圆心为起点。若将光标

移到如图 2-8（b）所示的位置，系统将自动捕捉中心线与圆弧的交点，且显示标志"×"，光标附近显示文字"交点"，表示是交点捕捉项起作用，如果用户确认，则直线将以该交点为起点。类似地，图 2-8（c）中直线将以中心线的端点为起点。

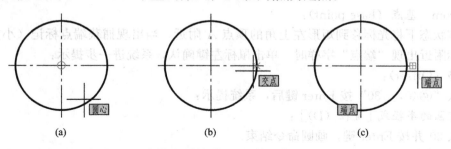

图 2-8　对象捕捉

使用自动捕捉功能时应注意以下两点：

（1）尽管用户可在图 2-7 中调整捕捉项组的构成，但仍建议保持系统默认设置——端点、圆心、交点和延伸，其他捕捉项由快捷菜单启动（键下节）。若捕捉项组过于复杂，将相互干扰并影响使用效率。

（2）自动捕捉并不是总能为绘图带来便利，也能带来一些"莫名其妙"的问题。为避免这些麻烦，建议预先在"工具"—"选项"—"用户系统配置"界面中设置"数据输入优先级：键盘输入优先，脚本例外"，或在出现麻烦时把自动捕捉关掉。

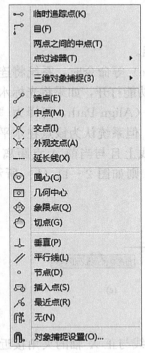

图 2-9　捕捉快捷菜单

2．对象捕捉快捷菜单

在一般情况下，同时按 Shift 键＋鼠标右键可启动捕捉快捷菜单，如图 2-9 所示。比较图 2-7 可知，快捷菜单涵盖了自动捕捉的所有选项，且另提供了临时追踪点、自（From）、两点之间的中点和点过滤器四个新捕捉项。

"自（From）"捕捉项在二维平面绘图中十分重要，它能根据用户指定的基点偏移确定一个新点，因而能实现二维平面图中的定位尺寸。

例如，在 AutoCAD 中抄画图 2-10 所示的图形。

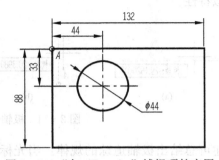

图 2-10　"自（From）"捕捉项的应用

假定矩形轮廓已经画好，自动捕捉功能打开，且捕捉设置如图 2-7 所示。在命令行中输入画圆命令 Circle 并按 Enter 键，系统将提示：

指定圆的圆心或［三点（3P）/两点（2P）/相切、相切、半径（T）］：

同时按 Shift 键＋鼠标右键启动捕捉菜单，单击选择"自（From）"捕捉项，系统将提示：

　　_ from　基点（base point）：

在该状态下将光标移到矩形左上角的顶点 A 附近，当出现捕获端点标记（小方框）且十字光标附近出现"端点"字样时，单击鼠标左键确认，系统进一步提示：

　　偏移（Offset）：

输入"@40，-30"按 Enter 键后，系统提示：

　　指定圆的半径或［直径（D）］：

输入 20 并按 Enter 键，画圆命令结束。

对象捕捉也可以通过工具栏启动。将光标移到任意图标上，单击鼠标右键，在弹出的菜单中单击"对象捕捉"，则屏幕上出现如图 2-11 所示的对象捕捉工具栏，对比图 2-9 易知每一图标的含义，此处不再赘述。

由于篇幅所限，本节没有详细解释每一捕捉项的使用，读者可参阅 AutoCAD 的在线帮助或其他资料。

2.3.2　自动追踪（Auto Track）

自动追踪是 AutoCAD 的辅助作图工具之一，它可分为极轴追踪（Polar Tracking）和对象捕捉追踪（Object Snap Tracking）两类。其基本思路是基于光标的粗略位置来实现准确定位点。

1. 极轴追踪

按 F3 键或者单击状态栏上图标 可打开或关闭极轴追踪功能。

执行画直线（Line）、画多段线（Pline）、画样条曲线（Spline）等命令时，系统将连续提示用户输入数据点。假定已至少输入了一个数据点且极轴追踪功能打开，如果将光标水平右移，则此时屏幕显示如图 2-11（a）所示，出现一条水平点线（Align Path，可译为"准线"）。若此时单击拾取键指定一点，尽管光标与 A 点并不水平，但系统认为该点在水平准线上。若直接输入 20 并按 Enter 键，则系统认为指定的点在准线上且与当前 A 点距离 20（有时也称该功能为直接距离输入）。如果将光标铅垂向上移动，则如图 2-11（b）所示，也有前述类似特性。

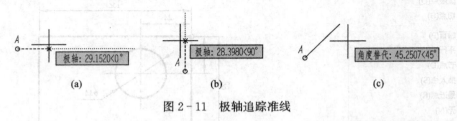

图 2-11　极轴追踪准线

基于上述可总结出极轴追踪的规律：当光标位置到前点的连线与正 X 轴的夹角接近增量角的整数倍时，系统激活过当前点的准线，且准线与正 X 轴的夹角是增量角的整数倍。在这种情况下，系统认为单击拾取键或直接输入距离指定的点在准线上，从而简化点的输入或使通过光标指定的点准确化。由于 90°是系统默认增量角的整数倍，因此前述例子中当光标大致水平或铅垂移动时，都可激活准线，启动极轴追踪。

右击状态栏上图标 ⌀，选择"正在追踪设置"可进入"草图设置"对话框，如图 2-12 所示。在"极轴追踪"选项卡可修改增量角，其默认值为 15°。增量角的测量基准也是可选择的，若选择"绝对"，就是指正 X 轴；若选择"相对上一段"，其含义显而易见。

系统也允许用户临时设置强制性增量角，称为角度替代，这样可增加极轴追踪的灵活性。假定正在执行 Line 命令，且已输入一个数据点 A，系统提示：

指定下一点或 [放弃（U）]：

若输入"<45"并按 Enter 键，则屏幕显示如图 2-11（c）所示。此时光标的任意移动都转化为沿 45°线移动，系统认为单击拾取键或直接输入距离指定的点都是该 45°线上的点。当再一次提示"指定下一点或 [放弃（U）]："时，角度替代自动取消。

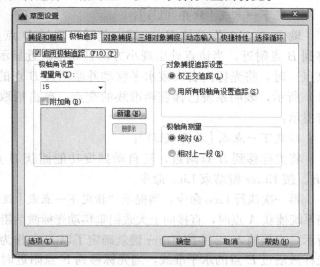

图 2-12　极轴追踪设置

2. 对象捕捉追踪

极轴追踪是过用户指定的"真实"数据点生成准线，而对象捕捉追踪是过"对象捕捉"捕获的临时点生成准线，因而使用更灵活，应用更广泛。

按 F11 键或者单击状态栏上图标 ∠ 可打开或关闭对象捕捉追踪功能。

下面的例子演示了利用追踪功能实现直接距离输入、角度替代、一维定位等多种作图技巧。

例如，在 AutoCAD 中抄画图 2-13（a）。

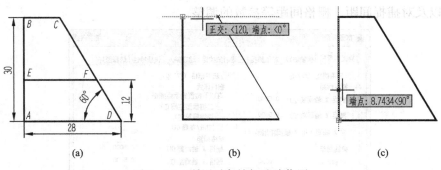

图 2-13　利用对象捕捉追踪作图

假定极轴追踪已打开且设置如图 2-12 所示，对象捕捉追踪已打开，则步骤如下：

先在命令行输入 Line 命令并按 Enter 键，在适当的位置单击拾取键指定一点作为 B 点，此时系统提示：

指定下一点或 [放弃（U）]：

将光标向下大致铅垂移动并激活过 B 点的铅垂准线，输入 30 并按 Enter 键，这样就画出了 BA 线段。此时系统提示：

　　　指定下一点或 [放弃（U）]：

将光标向右大致水平移动并激活过 A 点的水平准线，输入 28 并按 Enter 键，这样就画出了 AD 线段。此时系统提示：

　　　指定下一点或 [放弃（U）]：

输入 "＜120" 并按 Enter 键，此时出现过 D 点且与 AD 呈 60°夹角的准线。将光标移到 B 点附近，当该点处出现小方框且光标附近显示 "端点"（表示自动捕捉功能已捕获该点）时，将光标向右大致水平移动并激活过 B 点的水平准线，此时屏幕显示如图 2-14（b）所示，表明系统已捕获两准线的交点。单击拾取键确认，从而画出直线 DC。此时系统提示：

　　　指定下一点或 [放弃（U）]：

将光标移到 B 点附近，让自动捕捉功能捕获 B 点，单击拾取键确认，从而画出线段 CB。按 Enter 键结束 Line 命令。

再一次执行 Line 命令，当提示 "指定下一点或 [放弃（U）]：" 时，将光标移到 A 点附近，当系统捕获 A 点时，直接向上大致铅垂移动光标激活铅垂准线，此时屏幕显示如图 2-13（c）所示，直接输入 12 并按 Enter 键就确定了以 E 点作为直线的起点。继续向右大致水平移动光标激活过 E 点的水平准线，当光标移到 F 点附近时，系统将自动捕获准线与斜边的交点（也就是 F 点），单击拾取键确认即可。

　　3. 栅格和栅格捕捉追踪

栅格是绘图窗口内使用的用于定位参照、对齐、估算长度的工具，合理设置栅格大小对绘图有很大的作用。单击绘图窗口下方状态栏上图标▦可以显示和关闭栅格。

按 F9 键或者单击状态栏上图标▦可打开或关闭栅格捕捉功能。

右击绘图窗口下方状态栏图标▦或▦，单击 "栅格设置" 或 "捕捉设置"，可进入 "草图设置" 对话框，如图 2-14 所示。在 "捕捉和栅格" 选项卡中可以设置是否启用捕捉、栅格功能，以及对捕捉间距、栅格间距等参数的调整。

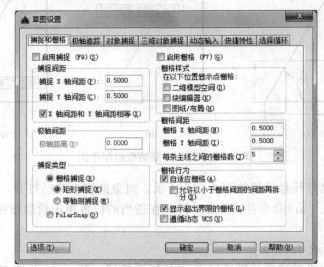

图 2-14　捕捉和栅格设置

2.4　绘　图　命　令

本节介绍常用二维绘图命令，它们大多集成在"绘图"面板中，如图 2 - 15 所示。

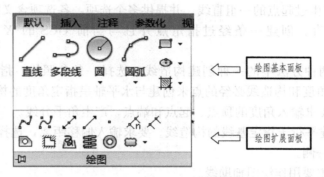

图 2 - 15　"绘图"面板

2.4.1　画直线

单击"绘图"面板上"直线"图标 、选择菜单"绘图"—"直线"或在命令行输入 Line 都可画直线。画直线时命令行提示：

指定第一点：

指定下一点或 [放弃（U）]：

指定下一点或 [闭合（C）/放弃（U）]：

…

（1）指定第一点后的提示信息中都有"放弃（U）"选项。该选项提供改错机制，若输入字母 U 并按 Enter 键，将放弃最近一次输入的点。

很多命令中都有"放弃"选项，以后不再赘述。

（2）输入第三点及第三点以后的提示信息中都有"闭合（C）"选项。输入字母 C 并按 Enter 键，系统将在当前点及第一点间画一直线，从而形成一封闭多边形。

（3）按 Enter 键或选择"闭合（C）"可结束画直线命令。

2.4.2　画射线、构造线

射线是一条通过起点向某个方向无限延伸的直线。画射线时系统要求两个参数：起点和通过点。单击"绘图"扩展面板上"射线"图标 或命令 Ray 都可画射线。画射线时命令行提示：

命令：_ ray 指定起点：

指定通过点：

指定通过点：

…

"构造线"是几何意义上的真实直线。画构造线时，系统根据输入的两个点产生一条向两端无限延长的直线。"绘图"面板上"构造线"图标 、菜单"绘图"—"构造线"和命令 Xline 都可画构造线。画构造线时命令行提示：

命令：_ xline

指定点或 [水平（H）/垂直（V）/角度（A）/二等分（B）/偏移（O）]：

指定通过点：

指定通过点：

…

Xline 命令能产生过起点的一组直线，并提供多个选项，各选项含义如下：

（1）水平和垂直。创建一条经过指定点并且与当前 UCS 的 X 或 Y 轴平行的构造线。

（2）角度。用两种方法中的一种创建构造线：选择一条参照线，指定它与构造线的角度；或者通过指定角度和构造线必经的点来创建与水平轴呈指定角度的构造线。

（3）二等分。要求输入角度的顶点、起点和端点，产生角平分线。

（4）偏移。创建平行于指定基线的构造线。要求输入偏移距离，选择基线，然后指明构造线位于基线的哪一侧。

射线、构造线主要用作绘图辅助线。

2.4.3　画多线

菜单"绘图"—"多线"和命令 Mline 都可画多线。画多线时命令行提示：

命令：_mline

当前设置：对正＝上，比例＝ 20.00，样式＝ STANDARD

指定起点或 [对正（J）/比例（S）/样式（ST）]：

指定下一点：

指定下一点或 [放弃（U）]：

指定下一点或 [闭合（C）/放弃（U）]：

…

指定下一点或 [闭合（C）/放弃（U）]：　　（按 Enter 键或选择"闭合"可结束 Mline 命令）

从上面的信息可知，仅从绘图过程看，Mline 命令与 Line 命令十分类似，它们的差别是数据点之间的连线不一样。如果说 Line 命令在数据点之间画的是单线（一根直线段），那么 Mline 命令画的就是多线（多根平行直线段）。由此会带来某些问题，例如，Mline 命令在用户输入的数据点之间究竟画几根平行直线段？它们之间的间距多大？这些问题的解决可在多线样式中进行相应设置。

1. 多线样式

选择菜单"格式"—"多线样式"可启动"多线样式"对话框，如图 2-16 所示。该对话框中集成了常用的多线样式管理功能，如"新建"（建立新样式：输入样式"名称"，然后单击"继续"按钮）、"修改"、"重命名"、"删除"、"加载"（从文件中"加载"样式）、"保存"（把当前样式以文件形式保存）。

单击"修改"按钮，"修改多线特性"对话框如图 2-17 所示，它包含两大内容：多线的封口形式和图元。系统默认的"多线"是两根平行直线，其间距是 1（偏移相对于中线而言），线型、颜色都是随层。"添加"、"删除"用于添加或减少图线，"偏移"用于调整图线与中线的偏移值，"填充"指是否填充多线。

已经使用的多线样式不能再修改。

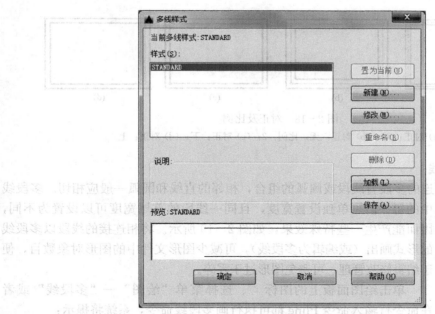

图 2-16 "多线样式"对话框

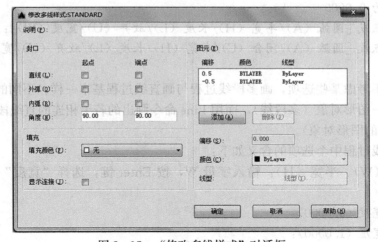

图 2-17 "修改多线样式"对话框

2. 对正 (J)

多线与数据点之间的关系由对正方式决定。"对正 (J)"选项提供三种对正方式：无 (Z)、上 (T)、下 (B)。图 2-18 所示为依次输入 A、B、C、D 四点且选择"闭合"结束 Mline 命令所绘制的多线矩形，图 2-18 (a) 为使用"无"对正，图 2-18 (c) 为使用 "下"对正，对两图进行对比容易知道三种对正方式的含义。

3. 比例

多线的实际宽度与"样式中设置的间距"之间的关系是多线宽度＝间距×比例，"比例 (S)"选项可设置比例值。图 2-18 (a) 的比例为 1，图 2-18 (b) 的比例为 2。

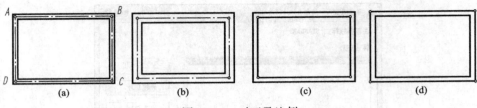

图 2-18　对正及比例

（a）对正：无；（b）对正：无，比例：2；（c）对正：下；（d）对正：上

2.4.4　画多段线

多段线是依次相连的多段直线段或圆弧的组合，相邻的直线和圆弧一般应相切。多段线

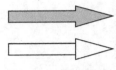

图 2-19　画多段线

中的每一段可单独设置宽度，且同一线段的首尾宽度可以设置为不同，因而能产生一些特殊效果，如图 2-19 所示。将相连接的线段以多段线的形式画出（或编辑为多段线），可减少图形文件中的图形对象数目，便于编辑修改管理，可避免图形过于零碎。

单击绘图面板上的图标 ，、选择菜单"绘图"—"多段线"或者在命令行输入命令 Pline 都可执行画多段线命令，系统将提示：

指定起点：
当前线宽为 0.0000
指定下一点或［圆弧（A）/半宽（H）/长度（L）/放弃（U）/宽度（W）］：
指定下一点或［圆弧（A）/闭合（C）/半宽（H）/长度（L）/放弃（U）/宽度（W）］：
…

可见，若不考虑某些选项，画多段线过程与画直线过程基本一样。不同的是若干相连的直线段属于同一图形对象（多段线），而用 Line 命令画出的若干相连的直线段是相互独立的（各自构成独立的图形对象）。

绘制多段线过程中个选项的含义如下：

（1）宽度（W）、半宽（H）：输入字母 W，按 Enter 键，选择"宽度"选项，系统将提示：

指定起点宽度〈0.0000〉：
指定端点宽度〈1.0000〉：

显然，这是指定下一条线段的起点和终点宽度。

（2）长度（L）：在与前一线段相同的角度方向上绘制指定长度的直线段。如果前一线段是圆弧，系统将绘制与该圆弧相切的新线段。

（3）圆弧（A）：从画直线状态转入画圆弧状态，所画圆弧与上一线段相切，并以其终点作为圆弧的起点。

多段线具有宽度时，变量 FillMode 决定是否填充多段线（见图 2-19），命令 Fill 可设置变量 FillMode 的值（On 或 Off）。

2.4.5　画正多边形

单击"绘图"面板上的图标 、选择菜单"绘图"—"多边形（P）"或输入命令 Polygon 都可执行画多边形命令。

AutoCad 系统提供以下两种画正多边形的方式：

（1）根据边数、中心点、内接于圆或外切于圆、半径画正多边形。

（2）根据边长和边数画正多边形。

例如画如图 2 - 20（a）所示正五边形的过程如下：

命令：_ polygon 输入侧面数〈4〉：5　　　　　　（输入 5 并按 Enter 键）

指定正多边形的中心点或 [边（E）]：　　　　　（按图中所示输入多边形中心点）

输入选项 [内接于圆（I）/外切于圆（C）]〈I〉：　　（按 Enter 键并选择"内接于圆"）

指定圆的半径：50　　　　　　　　　　　　　（按 Enter 键后画正多边形结束）

图 2 - 20（b）所示为选择"外切于圆"画的正五边形。

若在"指定正多边形的中心点或 [边（E）]："提示下输入字母 E，然后按 Enter 键，就是选择按方式（2）画正多边形，系统将提示：

 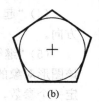 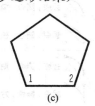

(a)　　　　　(b)　　　　　(c)

图 2 - 20　画正多边形

指定边的第一个端点：

指定边的第二个端点：

若已知正多边形任一边的两端点，则直接利用对象捕捉捕获端点或直接输入两端点坐标，正多边形就唯一确定了。若已知一端点、边长和边的方向，则需先指定一端点，然后用相对坐标指定另一端点，也可画出正多边形，如图 2 - 20（c）所示。

Polygon 命令画出的正多边形是一个整体，即多段线对象。

2.4.6　画矩形

单击绘图面板上图标 □、选择菜单"绘图"—"矩形"或输入命令 Rectang 都可执行画矩形命令，系统将提示：

指定第一个角点或 [倒角（C）/标高（E）/圆角（F）/厚度（T）/宽度（W）]：

指定另一个角点或 [尺寸（D）]：

可见，只需输入两点就可画出一矩形（这两点是矩形的对角顶点）。画矩形命令各选项含义如下：

（1）倒角（C）：设置矩形的倒角距离，矩形倒角如图 2 - 21（a）所示。默认值是 0，即矩形四个角不倒角。

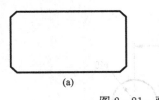

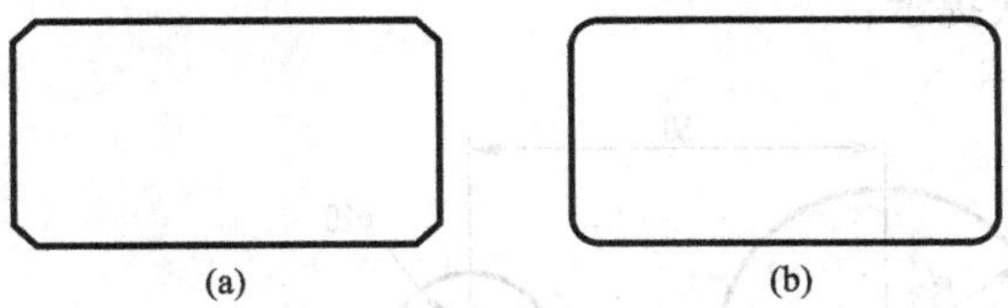

(a)　　　　　(b)

图 2 - 21　画矩形

(a) 矩形倒角；(b) 矩形圆角

（2）圆角（F）：设置矩形圆角半径，矩形圆角如图 2 - 21（b）所示。默认值是 0，即矩形四个角不圆角。

（3）宽度（W）：设定矩形的线宽。

（4）标高（E）、厚度（T）：Rectang 命令所画矩形与三维空间的 XY 坐标面平行，选项"标高（E）"可设置矩形平面的 Z 坐标（矩形平面与 XY 坐标面的距离）；若同时设置线宽、厚度，所画矩形就不再是平面图形，而是空间实体，就像没有屋顶、地面房子的墙体。

Rectang 命令所画出的矩形是一个整体，即多段线对象。

2.4.7　画圆弧

单击"绘图"面板上图标 、选择菜单"绘图"—"圆弧"的子菜单或在命令行输入 Arc 命令都可执行画圆弧命令。由如图 2－22 所示的画圆弧子菜单可知，系统提供多种画圆弧方式，大多数画圆弧方式是易于理解的。下面说明画圆弧时需注意的一些问题。

图 2－22　画圆弧
子菜单

（1）系统默认的角度正方向是逆时针方向（可用 Units 命令设置），因此画圆弧时的起点、端点（即终点）是按逆时针顺序确定的。

（2）"起点、圆心、角度"方式中的角度是指圆弧对应的圆心角。

（3）"圆心、起点、长度"方式中的长度是指圆弧对应的弦长。

（4）"起点、端点、方向"方式中的方向是指圆弧起点处切线方向。

（5）"继续"方式所画出的圆弧与最近创建的图形对象相切，且以该图形对象的终点作为圆弧的起点，因此，"继续"方式画圆弧只需指定一个参数，即圆弧的终点。

2.4.8　画圆

在"绘图"面板上单击图标 、选择菜单"绘图"—"圆"的子菜单或在命令行输入 Circle 都可执行画圆命令。由如图 2－23 所示的画圆子菜单可知，系统提供五种画圆方式：

（1）圆心、半径（或直径）：根据用户指定的圆心和半径（或直径）绘制圆。

（2）两点：根据用户指定的（或输入的）两点确定圆的直径及圆心。

（3）三点：根据用户指定的（或输入的）三个点确定一个圆。

（4）切点、切点、半径：根据用户指定的两个与圆相切的对象及输入的半径等三个条件计算出圆的圆心，从而确定一个圆。

以"切点、切点、半径"方式画圆时，若用户指定的两个已知对象都是圆，如图 2－24 所示，系统画出的圆是与已知圆内切还是外切，或者与一个圆内切而与另一个圆外切，都与用户指定相切圆时的光标位置相关。假定已执行画圆命令，当系统提示"指定圆的圆心或［三点（3P）/两点（2P）/切点、切点、半径（T）］:"时，输入字母 T，按 Enter 键，以选择按"切点、切点、半径"方式画圆，系统将依次提示：

图 2－23　画圆子菜单

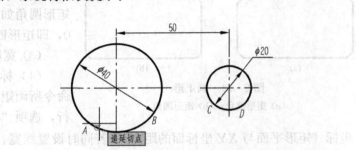

图 2－24　"相切、相切、半径"方式画圆

指定对象与圆的第一个切点：

指定对象与圆的第二个切点：

指定圆的半径：

如果将光标移到 A 点附近且出现"递延切点"标签时，单击拾取键确认以指定第一个切点。类似地，将光标移到在 D 点附近指定第二个切点。如果接下来输入的半径足够大（如 80），则 Circle 命令画出的圆与两已知圆内切。

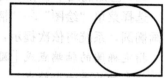

如果分别在 B 点、C 点附近指定第一个及第二个切点，那么 Circle 命令画出的圆将与两已知圆外切。

（5）相切、相切、相切：用户可以创建相切于三个对象的圆，如图 2-25 所示。

图 2-25 "相切、相切、相切"方式画圆

2.4.9 样条曲线

如果要基于若干数据点画出一条曲线来，则传统方法是用一根有充分弹性和塑性的金属条，并将它适当弯曲使之通过各数据点。该金属条就是样条，依样条画出的曲线就称为样条曲线。可见，确定曲线形状的主要是数据点，另外第一点和最后一点处样条的方向（切向）对曲线形状也有重要影响。

AutoCAD 系统是基于样条曲线数据模型（NURBS，非均匀有理 B 样条函数）对数据点进行拟合以获得样条曲线。单击绘图面板上的图标 ~、选择菜单"绘图"—"样条曲线"或输入命令 Spline 都可画样条曲线，系统将依次提示：

指定第一个点或 [对象（O）]：

指定下一点：

指定下一点或 [闭合（C）/拟合公差（F）]〈起点切向〉：

…

按提示要求依次输入每一数据点，在"指定下一点或 [闭合（C）/拟合公差（F）]〈起点切向〉："提示下，直接按 Enter 键，可结束数据点输入，但系统将继续依次提示：

指定起点切向：

指定端点切向：

可以输入一个点或者使用"切点"和"垂足"对象捕捉模式使样条曲线与已有的对象相切或垂直，或者直接按 Enter 键忽略，则系统将使用默认切向。

如果在"指定下一点或 [闭合（C）/拟合公差（F）]〈起点切向〉："提示下输入字母 C，按 Enter 键选择"拟合公差（F）"选项，则系统提示：

指定拟合公差〈0.0000〉：

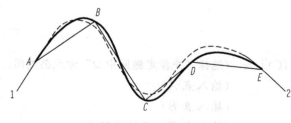

图 2-26 样条曲线

拟合公差值将决定样条曲线的拟合精度。公差值越小，样条曲线与数据点越接近，若公差为 0，则样条曲线将精确通过每一数据点。在图 2-26 中，粗样条曲线和虚样条曲线都是基于 A、B、C、D、E 等数据点拟合而来的，但前者的拟合公差是 0，后者是 5。

2.4.10　画椭圆、椭圆弧

若已知长轴、短轴（互相垂直平分），则椭圆唯一确定，因此下列两种方式都可确定一个椭圆：

（1）已知两轴的四个端点中的任意三个端点。

（2）已知椭圆中心和不属于同一轴的任意两端点。

选择菜单"绘图"—"椭圆"、单击绘图面板中的图标 ⌾ 或在命令行输入 Ellipse 命令都可画椭圆，系统将依次提示：

> 指定椭圆的轴端点或 ［圆弧（A）/中心点（C）］：

> 指定轴的另一个端点：

> 指定另一条半轴长度或 ［旋转（R）］：

可知，若不做选择就是按方式（1）画椭圆。当提示"指定另一条半轴长度或 ［旋转（R）］："时，既可输入半轴长度，也可直接指定一点。

例如，画如图 2-27（a）所示的椭圆。

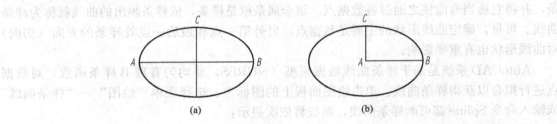

图 2-27　画椭圆

(a) 按方式（1）画椭圆；(b) 按方式（2）画椭圆

命令：_Ellipse	（执行画椭圆命令）
指定椭圆的轴端点或 ［圆弧（A）/中心点（C）］：	（输入点 A）
指定轴的另一个端点：	（输入点 B）
指定另一条半轴长度或 ［旋转（R）］：	（输入点 C 或直接输入半长度按 Enter 键，画椭圆结束）

若在提示"指定椭圆的轴端点或 ［圆弧（A）/中心点（C）］："时输入字母 C，按 Enter 键，系统将依次提示：

> 指定椭圆的中心点：

> 指定轴的端点：

> 指定另一条半轴长度或 ［旋转（R）］：

可知，这是按方式（2）画椭圆。

再如，画如图 2-27（b）所示的椭圆。

命令：_ellipse	
指定椭圆的轴端点或 ［圆弧（A）/中心点（C）］：c	（选择"先指定椭圆中心"方式画椭圆）
指定椭圆的中心点：	（输入点 A）
指定椭圆的轴端点：	（输入点 B）
指定另一条半轴长度或 ［旋转（R）］：	（输入点 C，画椭圆结束）

若在提示"指定椭圆的轴端点或［圆弧（A）/中心点（C）:"时输入字母"A"，按 Enter 键，就进入了画椭圆弧方式，系统将依次提示：

指定椭圆弧的轴端点或［中心点（C）］：

指定轴的另一个端点：

指定另一条半轴长度或［旋转（R）］：

指定起始角度或［参数（P）］：

指定终止角度或［参数（P）/包含角度（I）］：

可知，画椭圆弧时，系统先按方式（1）或方式（2）画椭圆，然后根据指定的起、止角或起始角和包含角确定一段椭圆弧。

2.4.11　画点

在 AutoCAD 中点也是一种图元对象，有单点、多点、定数等分和定距等分 4 种。在多数情况下，点作为辅助工具，例如对象捕捉时的参考点、测量某根线时的分点等。用户可根据需要绘制各种类型的点。

画点前应设置好点的样式和大小，然后再指定点的位置。在"格式"下拉菜单，鼠标左键单击"点样式"，可打开如图 2-28 所示的"点样式"对话框。在该对话框中，用户可以选择所需要的点的形式（如十字形点），在"点大小"栏内调整点的大小，默认设置为"5"。

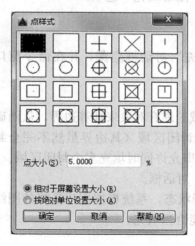

图 2-28　"点样式"对话框

执行画点的途径有三种：单击"绘图"扩展面板中"点"图标 ▪ （绘制多点）、选择下拉菜单"绘图"—"点"、输入命令 Point（绘制单点）。

如图 2-29 所示，画定数等分点命令用于将一直线段、圆、圆弧、多段线或样条曲线等按指定的分段数沿选定对象在每个等分点处放置"点"或"块"作为标记。分段数目为 2～32 767 之间的值。绘制操作如下：

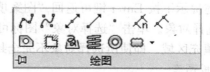

图 2-29　画点图标

选择"绘图"扩展面板上"定数等分"图标 ⚹，系统提示：

命令：_divide

选择要定数等分的对象：　　　　（鼠标左键单击如图 2-30 所示的直线）

输入线段数目或［块（B）］：6　　（键盘输入线段数目 6，按 Enter 键）

画定数等分点结果如图 2-30（a）所示。

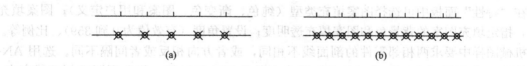

(a)　　　　　　　　　　　　　　　　(b)

图 2-30　画定数等分点和定距等分点

(a) 定数等分点；(b) 定距等分点

画定距等分点命令用于在直线段、圆弧、多段线、样条曲线等实体上按指定长度用"点"或"块"做出标记，一般用于辅助绘图。

选择"绘图"扩展面板上"定距等分"图标，系统提示：

命令：_ measure

选择要定距等分的对象：　　　　　　（鼠标左键单击如图2-30所示的直线）

指定线段长度或 [块（B）]：60　　　（键盘输入线段长度60，按Enter键）

画定距等分点结果如图2-30（b）所示。

2.4.12　图案填充

在工程图样中，图案填充常用于绘制材料图例（如剖面符号等）。在"绘图"面板单击图标 可显示如图2-31所示的"图案填充创建"上下文选项卡，在其中的"图案填充面板"中可以选择"边界"、"图案"、"特性"、"用户自定义"等。

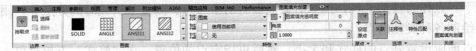

图2-31　"图案填充创建"选项卡

由于工程图样中"渐变色"使用较少，故下面仅简介"图案填充"选项。

1. 边界面板（选择填充范围）

可用以下两种方式指定填充范围：

（1）拾取点。单击"拾取点"图标，系统将"图案填充"对话框隐藏，并在命令窗口提示：

拾取内部点或 [选择对象（S）/删除边界（B）]：

若用户指定了点，则系统根据围绕指定点构成封闭区域的现有对象来计算边界，从而确定填充范围。该方式要求指定点周围有封闭区域或者基本封闭区域（其边界虽然不完全封闭，但间隙小于"允许的间隙"），且允许用户多次指定，即允许同时填充多个封闭区域。

在前述提示下按Enter键可返回"图案填充和渐变色"对话框。

（2）选择对象。单击"选择对象"图标可进入对象选择状态，系统根据用户选择的图线对象确定填充区域。即使所选择对象不完全封闭，系统也能恰当填充。

2. 面板图案

系统自带有若干图案，能满足一般工程图样材料图例要求，但也允许使用"用户定义"和"自定义"图案。对机械图样而言，选用"预定义"图案就充分够用了，下面的介绍以此为前提。

用户可单击"图案"栏中的下拉箭头 ，有大量的图例（见图2-32）可供选择。机械图样中的剖面线图案对应"ANSI31"图例。

3. 填充特性面板

在"特性"面板中可选择图案填充类型（纯色、渐变色、图案和用户定义）；图案填充颜色，指定填充图案的背景色和图案填充透明度；设置角度（有效值为0到359）、比例等。

机械图样中要求两相邻零件的剖面线不相同，或者方向相反或者间隔不同。选用AN-SI31图案，并设置"角度"和"比例"两个参数就可达到目的。前者可调整剖面线方向，后者可设置剖面线间隔。

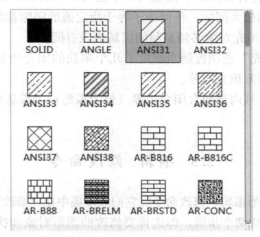

图 2-32　填充图案选项

图 2-33 （a）所示为选用 ANSI31 图案并设置角度为 0°及比例为 1 所对应的填充效果，图 2-33 （b）所示为对应参数为"ANSI31、角度 90°、比例 0.75"。对照两图可理解"角度、比例"两参数的含义。

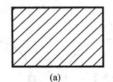 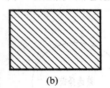 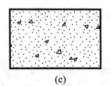

　　　　　　　(a)　　　　　　　　　　(b)　　　　　　　　　　(c)

图 2-33　ANSI31 和 AR-CONC 图案

　　★注意：AutoCAD 系统的图案往往有适用范围，如 ANSI31 适用于机械图（尺寸较小），≈1 的比例能适用于多数机械图，假若用于土建、水工图样（尺寸较大），该图案可能由于过密以至于黑糊糊的一团。类似地，有些图案在机械图中可能稀得看不见，如"图案（见图 2-32）"面板中的"AR-CONC（混凝土符号）"等。另外，系统也允许在同一区域用不同图案重复填充，例如，若用 ANSI31 和 AR-CONC 图案两次填充一区域，并分别选用合适比例，可产生"钢筋混凝土"图例效果。

　　4. 原点面板

　　控制填充图案生成的起始位置。某些图案（如砖块图案）需要与边界上的一点对齐，以尽可能地保持图案的完整性。默认情况下，所有图案填充原点都对应于当前的 UCS 原点。

　　5. 选项面板

　　指定图案填充是否有"注释性"。此特性会自动完成缩放注释过程，从而使注释能够以正确的大小在图纸上打印或显示。

　　指定图案填充是否有"关联"性。"关联图案"在用户修改其边界对象后能自动适应变化后的边界。当然"修改"不应破坏边界的封闭性，这也意味着"若要保持图案填充的关联性，对其边界的修改也尽可能地使用夹点编辑（参见 2.5.11）"。

　　"特性匹配"选项指是否包括图案填充原点设定图案填充的特性。

"允许的间隙"选项允许按图形单位输入一个值（0～5000），以设定将填充对象用作图案填充边界时可以忽略的最大间隙。任何小于等于指定值的间隙都将被忽略，并将边界视为封闭。默认值为 0，指定填充对象必须是封闭区域而没有间隙。

"创建独立的图案填充"选项控制当指定了几个单独的闭合边界时，是创建单个图案填充对象，还是创建多个图案填充对象。

若用户指定的封闭区域内部包含闭合边界（称为孤岛），"孤岛检测"选项（"选项"扩展面板）确定填充范围。

2.5　编辑、修改命令

本节介绍常用二维图形编辑、修改命令，它们大多集中在"修改"面板中，如图 2-34 所示。编辑、修改图形需完成两个步骤，即选择要修改的图形对象和执行编辑、修改命令，一般地，大多数编辑、修改命令对"究竟是先选择对象后执行命令，还是先执行命令后选择对象"没有顺序要求。

2.5.1　选择对象

图形对象在被选择后将有明显变化，且与被选择时的状态有关（图 2-35 中列出了两种常见变化）。图形对象被选择后的变化是临时性的，并不会真正改变原图形，按 Esc 键或编辑命令结束后会自动消失。

图 2-34　"修改"面板　　　　　　　　　　　图 2-35　图形对象选择状态

系统提供了多种对象选择方法，下面介绍两种最常用的方法。

1. 点选

移动光标使拾取框（光标中心处的小正方形）套住某图形对象，单击拾取键确认，则该图形对象被选中。这种选择方式一次只能选择一个图形对象，称为点选。

若被拾取框套住的图线有多根，则单击拾取键确认后被选中的图线用户难以预料。系统提供的循环选择功能可解决该问题：若拾取框套住了多根图线，则按住 Shift 键的同时按空格键，则每根图线将依次亮显；松开按键后单击拾取键确认，则亮显的图线被选中。

2. 窗口选择

按先左后右的顺序，在图形窗口中指定不在同一直线上的两点，可定义一矩形区域，完全落在该区域内的图形对象将被选中，称这种选择方式为包含选择。

按先右后左的顺序，在图形窗口中指定不在同一直线上的两点，也可定义一矩形区域，完全或部分落在该区域内的图形对象都将被选中，称这种选择方式为交叉选择。

窗口选择方式可一次选择多个对象。

在绘图窗口单击鼠标右键，选择快捷菜单的"选项"命令或选择菜单"工具"—"选项"进入选项界面，单击"选择集"后如图 2-36 所示，该画面中包含的一些设置将影响对象选择，简介如下：

（1）用 Shift 键添加到选择集。被选择的图形对象所构成的集合称为选择集。若不选择"用 Shift 键添加到选择集"选项，则分多次选择的对象都会自动添加到选择集中；反之，则选择对象时必须同时按 Shift 键才会将被选择对象添加到选择集中，否则，系统将清空选择集后再添加。

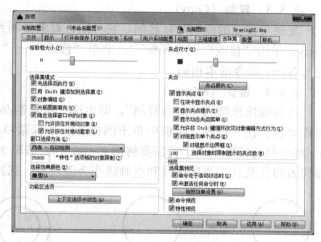

图 2-36　"选择集"设置

（2）按住并拖动。该选择项决定窗选时矩形区域的定义方式。若不选该项，则必须明确指定两点才能确定矩形区域；反之，则只需指定一点，然后拖动光标到合适位置，松开左键就可指定矩形区域。

（3）隐含选择窗口中的对象。只有该选项前面打勾，才能直接使用窗选方式。

（4）显示夹点、显示夹点提示。若选择"显示夹点"，则没有执行编辑命令就选择对象时，图形对象将有与图 2-35 右图类似的变化，即在一些特殊位置处（如圆的圆心、四个象限点等）将出现小实心方块，这就是"夹点"。若将光标移到夹点处，系统会提示相关信息，如直线的长度、圆或圆弧的半径等，如果不选择"显示夹点提示"选项就不会出现这些提示信息。

（5）先选择后执行。若不选该项，则只能先执行编辑命令后才能选择对象；反之，执行命令与选择对象没有先后要求。

2.5.2　移动（Move）和复制（Copy）

在"修改"面板单击图标、选择菜单"修改"—"移动"或输入命令 Move 都可移动图形对象。系统会提示"选择对象："，选择需移动的图形对象后按 Enter 键表示对象选择完毕，系统将进一步提示：

指定基点或［位移（D）］〈位移〉：

可知，系统允许用两种方式指定图形对象的新位置，简介如下。

（1）位移方式。在前述提示下直接按 Enter 键，系统将提示：

指定位移：

若输入"100，50"后按 Enter 键，则图形对象将向右移动 100、向上移动 50。

（2）基点方式。如果在前述提示下直接指定一点，系统将提示：

指定第二个点或〈使用第一个点作为位移〉：

继续指定一点后，系统计算两点之间的坐标差并作为对象的移动位移。例如，若想将图 2-37（a）编辑为图 2-37（b），就可执行移动操作，在出现"指定基点或［位移（D）］〈位移〉："后，利用对象捕捉功能指定 1 点（象限点）作为基点，指定 2 点（端点）作为"第二点"。

若不需要精确指定位置，则"基点、第二点"可大致指定。

复制与移动的差别是显然的，命令 Copy、菜单"修改"—"复制"、快捷图标都可复制图形对象，其执行过程与 Move 命令基本相同。

2.5.3 复制（Copy）

复制与移动的差别是显然的，它可以将对象复制到指定方向上的指定距离处。使用命令 Copy、单击"修改"面板图标、菜单"修改"—"复制"都可复制图形对象，其执行过程与 Move 命令基本相同。

2.5.4 镜像（Mirror）

可将镜像理解为"对称复制"，即生成一份复制品并将新图形与原图形按指定的镜像线对称放置。在"修改"面板中单击图标、选择菜单"修改"—"镜像"或输入命令 Mirror 都可执行镜像操作。若需要将图 2-38（a）编辑为图 2-38（b），可执行镜像命令，选择代表圆孔及其轴线的虚线和点画线作为源对象，选择代表对称线的点画线作为镜像线。

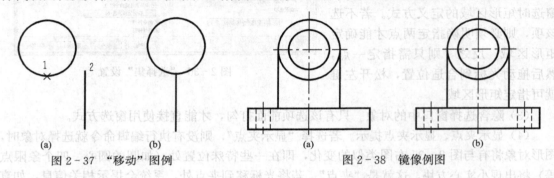

图 2-37 "移动"图例　　　　　　　图 2-38 镜像例图

镜像过程如下：

命令：_mirror

选择对象：　　　　　　　　　　　　　　　（选择两根虚线及点画线）

选择对象：　　　　　　　　　　　　　　　（按 Enter 键退出对象选择）

指定镜像线的第一点：　　　　　　　　　　（捕获对称线端点）

指定镜像线的第二点：　　　　　　　　　　（捕获对称线端点）

是否删除源对象？［是（Y）/否（N）］〈N〉：（按 Enter 键选择 No，镜像结束）

从上述可知，Mirror 命令要求的参数只有两个：源对象和镜像线。镜像线可以是已存在的直线对象，也可以是根本就不存在的，因为输入两点本身就可确定一直线。

2.5.5 阵列（Array）

阵列是复制命令的一种特殊形式，它基于源对象产生多份复制品，并把它们按矩形规律或环形规律排列。因此，阵列命令要求用户完成的主要工作是指定源对象，以及指定矩形或环形排列的相关参数。

单击"修改"面板上的图标、选择菜单"修改"—"阵列"或输入命令 Array 都可执行阵列命令，启动如图 2-39 所示的"阵列创建"上下文选项卡（处于矩形阵列状态）。

从图 2-39 可知，需基于已选择的源对象生成 16 份复制品（4 行×4 列＝16），行距（行与行之间的距离）和列距都为 1，矩形阵列水平放置（阵列角度为零）。

图 2 - 39　"阵列创建"上下文选项卡—矩形阵列

单击图标将进入选择对象状态，对象选择完毕后，将出现一个默认的 4 行×4 列阵列，并出现图 2 - 39 所示的"阵列创建"面板，所选择的对象将作为阵列的源对象。若行距值、列距值未知也可单击并拖动已生成图形阵列上的小三角形图标▲从而进入屏幕指定。若已选择源对象并设置了合理的阵列参数，则按 Enter 键或 Esc 键或单击"关闭"选项就可看到阵列效果。

图 2 - 40 所示为环形阵列状态，表示基于已选择的一个源对象生成 4 份复制品（项目总数），并将它们均匀分布在已选定"基点"为圆心、圆周角为 360°的圆弧上，且复制品与源对象是旋转且复制的关系（复制时旋转项目）。

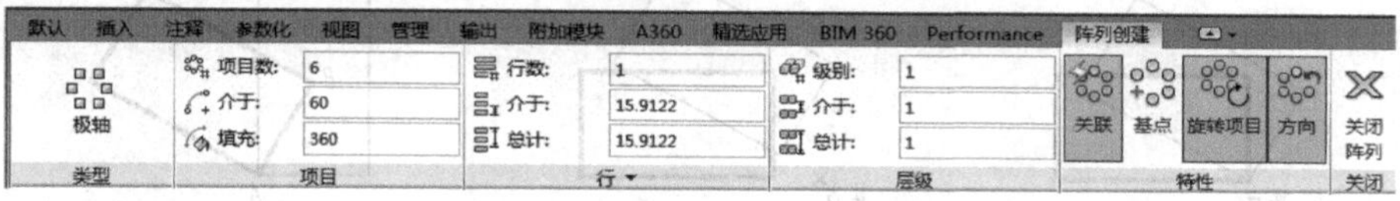

图 2 - 40　"阵列创建"上下文选项卡—环形阵列

图 2 - 41 所示为路径阵列状态，表示基于已选择的一个源对象生成 5 份复制品（项目总数），并将它们沿整个路径或者份路径均匀分布，路径可以是已选定的直线、多段线、样条曲线、螺旋、圆弧、圆、椭圆等。

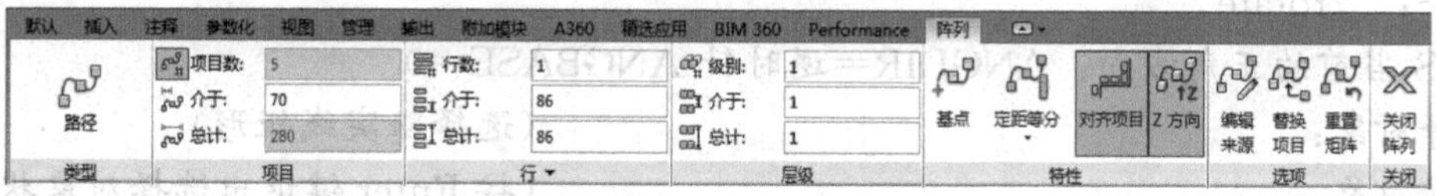

图 2 - 41　"阵列创建"上下文选项卡—路径阵列

图 2 - 42 (a) 所示为"以粗实线圆为源对象，相关参数是 2 行、3 列、行间距 70、列间距 80、阵列角度 0°"经矩形阵列所得到的图形。图 2 - 42 (b) 所示为"以粗实线圆为源对象，项目总数 6，填充角度 360°，复制时旋转图形，并按图中所标示的那样指定中心点"经环形阵列所得到的图形。图 2 - 42 (c) 所示为"以粗实线为源对象，直径 140 的圆弧为阵列路径"经路径阵列所得到的图形。

2.5.6　旋转

在"修改"面板上单击图标 、选择菜单"修改"—"旋转"或输入命令 Rotate 都可执行旋转操作。系统先提示"选择对象："，用户完成对象选择后，系统提示：

指定基点：

指定旋转角度，或［复制（C）/参照（R）］：

选择合适的基点并输入旋转角度后，旋转命令结束，被选中的图形对象将绕基点旋转指定的角度值。

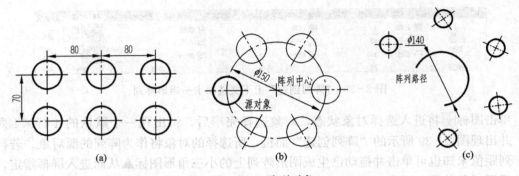

图 2 - 42　阵列对象
(a) 经矩形阵列所得图形；(b) 经环形阵列所得图形；(c) 经路径阵列所得图形

图 2 - 43（a）和图 2 - 43（b）都是选择粗实线矩形并旋转 30°，但由于指定的基点不同，结果也不一样，可见基点对旋转结果有重要影响。

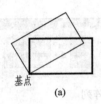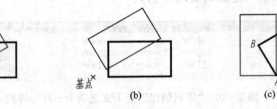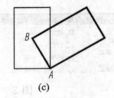

图 2 - 43　旋转对象

旋转命令执行过程中的"参照（R）"选项可为指定旋转角度带来方便。如图 2 - 43（c）所示，若要旋转粗实线矩形使其 AB 边水平，可按如下操作：

命令：_rotate
UCS 当前的正角方向：ANGDIR＝逆时针 ANGBASE＝0
选择对象：　　　　　　　　　　　　　　（选择粗实线矩形）
选择对象：　　　　　　　　　　　　　　（按 Enter 键退出选择对象状态）
选择指定基点：　　　　　　　　　　　　（捕获 A 点）
指定旋转角度，或 [复制（C）/参照（R）]：r　（选择"参照"选项并按 Enter 键）
指定参照角 〈0〉：　　　　　　　　　　（捕获 A 点）
指定第二点：　　　　　　　　　　　　　（捕获 B 点）
指定新角度：180　　　　　　　　　　　（输入 180 并按 Enter 键）

上例中，系统把参照线 AB 旋转到"新角度"（绝对角度 180°），而粗实线矩形事实上仅旋转了"180°－AB 与正 X 轴的夹角"。

2.5.7　比例缩放（Scale）

在"修改"面板上单击图标、选择菜单"修改"—"比例"或输入命令 Scale 都可执行比例缩放。系统先提示"选择对象："，待用户完成对象选择后，系统提示：

指定基点：
指定比例因子或 [复制（C）/参照（R）]：

"基点"是缩放时的不动点，若基点不是图形对象上的点，则缩放后图形对象将被移动。图 2-44 （a）和图 2-44 （b）都是选择粗实线矩形为对象缩放 1.5 倍，但由于基点不同，缩放结果也不一样。

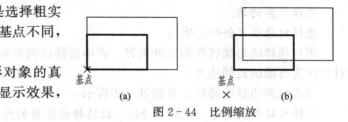

★注意：比例缩放将改变图形对象的真实大小，而视图缩放仅改变图形的显示效果，两者有本质差别。

图 2-44　比例缩放

2.5.8　修剪（Trim）

把图线在指定的边界处剪短或剪断称为修剪。在"修改"面板上单击图标 ⁄、选择菜单"修改"—"修剪"或输入命令 Trim 都可修剪对象，系统先提示：

选择剪切边…

选择对象或〈全部选择〉：

用户选择的对象将作为修剪边界。若要把图 2-45 （a）修剪为图 2-45 （b），应选择铅垂细线作为剪切边界；若要把图 2-45 （c）修剪为图 2-45 （d），则应选择两根铅垂细线作为剪切边界。

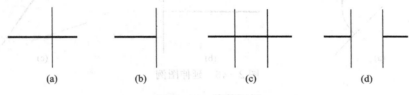

图 2-45　修剪图例

在上述提示下，若不选择任何对象而直接按 Enter 键，则所有显示对象都将作为剪切边。完成剪切边界选择后，系统进一步提示：

选择要修剪的对象，或按住 Shift 键选择要延伸的对象，或

[栏选（F）/窗交（C）/投影（P）/边（E）/删除（R）/放弃（U）]：

"要修剪的对象"是指图线上需要剪掉的那一段。例如，若要把图 2-45 （c）修剪为图 2-45 （d），则应选择水平线处在两根铅垂细线中间的那一段。

要顺利使用修剪命令还需注意以下几点：

（1）虽然剪断"要修剪对象"至多需要两个剪切边界，但系统仍然允许选择多个剪切边，并自动选择合适剪切边界对用户指定的"要修剪对象"进行修剪。

（2）"剪切边"、"要修剪对象"不仅可以是直线，也可以是圆、圆弧、椭圆弧、直线、开放的二维和三维多段线、射线、样条曲线和构造线等。

（3）若"剪切边"、"要修剪对象"是三维线段，则系统把它们投影到当前用户坐标系（UCS）的 XY 平面上进行修剪。"投影"选项可设置投影方式。

（4）若"剪切边"、"要修剪对象"不相交，则必须设置"延伸"模式才能剪切。"边（E）"选项可以设置"延伸"或"不延伸"。

2.5.9　延伸（Extend）

延伸是指把"非封闭线对象（如直线、圆弧、椭圆弧及非封闭的多段线等）"延长到与指定边界相交。在"修改"面板上单击图标 ⁄、选择菜单"修改"—"延伸"或输入命令

Extend 都可延伸对象，系统先提示：

选择边界的边…

选择对象或〈全部选择〉：

用户选择的对象将作为延伸边界。若不选择任何对象而直接按 Enter 键，则以所有显示对象作为可能的延伸边界。

完成延伸边界选择后，系统进一步提示：

选择要延伸的对象，或按住 Shift 键选择要修剪的对象，或

[栏选（F）/窗交（C）/投影（P）/边（E）/删除（R）/放弃（U）]：

图 2-46 中若选择细实线作为"延伸边界"，选择粗实线对象作为"要延伸的对象"，则结果如图中虚线所示。

★注意：图 2-46（c）中对象延伸后并不与边界直接相交，故不能直接延伸。需要先选择"边（E）"选项，当提示"输入隐含边延伸模式 [延伸（E）/不延伸（N）]〈不延伸〉："时输入字母 E，按 Enter 键选择隐含延伸模式。

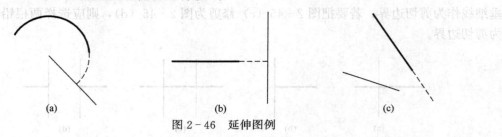

(a)　　　　　　　　　　　　(b)　　　　　　　　　　　　(c)

图 2-46　延伸图例

延伸、修剪命令有颇多相似之处，故系统允许在延伸命令中执行修剪操作，系统提示信息"选择要延伸的对象，或按住 Shift 键选择要修剪的对象"已清楚地说明了问题。类似地，在修剪命令中也可执行延伸操作。

2.5.10　删除（Erase）

删除命令可以从图形中删除选定的对象。它无需选择要删除的对象，而是可以输入的一个选项，例如，输入 L 删除绘制的上一个对象，输入 P 删除前一个选择集，或者输入 ALL 删除所有对象。还可以输入 ? 以获得所有选项的列表。

在"修改"面板上单击图标✐或输入命令 Erase 都可执行"删除"操作。其操作过程如下：

命令：_erase　　（执行删除命令）

以交叉窗口或交叉多边形选择要拉伸的对象…

　　　　　　　　　　（选择对象时鼠标旁边会出现一个红色的叉）

选择对象：　（按 Enter 键退出选择对象状态并完成命令）

提示：选中对象，然后按 Delete 键也可以删除选定的对象。

2.5.11　拉伸（Stretch）

在"修改"面板上单击图标▣、选择菜单"修改"—"拉伸"或输入命令 Stretch 都可执行拉伸操作。图 2-47 所示为连杆被拉伸前后的对比图，其操作过程如下：

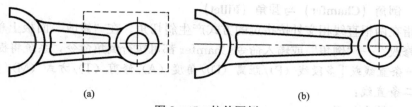

图 2-47　拉伸图例

(a) 拉伸前；(b) 拉伸后

命令：_stretch　　　　　　　　　　　　（执行拉伸命令）

以交叉窗口或交叉多边形选择要拉伸的对象…

选择对象：　　　　　　　　　　　　　［按图 2-47（a）所示用交叉窗口选择拉伸对象］

选择对象：　　　　　　　　　　　　　（按 Enter 键退出选择对象状态）

指定基点或位移：20，0

指定位移的第二个点或〈用第一个点作位移〉：　（按 Enter 键选择"用第一个点作为位移"，拉伸命令结束）

从上述过程可知：

（1）"拉伸"命令只允许用"交叉窗口"或"交叉多边形"选择对象。所有与"交叉窗口"或"交叉多边形"相交的对象都被拉伸（拉长或拉短），处于窗口内的对象仅仅被移动。比较图 2-47（a）、（b）可知，被交叉窗口完全包围的对象（如两个同心圆等）仅向右移动，而四根直线却被拉长了（角度也变了）。

（2）与"复制"命令类似，"拉伸"命令也允许用两种方式指定拉伸距离，即直接输入位移方式和基点及第二点方式，上例是采用直接输入位移方式。

2.5.12　偏移（Offset）

偏移可以在指定距离或通过一个点偏移对象。偏移对象后，可以使用修剪和延伸这种有效的方式来创建包含多条平行线和曲线的图形。在"修改"面板上单击图标 或输入命令 Offset 都可执行"偏移"操作。系统将提示：

指定偏移距离或 ［通过（T）/删除（E）/图层（L））］：

各选项含义简介如下：

（1）指定偏移距离：在距现有对象指定的距离处创建对象。直接输入偏移距离后，进入该选项系统依次提示：

选择要偏移的对象，或 ［退出（E）/放弃（U）］：

指定要偏移的那一侧上的点，或 ［退出（E）/多个（M）/放弃（U）］：

（2）通过（T）：创建通过指定点的对象。要在偏移带角点的多段线时获得最佳效果，需在直线段中点附近（而非角点附近）指定通过点。进入该选项后系统依次提示：

选择要偏移的对象，或 ［退出（E）/放弃（U）］：

指定通过点或，或 ［退出（E）/多个（M）/放弃（U）］：

选择对象：　　　　（按 Enter 键或 Esc 键退出命令）

（3）删除（E）：偏移源对象后将其删除。

（4）确定将偏移对象创建在当前图层上还是源对象所在的图层上。

2.5.13 倒角（Chamfer）与圆角（Fillet）

倒角是指在两根直线相交处按指定的方式产生斜切角。在"修改"面板上单击图标 □、选择菜单"修改"—"倒角"或输入命令 Chamfer 都可执行倒角命令，系统将提示：

选择第一条直线或［多段线（P）/距离（D）/角度（A）/修剪（T）/方式（M）/多个（U）］：

选择第二条直线：

各选项含义简介如下：

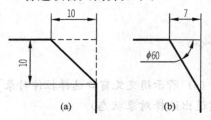

图 2-48 倒角图例

（1）距离（D）。该选项可设置倒角所需的两个距离值。系统默认两个距离值为 0，因此，若不设置距离值而直接选择两根直线，事实上不会产生倒角。图 2-48（a）中两个距离都为 10。

（2）角度（A）。进入该选项后系统依次提示：

指定第一条直线的倒角长度：

指定第一条直线的倒角角度：

显然该选项提供另一种倒角方式，可参见图 2-48（b）。

（3）方式（M）。该选项设置倒角方式（距离方式和角度方式），系统默认按距离方式倒角。

（4）多段线（P）。进入该选项后系统提示"选择二维多段线："，然后按设置的倒角方式对二维多段线倒角（只在直线段相交处生成倒角）。

（5）修剪（T）。该选项设置倒角时是否修剪。若图 2-48（a）中虚线部分在倒角后被删除，就称为修剪；反之，称为不修剪。

（6）多个（U）。在一般情况下，"倒角"命令在给用户指定的两直线相交处产生倒角后，命令就结束了。但在"多个"方式下，"倒角"命令能连续倒角，即完成一个倒角后会继续提示用户选择直线，继续倒角。

圆角是指在两相交线段处生成指定半径的圆弧。选择菜单"修改"—"圆角"、输入命令 Fillet 或单击"修改"面板上的图标 □ 都可执行倒圆操作，系统将提示：

选择第一个对象或［多段线（P）/半径（R）/修剪（T）/多个（U）］：

选择第二个对象：

可见"圆角"命令与"倒角"命令相似，各选项含义也基本相同，故不赘述。

2.5.14 利用夹点编辑

在未执行任何命令时选择图形对象，对象将以"点线"的形式显示并在关键点处出现一些小方框，这就是夹点，如图 2-49 和图 2-50 所示。

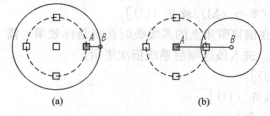

图 2-49 夹点编辑图例一

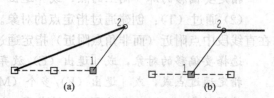

图 2-50 夹点编辑图例二

若选择某夹点（图 2-49 中夹点 A 被选中），命令行中将提示：

＊＊拉伸＊＊

指定拉伸点或 ［基点（B）/复制（C）/放弃（U）/退出（X）］：

可见"拉伸"是选择夹点后的默认操作。在图 2-49 和图 2-50 中，若先选择夹点 1，然后指定 2 点作为拉伸点，结果如图中粗实线所示。可知，选择不同的夹点其拉伸效果是不一样的。

在选择夹点后的提示中，选项"放弃和退出"的含义是很明显的。基点与拉伸点之间的距离确定拉伸距离，系统默认的基点是被选择的夹点，选项"基点（B）"可重新设置基点。在一般情况下，完成一次拉伸后就退出了夹点编辑状态，若选择"复制（C）"，则进入重复拉伸状态。对图 2-49（a）而言，在重复拉伸状态下指定一系列拉伸点可产生一组同心圆；对图 2-50（a）而言，可产生一组共左端点的直线。

选择某夹点后单击鼠标右键，可弹出"夹点"菜单，通过该菜单可执行移动、复制、旋转、比例、镜像等操作。

2.6　上 机 实 验

上机绘制如图 2-51 所示的图案，尺寸、颜色自定。

图 2-51　图案

1. 目的要求

通过该实验，使读者练习常用的二维绘图、编辑命令。

2. 操作指导

参考步骤如下：

（1）新建图形文件，设置绘图环境，建立图层并设置图层属性。

（2）对本实验而言，可建立"粗实线、剖面线、点画线"等图层，并设置粗实线图层线宽 0.5，其他图层线宽 0.25，其他图层线型为实线。

（3）依次将各图层置为当前图层，绘制属于图层的图线。

（4）图中有多处需填充剖面符号，"边界图案填充"对话框中的"拾取点"方式可连续指定多个封闭区域，系统一次填充。

思 考 题

2-1　什么是对象捕捉？如何利用对象捕捉绘图？

2-2　什么是自动追踪？如何利用自动追踪绘图？

2-3　怎样理解图层？简述图层的管理功能。

2-4　多段线与用 Line 命令绘制的图线有什么区别？

2-5　简述几种最常用的对象选择方法。

2-6　如何指定填充范围？

第3章 工程二维图形的绘制与编辑

本章概要 介绍文字样式及标注样式设置、注写文字及标注尺寸、图块及属性、注释性对象及注释比例、样板文件等平面图形及三视图绘制技巧。

3.1 平面图形及三视图作图

平面图形中确定图线形状、大小的尺寸称为定形尺寸，确定图线相对位置的尺寸称为定位尺寸。若尺寸标注方案能确定平面图形，则必须标注所有定形尺寸，但定位尺寸不一定要全部注出。如图3-1所示，已知两连接圆弧的定形尺寸（R20、R100），但它们的圆心位置未直接注出，需要根据与相邻线段的连接关系确定。

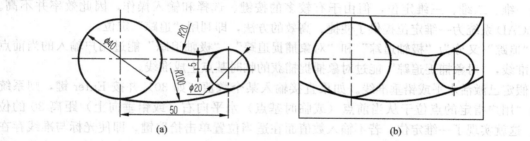

图3-1 线段分析

确定二维空间一点需要两个坐标（X、Y坐标），类似地，确定平面图形中图线与其他图线的相对位置也需要两个定位尺寸。常称两个定位尺寸都已知的线段为已知线段，若缺少一个就称为中间线段，若两个都未知就称为连接线段。中间线段和连接线段都需要利用与相邻线段的连接关系才能画出。在工程图样中，线段连接关系主要是直线与圆（或圆弧、椭圆、椭圆弧）的相切关系，以及圆（或圆弧、椭圆、椭圆弧）与圆（或圆弧、椭圆、椭圆弧）的相切关系。

综上所述，使用AutoCAD系统绘制二维平面图形，除需熟练掌握绘图及编辑命令外，如何保证相对位置及如何利用相切关系也很重要。

3.1.1 定位方法

1. 使用"自（From）"捕捉项定位

"自（From）"捕捉项定位是AutoCAD系统中的主要定位方法，它可用于一维、二维及三维定位。该捕捉项出现在对象捕捉弹出菜单中，任何时候当系统要求用户指定（或输入）点时，都可按Shift键＋鼠标右键弹出捕捉菜单选择"自（From）"定位点。

"自（From）"捕捉项要求用户输入两个参数：基点（Base Point）和偏移（Offset）。"基点"可简单地理解为坐标原点，那么"偏移"就是点的坐标。如图3-1（a）所示，假定以圆$\phi40$的圆心为坐标原点设立直角坐标系，那么圆$\phi20$的圆心的坐标是"50，-5"。

假定图 3-1 中圆 $\phi 40$ 已经画好，则可按如下步骤画出圆 $\phi 20$。

执行画圆命令，命令窗口显示：

指定圆的圆心或 [三点（3P）/两点（2P）/相切、相切、半径（T）]：

按 Shift 键＋鼠标右键启动对象捕捉弹出菜单，选择"自（From）"捕捉项，此时命令窗口应提示：

指定圆的圆心或 [三点（3P）/两点（2P）/相切、相切、半径（T）]：_from 基点：

使用对象捕捉指定圆 $\phi 40$ 的圆心作为基点后，命令窗口应提示：

指定圆的圆心或 [三点（3P）/两点（2P）/相切、相切、半径（T）]：_from 基点：〈偏移〉：

在西文输入状态下输入"@50，－5"并按 Enter 键，命令窗口将提示：

指定圆的半径或 [直径（D）]〈20.0000〉：

在西文输入状态下输入 10 并按 Enter 键，就画好了圆 $\phi 20$。

★ 注意："自（From）"捕捉项的"偏移"参数一般用相对直角坐标输入。

2. 使用追踪定位

在直线上定位点或者基于一个坐标定位点称为一维定位。"自（From）"捕捉项虽然能覆盖一维、二维、三维定位，但由于有较多的按键、选择和输入操作，因此效率并不高。AutoCAD 系统为一维定位提供了便捷、高效的方法，即利用"追踪"定位。

"追踪"又分为"极轴追踪"和"对象捕捉追踪"。"极轴追踪"能过用户输入的当前点产生准线，"对象捕捉追踪"能过对象捕捉捕获的临时基点生成准线。

假定已激活水平或铅垂准线。如果直接输入某个数值（如 30）并按 Enter 键，则系统认为"用户指定的点位于从当前点（或临时基点）水平向右（或铅垂向上）距离 30 的位置"，这就实现了一维定位。若不输入数值而在适当位置单击拾取键，即使光标与准线存在一定的偏移，但系统仍认为用户指定的点在准线上。这就保证了指定点与当前点（或临时基点）X 坐标相等（或 Y 坐标相等），这也实现了一维定位。

仅对直线而言，若使用"端点"捕捉项捕获临时基点，并将光标沿直线移动可激活与直线段重叠的准线，于是可在直线上定位点，这也实现了一维定位，且不受直线是水平、铅垂或倾斜的影响。

下面以抄画图 3-2（a）为例介绍使用"追踪"在直线上定位点（假定已经开启极轴追踪、对象捕捉、对象捕捉追踪）。假定轮廓图形已经画好，故仅需画出直线 AB。

执行画直线命令，系统在命令窗口提示：

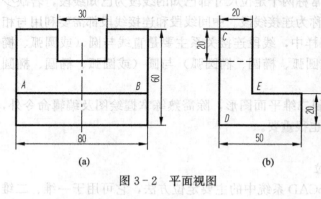

图 3-2 平面视图

指定第一点：

将光标移到图 3-3（a）左下角顶点附近，当出现"端点"捕捉标志（小方框）时，大致铅垂向上移动光标以激活与铅垂线重叠的准线，此时图形窗口显示如图 3-3（a）所示。直接输入 20 并按 Enter 键，就指定了 A 点。继续向右水平移动光标，当图形窗口显示如图 3-3（b）所示时单击确认键就画出了直线 AB。

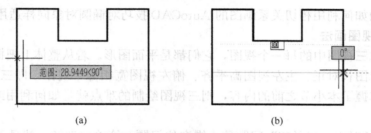

图 3-3　在直线上定位点

★ 注意：上述基于"追踪"定位的方法，已设定了"工具—选项—用户系统配置—坐标数据输入的优先级"为"除脚本外的键盘输入优先"为前提，若选择"执行对象捕捉优先"就意味着不能通过"输入一个坐标定位点"。由于"除脚本外的键盘输入优先"是系统默认设置，故用户一般不必修改设置就可追踪定位。

3.1.2　利用相切关系作图

机械工程图样中，最主要的相切关系是直线与圆弧相切以及圆弧与圆弧相切。解决这一类问题的主要方法是基于两相切条件和半径画圆，即"相切、相切、半径"方式画圆。下面以画图 3-1 中两连接圆弧（$R20$、$R100$）为例介绍该画圆方式。

执行画圆命令，命令窗口显示：

指定圆的圆心或〔三点（3P）/两点（2P）/相切、相切、半径（T）〕：

若输入字母 T 并按 Enter 键，就选择了按"相切、相切、半径"方式画圆，系统进一步提示：

指定对象与圆的第一个切点：

将光标移到真实切点附近，当屏幕显示如图 3-1（b）所示时，单击"确认"，表示所画圆弧与 $\phi40$ 的圆相切，系统进一步提示：

指定对象与圆的第二个切点：

类似地，将光标移到与 $\phi20$ 圆附近且靠近真实切点位置，当出现"递延切点"标志时单击"确认"，系统将提示输入半径，输入 20 并按 Enter 键，就画出与两已知圆外切、半径为 20 的圆。

按上述步骤，可类似地画出半径为 100 且与 $\phi20$、$\phi40$ 两圆内切的圆，结果如图 3-1（b）所示。使用 Trim 命令修剪后，可得到如图 3-1（a）所示的结果。

"相切、相切、半径"方式画圆有一个容易被忽视的要点，即拾取对象指定与圆的切点时，要与真实切点靠近。系统将根据指定的切点位置判断将要画出的圆是与已知圆外切还是内切。

从上述可知，使用"相切、相切、半径"方式画圆以生成连接圆弧有较好的通用性，但操作较麻烦。在特定的情况下，"倒圆（Fillet）"命令也能画出连接圆弧，且操作简便、效率高。例如，上例中 $R20$ 的连接圆弧就可用"倒圆"命令处理，且不需要修剪，因而效率高；但"倒圆"命令不能画出图中 $R100$ 的连接圆弧，即该命令只能处理外切情况，因而有一定的局限性。

若要使直线与圆或圆弧相切，使用"切点"捕捉项是最简单的方式。该捕捉项一般出现在弹出捕捉菜单中，其要点与"相切、相切、半径"画圆方式类似，故不予详细介绍。

上面介绍的如何利用相切关系画图的 AutoCAD 技巧对椭圆对象同样适用。

3.1.3　三视图画法

若单独考虑三视图中的每一个视图，它们都是平面图形。若从整体上把握，三个视图之间存在"主俯视图长对正、主左视图高平齐、俯左视图宽相等"规律，即三等规律。因此，如果读者熟练掌握了本小节之前的内容，则三视图绘制的难点就是如何利用或者保证前述三等规律。

事实上，"长对正、高平齐"问题是一维定位问题。简单地理解，就是要求平面上的两点之间的 X 坐标相等（长对正）或者 Y 坐标相等（高平齐）。例如，图 3-2 中 A、B、E 等点的 Y 坐标应相等（此处是指图纸平面坐标而非视图坐标）。

下面以抄画图 3-2 中左视图为例，介绍利用"高平齐"规律作图。假定主视图已经画好，且已经开启极轴追踪、对象捕捉、对象捕捉追踪。

执行画直线命令，命令窗口提示：

指定第一点：

将光标移到主视图右上角顶点 F 附近，当出现"端点"捕捉标志（小方框）时，大致水平向右移动光标激活水平准线，此时图形窗口显示如图 3-4（a）所示。将光标移到合适位置（G 点附近）后按拾取键指定左视图右上角顶点 G。系统提示：

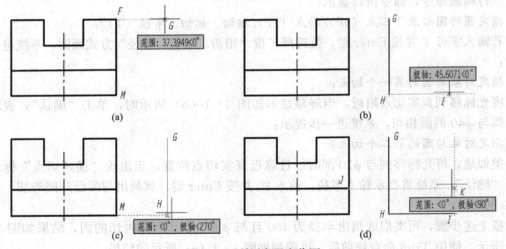

图 3-4　利用高平齐作图

指定下一点或 [放弃（U）]：

将光标移到 M 点附近，当出现"端点"捕捉标志（小方框）时，水平向右移动光标激活水平准线，继续移动光标到 H 点附近，此时屏幕显示如图 3-4（b）所示。单击"确认"指定 H 点，就画出了直线 GH，显然 G、H 点分别与 F、M 点高平齐。系统提示：

指定下一点或 [闭合（C）/放弃（U）]：

向右大致水平移动光标激活水平准线，屏幕显示如图 3-4（c）所示，输入数值 50 并按 Enter 键就指定了 I 点。系统进一步提示：

指定下一点或 [闭合（C）/放弃（U）]：

将光标移到 J 点附近，当出现"端点"捕捉标志（小方框）时，向右水平移动光标激活水平准线，继续移动光标到 K 点附近，此时屏幕显示如图 3-4（d）所示。单击确认键指定 K 点，就画出了直线 IK，显然 K 点与 J 点高平齐。系统继续提示：

指定下一点或［闭合（C）/放弃（U）］：

可按系统提示继续画好图 3-2（b）的左视图。

AutoCAD 二维绘图系统中暂时未见能直接用于"宽相等"作图的技术手段，目前为止，最有效的"宽相等"作图辅助线仍然采用《画法几何》中介绍的 45°斜线，如图 3-5（b）所示。此处不详细讨论基于 45°斜线利用"宽相等"作图的原理（读者可查阅相关资料），仅介绍如何简便地画出 45°斜线。

如图 3-5（a）所示，为了利用"长对正、宽相等"规律画出俯视图，需画出 45°斜线。事实上，45°斜线的位置仅影响俯视图在铅垂方向的位置，并不影响"宽相等"规律，因此其位置并没有精确要求。于是可按如下方法画出：

执行画直线命令，命令窗口提示：

指定第一点：

利用追踪功能指定 N 点与 H 点对齐。

指定下一点或［放弃（U）］：

输入"<-45"并按 Enter 键，屏幕显示如图 3-5（a）所示，此时光标只能沿 45°斜线移动，在合适位置单击拾取键指定一点就画出了 45°斜线。

★注意：图 3-5（a）中利用"长对正、宽相等"规律画出的俯视图将与 N 点对齐。

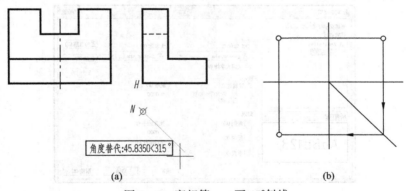

图 3-5　宽相等——画 45°斜线

3.2　文字与文字样式

AutoCAD 系统的"注释"选项卡有"文字"、"标注"、"表格"、"引线"等面板，如图 3-6 所示。

图 3-6　"注释"选项卡

可以在"文字"—"文字样式"中设置保存字体、字高、文字效果、倾斜角等参数。在图样中注写文字时，用户只需指定文本位置并输入文本内容即可，系统注写的文本效果是按当前文字样式。因此，在学习注写文字之前先了解文字样式相关内容是必要的。

3.2.1　文字样式

单击"注释"选项卡中的"文字"面板右下角小斜箭头（见图3-6），或依次单击"默认"选项卡的"注释"右边三角形—扩展面板第一行的"文字样式"图标**A**（见图3-7），或菜单"格式"—"文字样式"，进入"文字样式"对话框，如图3-8所示。各选项说明如下：

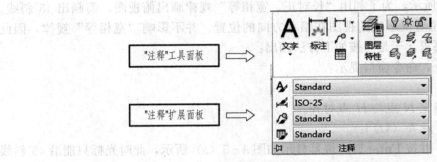

图3-7　"默认"选项卡的"注释"面板

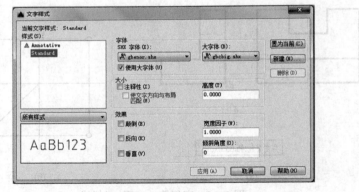

图3-8　"文字样式"对话框

（1）字体名（SHX 字体）。该列表中包含了 Windows 系统中所有可用的 TrueType 字体（如宋体、仿宋体、幼圆等），以及 AutoCAD 系统中的形文件西文字体（.SHX 字体）。如果在"字体名"列表中选择 .SHX 字体，则"使用大字体"选项可用。所谓大字体，是指需用两个字节存储一个符号的字体，一般是亚洲语言文字，如日文和朝鲜文字等。可推知，"字体名"列表中的 .SHX 字体不支持汉字。

（2）字体样式。若选用 Truetype 字体，则"字体样式"列表可用，该列表包含"常规"、"斜体"、"加粗"等多种选择。由于我国制图标准规定，工程图样中汉字需采用长仿宋体，无需多余修饰，因此"字体样式"列表只能适用于一些特定场合。

若选用"使用大字体"，则"字体样式"列表将变为"大字体名"列表，该列表中包含AutoCAD 系统中的所有汉字矢量字体（后缀为 .SHX）。

尽管 Windows 系统提供的 Truetype 汉字字体，如宋体、仿宋体、楷体等，同时支持汉字和西文字符，但 AutoCAD 系统的矢量字体却将两者分开，需设置两个字体。直观地，在文字样式中选用 Truetype 汉字字体似乎更简洁，但后者更适合于工程图样。

（3）注释性。在 AutoCAD 2008 之后的版本中，都支持将文字、尺寸及某些符号等定义为有注释性，若设置文字样式是注释性的，则"高度"改名为"图纸高度"。

（4）高度。若在样式中设置高度值为 0（默认设置），则书写文字时系统将提示用户指定文字高度；若在样式中指定非零值高度，则系统不再提示用户指定文字高度，这意味着使用该样式所创建的"单行文字"的文字高度都相等。显然前者更具灵活性，故一般应保持"高度"的默认设置。

（5）效果。设置文字效果，有颠倒、方向、垂直等多种选择。基于字体样式中介绍的原因，文字样式中一般不必设置修饰效果。

（6）宽度因子、倾斜角。设置字体的宽高比及倾斜度，对 TrueType 字体和 .SHX 字体都适用。若"字体名"选用"仿宋体"，则宽度因子应设置为"≈ 0.7"，这样可产生长仿宋体效果。

我国制图标准规定，图样中数字、字符等可采用斜体。若样式专用于"数字、字符"且希望有斜体效果，就可在"倾斜角度"中输入 12～15。

（7）样式。此处显示当前图形文件中所有的文字样式。若样式名前标注符号，就意味着该样式是注释性样式。

（8）新建、置为当前、删除。新建的含义显而易见，故不必赘述。若当前图形文件中有多个文字样式，可选择之一置为当前，那么接下来注写的文字都采用该样式中的设置。若没有使用某样式注写文字，则该样式可删除。Standard 样式不能被删除。

3.2.2　单行文字

若一行文字是一个 AutoCAD 对象，即该行文字只能有相同的字体、大小及效果，只能一起存在、一起消失，就称为单行文字。机械工程图中的文字一般是单行文字（技术要求中的文字或许有例外）。

单击"注释"选项卡中"文字"面板上的"单行文字"图标 **A**，或单击"默认"选项卡中"注释"面板上的图标 **A**，或选择菜单"绘图"—"文字"—"单行文字"可注写单行文字，命令窗口中依次提示：

　　当前文字样式："Standard" 文字高度：2.5000 注释性：否 对正：左

显示当前设置（或默认设置），如当前样式、默认文字高度、是否有注释性、对正等。

　　指定文字的起点或 [对正 (J)/样式 (S)]：

提示在屏幕上指定单行文字的开始位置（起点）。文字与起点的对齐关系取决于"对正"方式，默认是左对齐，即单行文字的左下角与起点对齐。在上述提示下输入 J 并按 Enter 键可选择对正方式，输入 S 并按 Enter 键可修改当前样式设置。

　　指定高度〈2.5000〉：

若当前文字样式中已设定字体高度，则该提示（或步骤）不会出现。

　　指定文字的旋转角度〈0〉：

旋转角度与样式中设置的"倾斜角度"含义不同。一行文字默认是水平的，但字体可倾斜。若在此处指定旋转为 90°，则一行文字是铅垂的，但字体仍可能是水平。

输入文字：

……

若已完成前述步骤，就可在该提示下输入文字了。若不输入内容而直接按 Enter 键可结束（或退出）注写单行文字命令。

3.2.3　多行文字

单行文字能满足一般要求，且使用方便，但一行文字只能有相同的字体、大小且不方便设置效果，这限制了它的用途，系统提供的"多行文字"能弥补其不足。将一段（多行）文字视为一个对象，且允许设置段落中文字具有不同字体、大小及修饰效果，就称为多行文字。

"多行文字"通过单击"注释"选项卡中"文字"面板上的"多行文字"图标 A，或单击"默认"选项卡中"注释"面板上的图标 A，或菜单"绘图"—"文字"—"多行文字"创建，执行创建命令（mtext）时，命令窗口中先依次提示如下，然后进入多行文字编辑器：

当前文字样式："Standard"文字高度：2.5 注释性：否

显示当前设置（或默认设置），如当前样式、默认文字高度、是否有注释性等。"多行文字"能继承当前文字样式中的设置，且允许在此基础上进一步修改。

指定第一角点：

指定对角点或 [高度（H）/对正（J）/行距（L）/旋转（R）/样式（S）/宽度（W）/栏（C）]：

根据用户指定的两对角顶点确定一矩形，并以矩形宽度作为段落宽度。上述提示中有多个设置选项，可分别设置段落的"文字高度、对正方式、行与行之间的距离、段落是否与水平倾斜、基础样式、段落宽度，以及是否分栏显示"等内容。

用户完成上述步骤后，系统启动如图 3-9 所示的多行文字编辑器。从图中可知，多行文字编辑器几乎是一弱化版的 Word 字处理器，包含字体及样式设置、字型设置（如粗体、斜体、上划线、下划线设置等）、简单的版面处理（如分栏、文字对齐方式、项目编号、字间距、行间距以及宽度因子设置）等内容。这些功能的含义及操作与 Word 相同，故不详细介绍。多行文字编辑器在机械图绘制中有广泛应用。

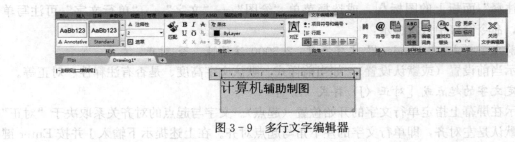

图 3-9　多行文字编辑器

3.2.4　符号及特殊格式文字输入

1. 常用符号

工程图样中经常要用到一些特殊符号，但无法通过键盘输入，如度（°）、正/负公差符号（±）、直径（φ）等。在单行文字中可使用代码生成，常用代码如下（一般应在英文状态下输入）：

％％O：上划线开始（或结束）。

%%U：下划线开始（或结束）。

%%D：度符号（°）。例如，30%%D 表示 30°。

%%P：正/负公差符号。例如，%%P0.002 表示 ±0.002。

%%C：直径符号。例如，%%C20 表示 φ20。

★注意：虽然大部分字体都支持上述代码，但也存在不支持的字体，一般地，Auto-CAD 矢量字体以及部分 Truetype 字体（如宋体）支持上述代码。另外需注意，只有退出文字输入后，上述代码才会转化成相应符号。

多行文字编辑器也支持上述代码，但其另提供有更便捷的方式。在编辑器中单击图标 @·将出现如图 3 - 10（a）所示的选择菜单，从图中可知，这种方式提供更加丰富的选择。

无论是单行文字还是多行文字，若设置字体为 Gbenor. shx，则输入"＊"可产生乘号"×"。

2. 特殊格式数字及符号

在 AutoCAD 中，像上标、下标、分数、尺寸公差的上、下偏差等特殊格式数字，可基于"多行文字编辑器"中的"堆叠"功能实现。

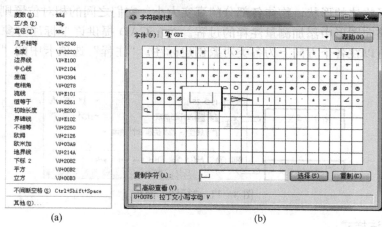

(a)　　　　　　　　　　　　　(b)

图 3 - 10　字符映射器

（a）选择菜单；（b）字符映射表

假定已在编辑器中输入字符串"＋0.0027^＋0.000"，选择它们并单击编辑器中图标 ʰᵃ（见图 3 - 9）执行"堆叠"功能，上述字符串转化为 $^{+0.0027}_{+0.000}$。类似地，输入"12/25"可堆叠为 $\frac{12}{25}$，输入"12＃25"可堆叠为 $^{12}\!/_{25}$。

特殊地，若连接符"^"一边邻接空格，就可堆叠出上下标效果。例如，若输入"Q^i"并堆叠就可生成 Q_i。

3. 工艺结构符号和形位公差符号

机械零件图中，常需标注或注写工艺符号和形位公差符号，如沉孔符号（⊔）、埋头孔符号（∨）、深度符号（↧）、锥度符号（▷）等。这些符号可通过在图 3 - 10（a）中选择"其他"启动字符映射表获得。

如图 3 - 10（b）所示，若在"字体"列表中选择 Truetype 字体"GDT"，则该字体所包含的符号显示在字符映射表。该字体包含了常用工艺及形位公差符号。选择符号并单击

"复制"可将该符号送入"剪切板"，回到多行文字编辑器中粘贴即可。

Windows系统还提供一些其他特殊符号的字体，如Wingdings、Wingdings2、Wingdings3等，感兴趣的读者可在字符映射器中体会，这里不详细介绍。

3.2.5 文字编辑

选择菜单"修改"—"对象"—"文字"将弹出"文字对象"编辑菜单，包含"编辑"、"对正"、"比例"等选项。若选择"编辑"，则命令窗口将提示"选择注释对象或［放弃（U）］:"。若在该提示下选择单行文字，则系统启动单行文字编辑框，可在该编辑框中修改文字内容。若在前述提示下选择多行文字，则系统自动启动如图3-9所示的多行文字编辑器。

单行文字的格式（如字体）可通过修改相应的文字样式而设置。另外，可在对象特性编辑器（快捷键Ctrl+1）中修改单行或多行文字的每一项可修改特性。

3.3 尺寸标注与标注样式

图形表达了物体的形状，物体各部分的真实大小、它们之间的相对位置则要通过尺寸来确定。标注就是向图形中添加测量注释的过程。AutoCAD提供许多标注对象以及设置标注格式的方法，可以在各个方向上为各类对象创建标注。"注释"选项卡中的"标注"面板如图3-11所示。

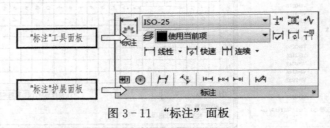

图3-11 "标注"面板

3.3.1 标注样式

不同行业对尺寸标注的要求不相同，即使同一行业对不同尺寸类型的要求也不一样。例如，机械图样中线性标注的尺寸数字一般与尺寸线对齐，而角度尺寸数字必须一律水平注写。再如，土建、水工图样中线性标注的尺寸线终端符号是斜线，而半径、直径标注的终端符号是箭头等。

AutoCAD系统通过"标注样式"及其子样式记录不同标注格式要求。标注时，仅要求用户指定被标注对象，尺寸界线、尺寸线及其终端符号、尺寸数字等由系统基于标注样式自动生成。因此，标注尺寸前应建立合适的标注样式。

标注样式和图形对象一样被保存在图形文件中。系统自动为新建图形文件添加标准样式（如ISO-25、Standard），因此，即使用户未建立标注样式也可直接标注尺寸，系统一般基于ISO-25生成尺寸标注。

单击"样式"工具栏的"标注样式"图标 或菜单"格式"—"标注样式"，可启动标注样式管理器，如图3-12所示。

管理器的"样式"窗口中列出了当前图形文件中所有可用的标注样式，其中的三个样式

(Annotative、ISO－25 和 Standard) 是系统提供的，只有"机械图尺寸"由用户创建的。ISO－25 基于公制单位，而 Standard 基于英制单位，An-notative 是注释性样式示例（其内容与 ISO－25 基本相同）。在新建图形文件中系统默认设置 ISO－25 是当前样式，尺寸标注使用该样式中设置的格式。

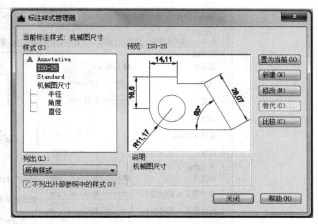

图 3-12　标注样式管理器

3.3.1.1　置为当前

即使图形文件中存在多个尺寸标注样式，但在某时刻只能有一个样式起作用，这就是当前样式。在"标注样式管理器"中选择某样式，单击"置为当前"按钮，就可把该样式设置为"当前样式"。不论何时创建标注对象，系统总是基于当前样式中的格式及用户选择的被标注对象自动测量、生成尺寸标注。改变当前样式仅影响随后生成的尺寸标注。

3.3.1.2　新建

在样式管理器中单击"新建"按钮，可进入"创建新标注样式"对话框，如图 3－13 所示。该对话框中，"新样式名"文本框用于输入新样式的名称；"基础样式"中的设置将作为新样式的设置基础，从而简化用户设置工作。图 3－13 中基础样式是 ISO－25。下面介绍"创建新标注样式"对话框中各项内容。

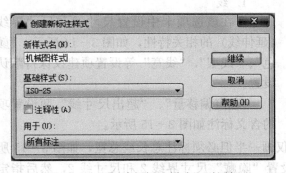

图 3-13　"创建新标注样式"对话框

（1）用于（U）：指定新样式的适用范围。若展开"用于"列表将看到 7 种选择——所有标注、线性标注、角度标注、直径标注、半径标注、坐标标注及引线和公差。默认选择适用于"所有标注"（见图 3－13），即新样式适用于所有尺寸类型。若选择"用于"其他标注类型，则新建样式将成为当前样式的"子样式"。图 3－12 中，"半径、直径和角度"样式是"机械图尺寸"的子样式。

标注尺寸时，系统基于尺寸类型自动选择合适的样式生成尺寸标注。假定"机械图尺寸"是当前样式，若用户执行半径、角度及直径标注，则系统选择相应的子样式生成尺寸标注；若用户执行其他类型标注，系统将选择"机械图尺寸"中的设置。

（2）注释性：指定新建样式是否是注释性样式。基于注释性样式生成的尺寸标注是注释性对象。注释性样式名前标记有符号▲，见图 3－12。

（3）继续：进入新样式内容设置阶段。

3.3.1.3　修改

在标注样式管理器中单击"修改"按钮，或者在新建样式对话框中单击"继续"按钮，都将进入"标注样式设置"对话框，如图 3－14 所示。

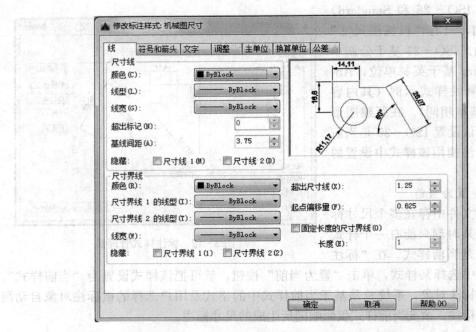

图 3-14 标注样式设置—尺寸线和尺寸界线

在标注样式管理器中单击"修改"按钮，从图 3-14 中可知，该对话框包含 7 个选项卡，代表 7 类设置内容，简介如下：

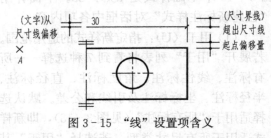

图 3-15 "线"设置项含义

1. 线

可在该选项卡中设置尺寸线和尺寸界线（延伸线）的相关特性，如图 3-14 所示。"颜色"、"线型"、"线宽"等设置项建议保持默认设置。

"起点偏移量"、"超出尺寸线"两设置项的含义标注如图 3-15 所示。

机械图对称画法中，对称图形虽然可以仅画一半但必须标注总长或总宽，如图 3-15 所示。如何标注图中尺寸 30 呢？可在样式中设置"隐藏"尺寸界线 2 和尺寸线 2，然后指定右上角顶点和 A 点标注线性尺寸。若 A 点是大致指定的，则需修改系统测量的尺寸数值。显然地，"隐藏"是临时性设置，于是可推知，标注该图时"隐藏"选项的修改是通过"替代"实现的。

2. 符号和箭头

可在该选项卡中设置尺寸线终端符号形式和大小。机械图样中尺寸线终端符号应选"实心闭合箭头"，对土建和水工图样而言，线性标注可选择"建筑斜线"，直径、半径、角度标注可选择"实心闭合箭头"。系统允许用户自定义箭头作为尺寸线终端符号。

3. 文字

可在该选项卡中设置尺寸数字相关内容，如图 3-16 所示。

文字外观设置项包括尺寸数字的文字样式、颜色、高度等。应该提醒的是，只有在文字

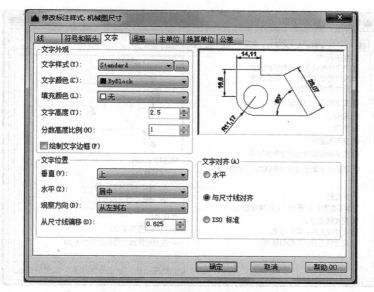

图 3-16　标注样式设置—文字

样式中设置字体高度为 0，此处设置的"文字高度"才起作用。

文字位置设置项指定尺寸数字与尺寸线的相对位置。"从尺寸线偏移"的含义标注在图 3-15 中。建议保持默认设置"垂直—上"（尺寸数字在尺寸线上方，若选择"垂直—居中"则断开尺寸线注写文字）、"水平—居中"。

文字对齐设置项指定尺寸数字的方向。若选择"文字对齐—水平"则尺寸数字一律水平注写，如图 3-17（a）所示。若选择"文字对齐—与尺寸线对齐"则尺寸数字字头方向与尺寸线垂直，如图 3-17（b）所示。如果选择"对齐方式—ISO 标准"，若尺寸数字注写在尺寸界线内，则字头与尺寸线垂直；若注写在尺寸界线外，则一律水平注写，如图 3-17（c）所示。

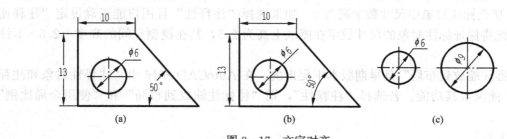

图 3-17　文字对齐

(a) 水平；(b) 与尺寸线对齐；(c) ISO 标准

4. 调整

如果两尺寸界线之间空间狭窄不足以同时容纳尺寸数字和箭头，可设置调整选项卡，如图 3-18 所示。

调整选项设置"如果延伸线（尺寸界线）之间没有足够的空间来放置文字和箭头，那么首先从延伸线中移出"，共有 6 种选择。系统默认"文字或箭头（最佳效果）"，即由系统判断该怎样移出。实践中发现默认设置有时会产生不良效果，建议选择"箭头"或者"文字和箭头"。

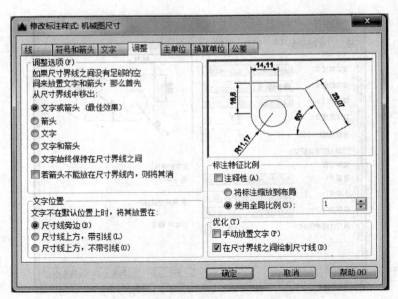

图3-18　标注样式设置—调整

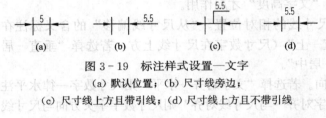

图3-19　标注样式设置—文字

(a) 默认位置；(b) 尺寸线旁边；
(c) 尺寸线上方且带引线；(d) 尺寸线上方且不带引线

如图3-19所示，当文字不在默认位置上时，从图3-18可知文字位置有三种选择，即尺寸线旁边、尺寸线上方且带引线、尺寸线上方且不带引线，如图3-19（b）～图3-19（d）所示。

从图3-18可知，标注特征比例设置有三种选择，即注释性、将标注缩放到布局和使用全局比例，其含义如下：假定样式中设置文字高为2.5，如果设置"使用全局比例"且比例值为2，那么标注对象中尺寸数字高为5。如果选择"注释性"且用户能正确设定"注释比例"，系统将保证标注对象的尺寸数字在图纸上高为2.5，其在模型空间的高度＝2.5×1注释比例。

"将标注缩放到布局"是早期版本中提出的，在AutoCAD 2016中"注释性对象和注释性比例"能覆盖其功能。若选择"注释性"，则"将标注缩放到布局"和"使用全局比例"不可用。

5. 主单位

可在该选项卡中设置尺寸数字单位、格式以及测量方法等内容。系统默认是公制单位，与我们常用单位体系一致，仅"小数分隔符"一项因系统默认是"逗号"，与我们常用习惯不一致，应该修改为"句点"。

该选项卡中"测量单位比例—比例因子"选项在特定情况下能给尺寸标注带来方便。系统推荐在模型空间按机件真实大小1∶1绘图，若用户按1∶10缩小比例绘图，这使得系统测量的尺寸数字需放大10倍。这项工作若由用户处理十分麻烦，若将"测量单位比例—比例因子"设为10，则系统自动将测量数值放大10倍。

6. 换算单位

该选项卡中的设置用于特殊场合。例如，用于国家（或地区）间技术交流的图样，因单位体系不一样（公制和英制），需在图样中同时标注公制和英制尺寸。

7. 公差

该选项卡用于在样式中设置尺寸公差，如图 3-20 所示，各项含义如下：

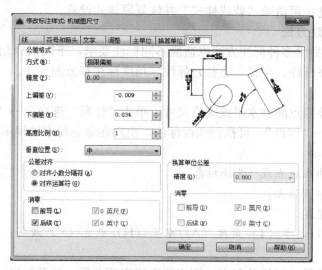

图 3-20　标注样式设置—公差

（1）公差方式：有"无"、"对称"、"极限偏差"、"极限尺寸以及基本尺寸"等选择。

（2）高度比例：指公差数字与基本尺寸数字之间的比例。

（3）垂直位置：设置公差数字相对于基本尺寸数字的垂直对齐方式，有"上"、"中"、"下"三种选择，默认为"下"对齐。

（4）精度：设置公差数字的小数位数。注意该选项受"主单位"的"精度"影响。

（5）上偏差、下偏差：若公差"方式"是"极限偏差"，则此处可指定上偏差、下偏差值。

图 3-21（a）～图 3-21（d）中的尺寸公差分别使用"对称、极限尺寸、极限偏差、基本尺寸"等公差方式标注，图 3-21（c）、图 3-21（e）、图 3-21（f）中尺寸数字与基本尺寸的对齐方式分别是"下"、"上"、"中"。

在样式中设置尺寸公差，则使用该样式标注的所有尺寸都具有相同的尺寸公差，这种特性是不能满足实际需求的，实际标注中常采用后面介绍的标注尺寸公差方法。

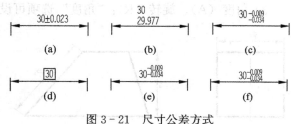

图 3-21　尺寸公差方式

(a) 对称；(b) 极限尺寸；(c) 极限偏差下对齐；(d) 基本尺寸；
(e) 上对齐；(f) 中对齐

3.3.1.4　替代

在标注样式管理器中单击"替代"按钮，将进入标注样式内容设置相关对话框。

使用管理器中的"修改（M）"修改标注样式中的设置，将影响使用该样式的所有标注对象（包括修改之前的，也包括修改之后的）。使用"替代"修改样式中设置则不同，"替代"之前的标注对象不受影响，只影响修改之后的。

"替代"临时性修改标注样式，其修改内容独立保存，并以"样式替代"字样显示在标注样式管理器中，如图3-12所示。选择"样式替代"并单击鼠标右键可弹出编辑菜单，在其中选择"删除"选项可清除"替代样式"并恢复原样式设置。

3.3.2　尺寸标注方法

AutoCAD系统提供多种标注方法以适应不同标注要求，下面仅介绍机械图常用标注方法：线性标注、对齐标注、半径（直径）标注、角度标注和公差标注。

1. 线性标注

线性标注是标注两点间的水平或垂直尺寸。单击"注释"选项卡—"标注"面板中图标 ⊢ 或菜单"标注"—"线性"，可执行线性标注，出现在命令行中的提示信息如下：

命令：_dimlinear

指定第一个延伸线原点或〈选择对象〉：

指定第二条延伸线原点：

指定尺寸线位置或

［多行文字（M）/文字（T）/角度（A）/水平（H）/垂直（V）/旋转（R）］：

标注文字＝20

延伸线原点就是尺寸界线的起点。用户依次指定两点后，按系统提示，移动光标可调整尺寸线位置，单击确认键可指定尺寸线位置。标注文字20为系统自动测量默认值。

上述提示中包含的多行文字（M）等选项为尺寸标注提供了便利性，简介如下：

（1）多行文字（M）、文字（T）：指定标注对象后，系统自动测量线性尺寸数值，但允许用户修改。输入M（或T）按Enter键可选择"多行文字"（或文字）选项，进入尺寸数字修改状态。若选择前者将进入多行文字编辑器，若选择后者则可直接输入新尺寸数字。

（2）水平（H）、垂直（V）：用户可移到光标指定系统测量两点间的尺寸是水平尺寸还是垂直尺寸，也可直接输入H（或V）选择水平（或垂直）选项，明确告知系统应该测量水平（或垂直）尺寸。

（3）角度（A）、旋转（R）："角度"选项可设置尺寸数字与尺寸线的夹角，默认值是0，即尺寸数字与尺寸线对齐。"旋转"选项影响系统测量值，假定设置旋转30°，则系统测量两点间30°方向的距离（相应地，尺寸界线与30°方向垂直）。

如图3-22（a）所示的尺寸标注在机械图中十分普遍，下面介绍其标注步骤。

执行线性标注命令，则命令窗口提示：

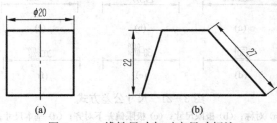

图3-22　线性尺寸与对齐尺寸标注
(a) 线性尺寸标注；(b) 对齐尺寸标注

命令：_dimlinear　　　　　　　　　　（执行线性标注命令）

指定第一条延伸线原点或〈选择对象〉：（基于对象捕捉指定矩形左上角顶点）

指定第二条延伸线原点：　　　　　　　　　（基于对象捕捉指定矩形右上角顶点）

指定尺寸线位置或［多行文字（M）/文字（T）/角度（A）/水平（H）/垂直（V）/旋转（R）］：t
　　　　　　　　　　　　　　　　（选择 T 选项）

输入标注文字：　　　　　　　　（输入"％％C20"并按 Enter 键）

指定尺寸线位置或［多行文字（M）/文字（T）/角度（A）/水平（H）/垂直（V）/旋转（R）］：
　　　　　　（在合适位置单击鼠标左键确定尺寸线位置，标注结束）

标注结果如图 3 - 22（a）所示。由于线性标注不会在尺寸数字前添加符号 φ，因此使用"文字（T）"选项修改系统生成的尺寸数字。

图 3 - 22（b）的垂直尺寸可模仿以上步骤标注。

2. 对齐标注

机械图中线性标注十分普遍，但有时也需标注如图 3 - 22（b）所示的倾斜尺寸，由于斜边倾斜角未知，因此即使使用"旋转"选项，线性标注也不能注出尺寸 30。这时可采用"对齐标注"，它产生的尺寸线与两点连线（或选择的直线对象）平行。

单击"标注"面板中的下拉图标或下拉菜单"标注"—"对齐"可执行对齐标注，执行过程及选项等与"线性标注"基本相同。图 3 - 22（b）中的尺寸 27 就是用对齐标注的。

3. 直径标注与半径标注

这两类标注方法都要求被标注对象是圆或圆弧，能生成直径或半径尺寸。

单击"标注"面板中的下拉图标或下拉菜单"标注"—"直径"可为圆或圆弧对象标注直径，执行时按命令行中提示，依次选择圆或圆弧对象，指定尺寸线位置后，就完成了直径标注。如图 3 - 17（c）所示，其标注步骤如下：

命令：_dimdiameter　　　（执行直径标注命令）

选择圆弧或圆：　　　　（单击标注对象）

标注文字 ＝ 9

指定尺寸线位置或［多行文字（M）/文字（T）/角度（A）］：
　　　　　　（在合适位置单击鼠标左键确定尺寸线位置，标注结束）

单击"标注"面板中的下拉图标或下拉菜单"标注"—"半径"可为圆或圆弧对象标注半径，其执行过程与标注直径基本相同。

4. 角度标注

单击"标注"面板中的下拉图标或下拉菜单"标注"—"角度"，系统将在命令窗口提示：

选择圆弧、圆、直线或〈指定顶点〉：

若被选择对象是圆弧，则标注圆弧所对应的圆心角。若被选择对象是直线，系统将继续提示"选择第二条直线"，并自动标注两直线夹角。若选择"指定顶点"，则系统继续提示"指定角的第一个端点"和"指定角的第二个端点"，并自动标注指定角度。标注角度如图 3 - 17（a）所示。

5. 连续、基线标注

连续、基线标注是一种特殊的线性标注。图 3 - 23（a）所示为连续标注的图例，可知连续尺寸会自动与前一尺寸对齐（尺寸线对齐）。

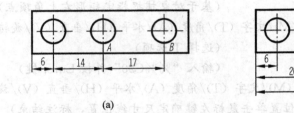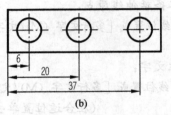

图 3-23　连续、基线标注

(a) 连续标注；(b) 基线标注

单击"标注"面板中图标▢或菜单"标注"—"连续"，可执行连续标注。命令行中提示"指定第二条延伸线原点或［放弃（U）/选择（S）］〈选择〉："，系统在"连续基准"和指定的"第二条延伸线原点"之间标注尺寸，且与基准尺寸对齐。系统默认的连续基准是最近一次性线标注的第二条尺寸界线，"选择（S）"选项可设置"连续基准"。

　　若图 3-23（a）所示线性尺寸 6 的右尺寸界线是连续基准［最近一次线性标注产生的或用选项"选择（S）"设置的］，则在连续标注状态下，依次选择 A、B 两点就可产生图中的连续标注效果。

　　如图 3-23（b）所示，若要求多个尺寸共用一条尺寸界线，则采用"基线标注"是最方便的。单击"标注"面板中的下拉图标▢或菜单"标注"—"基线"，可执行基线标注。命令行中提示"指定第二条延伸线原点或［放弃（U）/选择（S）］〈选择〉："，系统总是在"基线"和指定的"第二条尺寸界线原点"之间标注尺寸。系统默认的基线是最近一次线标注的第一条尺寸界线，"选择（S）"选项可重新选择基线。

　　6. 尺寸公差

　　虽然可在标注样式中设置尺寸公差，但十分麻烦。基于线性（或对齐）标注生成尺寸公差，则更为方便。

　　单击"标注"面板中图标▢或菜单"标注"—"线性"，系统将提示：

命令：_dimlinear　　　　　　　　　　　　　　　（执行线性标注命令）

指定第一个延伸线原点或〈选择对象〉：　　　　　　（基于对象捕捉指定矩形左上角顶点）

指定第二条延伸线原点：　　　　　　　　　　　　（基于对象捕捉指定矩形右上角顶点）

指定尺寸线位置或

［多行文字（M）/文字（T）/角度（A）/水平（H）/垂直（V）/旋转（R）］：m

　　输入 M 或 m，按 Enter 键，即选择"多行文字"选项，从而进入编辑器。在英文状态下输入"％％C20－0.020^－0.041"，选择字符串中"－0.020^－0.041"文字，单击"堆叠"图标。退出多行文字编辑器后，系统继续提示：

　　指定尺寸线位置或

［多行文字（M）/文字（T）/角度（A）/水平（H）/垂直（V）/旋转（R）］：

　　指定尺寸线位置，尺寸公差标注结果如图 3-24 所示。

　　7. 几何公差

　　几何公差又称为形位公差，是零件图中的常见内容。此处仅介绍几何公差标注符号的生成方法。

　　单击"标注"扩展面板中图标▢或菜单"标注"—"公差"，可启动"形位公差"对话框，如图 3－25 所示。单击对话框中的"符号"黑色矩形区域可弹出"特征符号"选项板，如图 3－25（b）所示。"形位公差"对话框中的白色方框是普通文本框，可输入公差数值。

如果"形位公差"对话框中各项设置如图 3－25（a）所示，则单击"确定"后系统提示：

输入公差位置：

系统将在用户指定位置处生成如图 3－25（c）所示的形位公差标注。

图 3－24 尺寸公差标注

（a）   （b）   （c）

图 3－25 "形位公差"对话框、特征符号与几何公差标注

(a)"形位公差"对话框；(b)"特征符号"选项板；(c)几何公差标注

3.3.3 编辑标注对象

1. DimTEdit 命令

DimTEdit 命令可调整尺寸的位置，移动和旋转标注文字，并重新定位尺寸线，在命令行输入 DimTEdit，命令行提示：

选择标注：

为标注文字指定新位置或［左对齐（L）/右对齐（R）/居中（C）/默认（H）/角度（A）］：

可通过移动光标直接指定尺寸数字的新位置，也可以输入选项确定尺寸数字位置，"默认"选项把尺寸数字放置到样式中设置的位置，"角度"选项可把尺寸数字旋转一定的角度。其他选项含义显而易见，故不详述。

2. DimEdit 命令

该命令提供比 DimTEdit 强大得多的标注对象编辑功能，可以旋转、修改或恢复标注文字，可以更改尺寸界线的倾斜角。其最主要的特点是一次可编辑一批标注对象。在命令行输入 DimTEdit，命令行依次提示：

输入标注编辑类型［默认（H）/新建（N）/旋转（R）/倾斜（O）］〈默认〉：

选择标注对象：

…

新建（N）选项能把一组标注对象的尺寸数字更换为指定的新值，或给一组标注对象的尺寸数字加前缀或后缀。该功能颇为实用，这意味着给非圆对象标注直径时，不必关注前缀符 φ，可直接按线性尺寸标注，完成所有标注可一次性全部添加前缀符 φ 即可。

旋转（R）选项能把标注文字倾斜一定角度，倾斜（O）选项能把尺寸界线倾斜一定角度（默认与被标注轮廓垂直），如图 3－26 所示，选择菜单"标注"—"倾斜"也可完成类似功能。

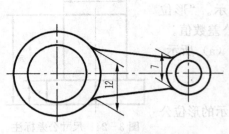

图 3-26　尺寸界线倾斜

3. 更新

单击"标注"面板中图标▣或菜单"标注"—"更新"可把当前样式中的设置应用到选定的标注对象。如果已建立的标注对象中有部分格式不符合要求，可以新建样式或替代样式，然后执行更新。

4. 利用夹点编辑

标注对象被选择后关键点处将出现夹点，拖动这些夹点很容易修改尺寸界线、尺寸线和尺寸数字的位置。

5. 利用"特性"选项板

在"特性"选项板中可修改标注对象的所有可修改特性。例如要标注尺寸公差，可先标注其基本尺寸，再用对象"特性"选项板修改尺寸公差。此种标注尺寸公差方法简单易行，具体操作如下：先选择要查看或修改其特性的对象，然后采用以下任一方法打开"特性"选项板。

方法一：在绘图区域中单击鼠标右键，在出现的快捷菜单中，单击"特性"。

方法二：单击"快速访问"工具栏中"特性"图标▣。

方法三：菜单"修改"—"特性"。

方法四：菜单"工具"—"选项板"—"特性"。

例如，标注如图 3-24 所示的图形尺寸和尺寸公差步骤如下：

（1）线性标注尺寸 20。

（2）选择要修改其特性的对象，即单击已标好的线性尺寸 20。

（3）采用以上任一方法打开"特性"选项板，如图 3-27（a）所示。

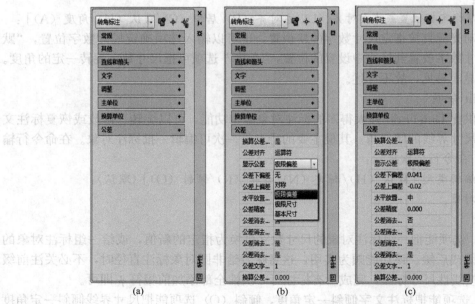

图 3-27　"特性"选项板编辑标注尺寸公差

（a）打开"特性"选项板；（b）设置"显示公差"；（c）设置"公差上、下偏差"

（4）单击"公差"下拉三角形，设置"显示公差"为"极限偏差"，如图 3-27（b）所示。

（5）设置"公差下偏差"为 0.041，设置"公差上偏差"为 -0.020，如图 3-27（c）所示。关闭"特性"选项板，即可完成尺寸公差标注。

★注意："特性"选项板默认"公差下偏差"为负值。当标注的公差下偏差为正值时，要在设置的公差下偏差数字前加"-"号。

3.4　图　　块

图块是由一组图形对象组成的集合。对图形中经常重复出现的图形对象，如机械图中的标准件（如螺钉、螺栓等）和表面结构（粗糙度）符号，建筑平面图中的门窗符号，水工图中的浆（干）砌石符号、标高符号、示坡线等，可以采用"复制"处理，但更有效的方法是建立"图块"。先将一组图形对象定义为图块，然后在需要的地方插入对图块的一个"引用"，当显示或输出图形文件时，系统将"引用"转化为可视的图块"实例"。

上述方法处理重复图形符号有诸多优点，一方面"图块"可使绘图速度大大提高，不必每次都重新创建图形元素；另一方面可使图形文件变得更小（只需保存一份图块定义和若干引用），并且修改这些图形对象组成的集合将更容易（只需修改图块定义就可使"实例"自动更新），便于管理；另外也使得利用软件工具、基于图样进行工程管理变为可能，如统计标准件或配件等。

图 3-28　"块"、"块定义"面板

用"插入"选项卡中的"块定义"、"块"面板（见图 3-28）可进行块的定义、插入和编辑。

3.4.1　图块中的内容

图块中的内容是 AutoCAD 图形对象，如图线、文字、图案填充等。图块引用中的文字内容不一定相同，如表面结构（粗糙度）符号中的粗糙度参数值（见图 3-29）。如果图形符号还需用文字说明，可为图块添加文字属性，创建图块引用时系统提示用户可修改属性值。

图 3-29　表面结构粗糙度符号

单击"插入"选项卡中"块定义"面板上的"定义属性"图标，或选择菜单"绘图"—"块"—"定义属性"启动属性定义对话框，如图 3-30 所示。

选择菜单"绘图"—"块"—"定义属性"启动"属性定义"对话框，如图 3-30 所示。该对话框中各项含义如下：

（1）属性："属性—标记"就是属性名称；创建图块引用时，系统会显示"属性—提示"中设置的内容要求用户输入属性值；"属性—默认"的含义显而易见。

（2）插入点：指定属性在图形中的位置。可直接输入坐标，也可到图形窗口中指定。如图 3-29（b）所示，"×"表示属性"粗糙度参数"的插入点。

（3）文字设置：设置属性文字的特性，包括"与插入点的对正方式"、"文字样式"、"文

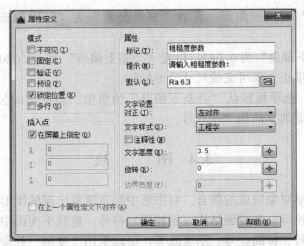

图3-30　"属性定义"对话框

字高度"、"是否旋转"、"旋转角度"等内容。若选择"注释性"，则"文字高度"是相对图纸而言。

（4）模式：设置图块中的属性模式。有多种选择，如"可见与不可见"、"是否取固定值"、"是否验证输入的属性值正确与否"、"是否只能取预设的默认值"、"是否允许调整属性位置"、"属性是多行文字吗"等。

默认状态仅选择"锁定"属性文字位置，即图块引用中的属性位置是锁定的；反之，可使用夹点编辑调整属性与块中其他部分的相对位置。

（5）在上一个属性定义下对齐：将属性标记置于之前定义的属性下面。如果之前没有创建属性定义，此项不可用。

假定已经绘制好如图3-29（a）所示的表面结构粗糙度图形符号（参阅GB/T 131—2006或机械制图教材），且设置属性定义相关项如图3-30所示，在屏幕上指定插入点如图3-29（b）所示（图中×表示"粗糙度参数"属性的插入点），回到"属性定义"中单击"确定"，即完成"粗糙度参数"的属性定义。

3.4.2　创建图块

单击"插入"选项卡中"块定义"面板上的"创建块"图标，或选择菜单"绘图"—"块"—"创建"可启动"块定义"对话框，如图3-31所示。该对话框中各项含义如下：

（1）名称。图块必须有名称，如图3-31中的"表面结构（粗糙度）符号"。

（2）选择对象。图块不能为空，必须指定包含在图块中的对象。以"表面结构（粗糙度）符号"图块为例，应该选择图3-29（b）中的图形符号及图3-30的属性定义。单击选择对象图标，可进入图形窗口中选择对象。

（3）基点。必须为图块指定基点。创建块引用时，系统把块定义基点与用户指定的插入点对齐，以确定块引用的位置。对"表面结构（粗糙度）符号"而言，应该选择图3-29（b）中三角形下部顶点作为图块基点。基点可采用两种方式指定，既可直接输入坐标，也可到图形窗口中指定。

（4）注释性。图块常用于处理图形中有特定含义的符号及附属文字说明，在这种情况下图块及其实例的大小应相对于图纸而言。若选择"注释性"，将有利于满足前述要求。

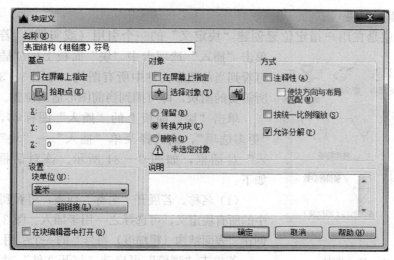

图 3-31　"块定义"对话框

（5）超链接。打开"插入超链接"对话框将某个超链接与块定义相关联。

（6）保留、转换为块、删除。设置图形符号被定义为图块后如何处理，是删除还是保留或者转化为块引用。

（7）在块编辑器中打开。在块编辑器中打开当前块定义。块编辑器包含一个特殊的编写区域，可以像在绘图区域中一样绘制和编辑几何图形，可以定义图块的自定义特性和动态行为，添加参数和动作。它是参数化约束设计的有力工具。

基于"块定义"对话框创建的图块保存在当前图形文件中。如果不使用"设计中心"等工具则仅服务于当前图形文件。基于"块定义"对话框创建的图块保存在当前图形文件中。如果不使用"设计中心"等工具则仅服务于当前图形文件。要使图块作为一个独立图形文件保存，可单击"插入"选项卡中"块定义"面板上的"写块"图标，或使用 Wblock 命令在启动的"写块"对话框中（见图 3-32）创建图块。

图 3-32　"写块"对话框

3.4.3 插入图块

插入图块就是在用户指定位置创建"块定义"的一个引用（或实例）。若已创建了块，

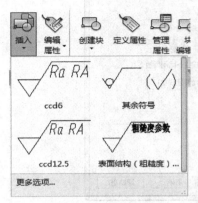

图3-33 插入图块

单击"插入"选项卡中"块"面板上的"插入"图标🔲，可看到当前图形文件中所有图块，如图3-33所示。点击所需要的图块，即可插到当前图形适当位置。

单击"块"面板上的"插入"图标🔲，选择面板上"更多选项"，或选择菜单"插入"—"块"可启动"插入"对话框，如图3-34所示。该对话框中各项含义如下：

（1）名称。若展开"名称"列表，可看到当前图形文件中的所有块定义，可选择之一用于插入。图3-34中是准备创建"表面结构（粗糙度）符号"的一个引用。

若单击"浏览"可启动"打开文件"对话框，选择用Wblock命令创建的图块，甚至把一个普通图形文件插入到当前图形文件中来。

图3-34 "插入"对话框

（2）插入点。指定"插入点"就是指定块引用在图形中的位置，系统将块定义的基点与插入点对齐，从而确定块引用位置。一般应到屏幕上指定"插入点"位置。

（3）比例、旋转。指块引用相对于块定义的缩放比例，一般应在"插入"对话框中直接输入。若不选择"统一比例"，则允许 X、Y、Z 坐标方向有不同的缩放比例。

合理地使用比例插入可产生特殊效果。比如，图3-35（a）左图是块定义，右图是按"X 比例 $=-1$，Y 比例 $=1$"插入的块实例，产生了沿 Y 轴对称效果。又比如，图3-35（b）左图是块定义，右图是按"X 比例 $=1$，Y 比例 $=0.75$，旋转30"插入的图块引用。

（4）分解。若选择"分解"，则创建的图块实例不再是整体对象，而被分解为若干独立图形。这种插入不再有图块优点，故一般不会使用这种插入方式。菜单"修改"—"分解"也能产生与该选项类似效果。

3.4.4 图块编辑

图块的编辑（或修改）包括修改块定义、修改块引用属性及修改块属性定义三方面

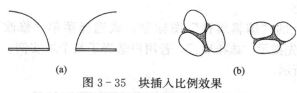

图 3 - 35 块插入比例效果

(a) 效果一；(b) 效果二

内容。

1. 修改块定义

若定义一个同名图块覆盖原"块定义"，则原图块实例将自动更新，这也是图块的一个显著优点。对普通图块（非动态图块）而言，若要修改块实例中的图形符号，只能修改块定义。单击"插入"选项卡中"块定义"面板上的"块编辑器"图标，在出现的"编辑块定义"对话框中选择所要编辑的块，然后在"块编辑器"中进行修改，如图 3 - 36 和图 3 - 37 所示。

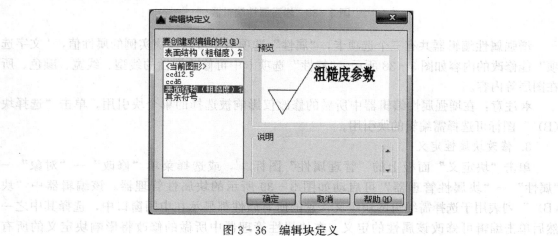

图 3 - 36 编辑块定义

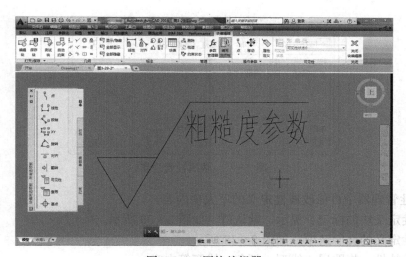

图 3 - 37 图块编辑器

2. 修改块引用属性

单击"块"面板上的"编辑属性"图标 ，或选择菜单"修改"—"对象"—"属性"—"单个"，系统先提示"选择块:"，若用户选择了某个块实例，系统就启动增强属性编辑器，如图3-38所示。

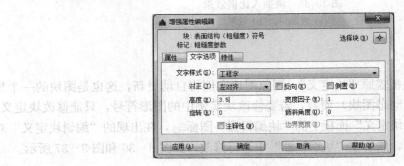

图3-38　增强属性编辑器

增强属性编辑器共有三个选项卡，"属性"选项卡中可修改块实例的属性值，"文字选项"能修改的内容如图3-38所示，"特性"选项卡中可修改属性的线型、线宽、颜色、所在图层等内容。

★注意：在增强属性编辑器中所做的修改仅影响被选择的单个块引用。单击"选择块（B）"图标可选择需编辑的块引用。

3. 修改块属性定义

单击"块定义"面板上的"管理属性"图标 ，或选择菜单"修改"—"对象"—"属性"—"块属性管理器"可启动如图3-39所示的块属性管理器。该编辑器中"块（B）"列表用于选择需编辑的块定义，它的所有属性都显示在中间窗口中，选择其中之一然后单击编辑可修改该属性的定义。在块属性管理器中所做的修改将影响块定义的所有引用。

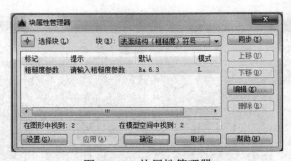

图3-39　块属性管理器

在块属性管理器中可修改属性定义的三大项内容：

（1）属性定义块的标记、提示、默认值，如图3-39所示。

（2）属性定义的文字选项，如图3-38所示。

（3）属性特性，指图层、线型、颜色、线宽等内容。

3.4.5　使用图块相关要点

在块定义阶段，若图形符号基本属性（指线型、线宽及颜色）不是"随层（ByLayer）或随块（ByBlock）"，而是具体的线型、线宽或颜色，那么块引用中仍将保持原设置不变且只能通过"重定义"图块才能修改。这显然不够方便，建议创建图块时应将图形符号的基本属性设置为随层。

若使用 Wblock 命令创建图块，且图形符号基本属性是随层，如果当前图形文件中有同名图层，则块定义的基本属性被当前图形文件的同名图层属性替代，若没有同名图层就在当前图形文件中创建该图层且保持原有设置。

若使用 Wblock 命令创建图块，且图形符号基本属性是随块，如果当前图形文件中有同名图层就采用该图层的属性设置，否则将图块放在当前图层中并采用当前图层的属性设置。

若使用 Wblock 命令创建图块，且在 0 层上创建，那么插入时不论原设置是随层还是随块都放在当前图层上并采用其属性设置。

可基于"设计中心"（启动快捷键 Ctrl+2）在当前图形文件中使用在其他文件中定义的图块。

3.5　注释性对象与注释比例

图形文件中有些对象的主要功能是说明和注释机件（或形体）特性，如文字、标注、符号等，于是称它们为注释性对象。注释性对象在图纸上的大小往往受相关标准限制，比如文字大小只能在序列 2.5、3.5、5、7…中取值，又比如表面结构符号的大小必须与图纸上的文字大小相匹配等。

在 AutoCAD 系统中，二维平面图形应尽可能地在模型空间绘制，且按机件真实大小 1∶1 绘图，即不必考虑与图纸规格相关的缩放问题。若需输出图纸就设置图纸空间（包括如何在图纸上放置模型空间内容、打印设置等，又称为布局）。这种设计思路将绘图与图纸分开，既方便绘图，又为图纸输出提供了便利性和灵活性。

由于绘图与图纸分开，因此，如何保证图形文件中注释性对象在图纸上的大小能满足制相关标准要求，就成为一个关键点。若在模型空间绘图时布局到图纸所采用的缩放比例已知，就可简单地给注释性对象施加一等值反比例缩放，但绘图时缩放比例可能未知，要到将图纸布置妥当后才能确定。

将图纸布置妥当后，可在视口工具条中看到缩放比例。于是缩放比例确定后如何方便地给注释性对象施加等值反比例缩放，就成为了解决前述问题的关键。AutoCAD 2016 提供了如下解决方法：

（1）允许用户在样式（或块定义）中指定注释性，基于样式或块定义创建的文字、标注、块引用等就是注释性对象。

（2）第一次创建注释性对象时，要求用户指定注释比例（预估的缩放比例）。

（3）将图纸布置妥当且缩放比例确定后，用户可到注释比例列表（ $\boxed{\text{人1:1▼}}$ 状态栏右侧）中设置当前注释比例等于缩放比例。

（4）菜单"修改"—"注释性对象比例"—"添加当前比例"可将当前注释性比例添加到注释性对象中。

（5）注释性对象可以拥有多个注释比例，若拥有当前注释比例，系统基于当前比例自动确定它在模型空间的大小，下面是注释性块引用的模型空间大小计算方法。

块引用在模型空间的大小＝块定义大小×创建块引用指定的比例/注释比例值。假定图块定义高为 3.5，创建块引用时指定比例为 1，注释比例等于 10，则块引用在模型空间高为 35。由于已设置注释比例等于缩放比例，块引用在图纸上高为 3.5。因此，可按图纸上的大小创建图块定义及图块引用，它们的模型空间大小不必关注，由系统确定。

基于注释性文字样式创建文字对象，样式中设置的高度或输入时指定的高度都应该是图纸高度。类似地，注释性标注样式中"尺寸数字高度"、"箭头大小"、"起点偏移量"等也应是图纸高度。

为了更好使用系统"注释"功能，建议注释性对象应集中在独立的图层中，从而使给注释对象添加缩放比例变得很容易。

本节讨论的内容，仅仅是 AutoCAD 2016 注释性功能的一部分，详细内容请参阅相关资料。

3.6　样　板　文　件

由于必须符合"技术制图国家标准"和"机械制图国家标准"要求，机械图样的内容虽然千变万化但大多具有相同的字体、标注格式、线型等，图层划分和标题栏格式等也基本一致。显然地，在每张图中重复上述设置是难以接受的，AutoCAD 系统提供了继承上述设置的途径，最常用有效的方法是样板文件。

样板文件的创建非常简单。按正常途径新建一图形文件，在其中完成相关设置工作后，启动"另存为"对话框，输入样板文件名并选择 AutoCAD 图形样板（∗.dwt）类型，单击"保存"就创建了一个样板文件。系统默认样板文件保存在 AutoCAD 系统目录的 Template 子目录中。

可以指定图形文件继承某样板文件的设置。单击"快速访问工具栏"上的新建文件图标或选择菜单"文件"—"新建"将弹出如图 3-40 的对话框。从图中可知系统默认的样板文件是"acadiso.dwt"，在新建图形文件中不创建样式就能注写文字、标注尺寸，是因为继承了该样板文件的设置。若用户自定义样板文件保存在 AutoCAD 系统目录的 Template 子目录中，则该文件也将出现在"选择样板"对话框中。用户可在"选择样板"对话框中选择自定义样板文件和系统样板文件。

新建图形文件将继承样板文件中的设置，包括单位体制（公制或英制）、图层、线型、文字样式、标准样式、图块定义（如标题栏块）等，这些设置显然与制图标准（国标、行业标准、企业标准等）相关。AutoCAD2007 中文版中以"GB"开头的样板文件是按我国制图标准创建的，包含"工程字"文字样式（gbenor.shx＋gbcbig.shx）、GB-35 标注样式以及制图国标推荐的标题栏等，但后续版本中未见这类样板文件。故国内用户有必要建立自己的样板文件从而简化作图。

自定义样板文件一般应保存到 AutoCAD 系统目录的 Template 子目录中。

下面是自定义机械图样板文件的一些建议：

（1）一般地，先应基于 acadiso.dwt（公制单位）新建一个空白文件。

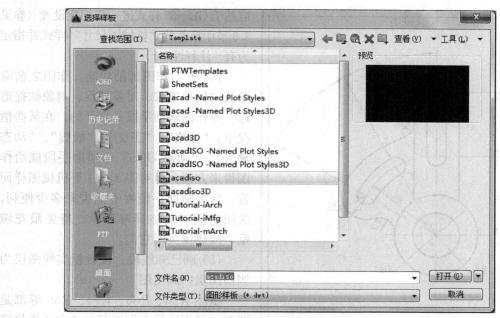

图 3-40　"选择样板"对话框

（2）根据行业或企业习惯建立适当的图层结构。

（3）建立"工程字"文字样式，建议设置字体为 gbenor. shx＋gbcbig. shx。

（4）根据行业或企业习惯建立适当的标注样式。

（5）按制图国标或企业习惯绘制图框和标题栏，并创建为图块。为了在模型空间和图纸空间建立关联，还应完成相关视口设置。

（6）可将需要经常使用的符号创建为图块，如表面结构符号等。

3.7　平面图形绘制实例

如图 3-41 所示的平面图形是机械制图中常见的几何作图题，其绘制过程包含了常用几何作图技巧，其绘制步骤如下：

（1）新建图形文件。选择菜单"文件"—"新建"，并在随后出现的"选择样板"对话框（见图 3-40）中选择"GB-A4"样板。

（2）创建图层。选择菜单"格式"—"图层"，启动"图层特性管理器"，在其中创建如下图层：

1）图层名—粗实线，线宽—0.5。

2）图层名—细实线，线宽—0.25。

3）图层名—细点画线，线型—Center，线宽—0.25。

4）图层名—尺寸标注，线宽—0.25。

5）图层名—文字，线宽—0.25。

（3）创建文字及标注样式。基于"GB"样板创建的图形文件中，包含文字样式"工程字"（选用大字体，SHX 字体—Gbenor，大字体—GBcbig）和标注样式"GB—35"。对机械图样而言，

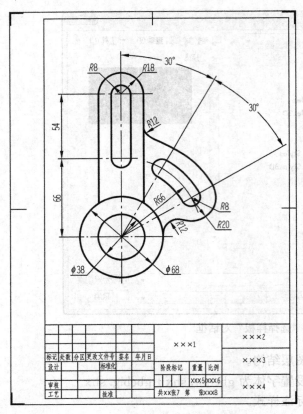

图 3-41　平面图形

应基于 GB—35 样式进一步细化设置（参见
3.6 节中推荐的"机械图尺寸"样式并指定
为有"注释性"）。

（4）开启作图辅助功能。作图之前应
确认"极轴追踪、对象捕捉、对象捕捉追
踪"等作图辅助手段是打开的。在某些情
况下，"栅格"、"正交"、"捕捉"、"动态
输入"、"动态 UCS"等辅助手段能给作
图带来方便，但对图 3-41 等机械图样而
言，这类辅助手段并不能带来多少便利，
关闭它们能简洁屏幕显示、避免眼花缭
乱，故建议关闭它们。

（5）画已知线段。设置粗实线图层为
当前图层，画出图 3-42（a）。

虽然 $R20$、$R86$、$R74$、$R58$ 等都是
圆弧，但现阶段它们的起、止点未直接已
知，故只能画成圆。

圆弧 $R18$ 的圆心、起点和终点都应
通过"自（From）"捕捉项定位，都以
$\phi68$ 圆心为基点，偏移分别为@0，120、
@18，120、@-18，120。圆（弧）$R20$
的圆心也应通过"自（From）"捕捉项

定位，以 $\phi68$ 圆心为基点，偏移用相对极坐标输入"@66＜30"。其他圆或圆弧的关键点定
位过程与此类似。

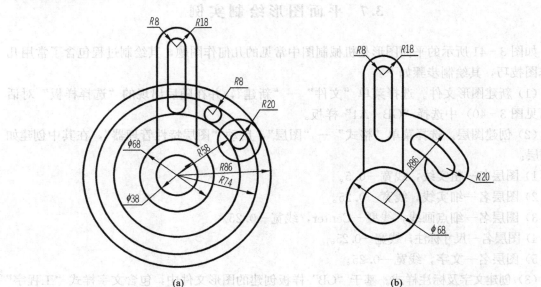

(a)　　　　　(b)

图 3-42　画已知线段

（6）修剪。为了后续绘图方便，应使用 Trim 命令或菜单"修改"—"修剪"将图 3 - 42（a）修剪为图 3 - 42（b）。

（7）画连接圆弧。两连接圆弧（R12）都是外切，可用"圆角"命令画出。

选择菜单"修改"—"圆角"，启动"圆角"命令，设置圆角半径为 12。选择圆 $\phi68$ 和圆弧 $R20$，以及圆弧 $R86$ 和相邻直线，可修剪图 3 - 42（b）为图 3 - 43（a）。

（8）画中心线。设置图层"细点画线"为当前。选择菜单"标注"—"圆心标记"给 $\phi68$、$R18$、$R8$ 等标记圆心，结果应如图 3 - 43（a）所示。利用"夹点"编辑将标记拉长至如图 3 - 43（b）所示。

图 3 - 43（b）中 $R66$ 的中心线圆弧的起、止点只需大致指定（例如，以 $\phi68$ 圆心为基点、偏移"@66＜18"可得到起点）。

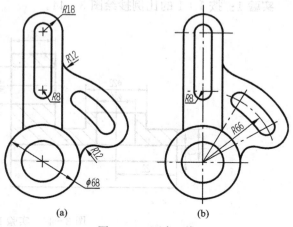

图 3 - 43　画中心线

线性比例影响细点画线的疏密。Ltscale 命令可调整图形文件线型比例（即总体线型比例），"对象特性"管理器（Ctrl＋1）可设置图形对象线型比例（局部线性比例）。图 3 - 43（b）中圆弧 $R8$、$R66$ 的中心线的线型比例明显与其他不同，就是基于特性管理器设置的。

尽管 AutoCAD 系统提供了点画线疏密调整手段，但仍难以满足机械制图要求——两点画线或者点画线与实线应在线段处相交。为达到该目的，用户可自定义线型或者基于二次开发平台编写软件工具。

（9）标注尺寸（略）。

（10）布置图形。从模型空间切换到布局（Gb - A4），在状态栏中单击"图纸/模型"图标切换到图纸模型空间，缩放平移图形。

（11）填写标题栏。单击图形窗口下边的"图纸/模型"图标切换到图纸空间，填写标题栏。签名区的内容可以直接用"单行文字"填写，从图 3 - 41 可知，其他内容（如材料标记〈×××1〉、单位名称〈×××2〉、图样名称〈×××3〉、图样代号〈×××4〉等）有预定义值，且不能直接修改。因为它们是从 Gb - A4 样板中继承的标题栏图块（GB_A4 Tittle Block）的属性值，只能在"块属性管理器"中修改（菜单"修改"—"对象"—"属性"—"块属性编辑器"）。

（12）设置注释比例。从 Gb - A4 样板文件中继承的标注样式（Gb - 35）中的设置值是相对图纸而言的。由于布局时经历缩放，故按上述步骤完成的图 3 - 41 中的尺寸数字大小不一定能满足国家标准要求。由于已设置标注样式有注释性，故标注对象是注释性对象，于是可通过设置注释比例调整大小以解决前述问题。

在"视口"工具条中获取布局缩放比例，关闭除"尺寸标注"外的其他图层以便于选择标注对象。回到模型空间设置注释比例为缩放比例，选择菜单"修改"—"注释性对象比例"—"添加当前比例"，选择所有标注对象并添加当前比例。于是标注数字在图纸上大小与样式中的标准值一致。

3.8 上 机 实 验

实验1：按1∶1的比例抄绘图3-44。

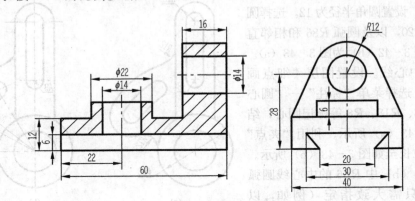

图3-44　实验1的零件

1. 目的要求

通过该实验，使读者掌握二维绘图、编辑命令以及绘制二维平面图的方法和步骤。

2. 操作指导

参考步骤如下：

（1）新建图形文件，设置单位、图形界限，建立图层并设置图层属性。对本实验而言，可建立粗实线、剖面线、点画线、尺寸等图层，并设置粗实线图层线宽为0.5，其他图层线宽为0.25，其他图层线型为实线（Continuous）。

（2）新建合适的文字样式（或修改Standard样式中的设置），要点是选择合适的字体，推荐使用gbenor. shx＋gbcbig. shx。

（3）建立适当的标注样式（或修改ISO25样式中的设置）。相对于ISO25样式而言，应修改以下内容：①设置尺寸界线起点偏移量为2；②选择（1）中建立的文字样式作为尺寸数字的样式；③建立"半径标注"子样式。半径尺寸与线性尺寸的文字对齐方式不一样（前者是ISO对齐方式，后者总是与尺寸线对齐）。

（4）标注尺寸。图3-44中，"φ22"等尺寸是用"文字（T）"选项修改系统自动生成的尺寸数字得到的，直径符号φ需采用特殊代码。

实验2：按1∶1的比例抄绘图3-45。

1. 目的要求

学习三视图及剖视图绘图方法，掌握绘图技巧，实践文字样式及标注样式设置，练习注写文字、注写特殊符号、尺寸标注等。

2. 操作指导

（1）参照3.7节中的步骤创建适当的文字样式、标注样式、图层结构，并开启适当的"绘图辅助"组合。

（2）画俯视图。

1）轮廓为带圆角矩，可直接用Rectang命令绘制。当提示"指定第一个角点或［倒角

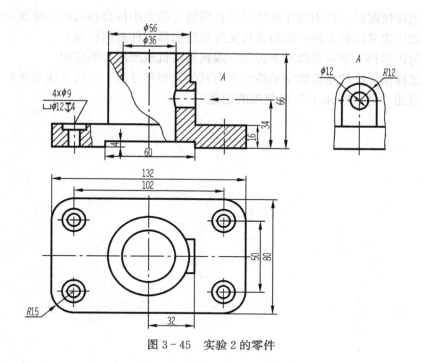

图 3-45　实验 2 的零件

（C）/标高（E）/圆角（F）/厚度（T）/宽度（W）]：”时，输入 F 执行“圆角”选项可设置圆角半径。

2）四个沉孔规律分布，可先画一个沉孔（两同心圆及其中心线），然后“阵列”。

3）使用“自（From）”定位圆 $\phi56$ 的圆心（以矩形左下圆角圆心为基点，偏移@ 51，25）。

（3）画主视图。

1）除高度尺寸外，其他尺寸可基于“长对正”规律，运用极轴追踪和对象捕捉追踪从俯视图中获取。

2）局部剖视图断裂边界（波浪线）可用 Spline（样条曲线）命令绘制。为保证能构成封闭区域，可先画波浪线超出轮廓线然后修剪。

（4）标尺寸、写文字。

1）局部 A 向视图标记的箭头符号可用多段线绘制，也可通过分解尺寸标注获得。

2）沉孔符号、深度符号可基于字符映射器从 GDT 字库中找到。

3）在非圆视图上标注直径尺寸（如 $\phi56$、$\phi36$）需采用线性标注，当提示“指定尺寸线位置或 [多行文字（M）/文字（T）/角度（A）/水平（H）/垂直（V）/旋转（R）]：”时，输入 T（或 M）选择文字（或多行文字）选项，可修改系统测量的尺寸数字并添加直径符号。

思　考　题

3-1　图块有何优点？块定义、块引用有何差别？

3-2　怎样使图形文件中的注释性对象在图纸上的大小符合相关国家标准要求？

3-3　如何定义样板文件？使用样板文件新建图形文件有何作用？

3-4　简述多行文字对象以及多行文字编辑器在机械图样中的应用。

3-5　怎样使标注的角度数字始终水平而其他类型尺寸数字与尺寸线对齐？

3-6　简述"自（From）"捕捉项的用途。

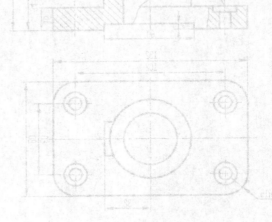

图 3-45　无序习题 2 的零件

第4章　零件图和装配图的绘制

本章概要　以一级圆柱齿轮减速器为实例，介绍用 AutoCAD 怎样绘制零件图和装配图，如何标注尺寸、怎样建立和填写标题栏；同时，还介绍了零件图和装配图的 AutoCAD 绘制特点。

任何机器或部件都是由若干零件按一定的装配关系和技术要求装配而成的。零件图是表示单个零件结构、尺寸大小及技术要求的图样；装配图是表示机器或部件的组成零件，各零件的相互位置和连接、装配关系，工作原理和技术要求等的图样。机械产品设计开发时，一般先画出装配图，然后根据它所提供的总体结构和尺寸，设计绘制零件图；生产时，则根据零件图生产出零件，再根据装配图把零件装配成部件或机器。

减速器是一种典型的机械产品。由于减速器结构紧凑、效率较高、传动可靠、使用简单、维护方便，并可成批生产，故在现代工程中应用广泛。在所有减速器中，圆柱齿轮减速器应用最广，其结构包括齿轮、轴、机座、机盖等典型零件。通过学习圆柱齿轮减速器的 AutoCAD 二维绘制，读者能迅速掌握轴套类、盘类、箱体类等零件的 AutoCAD 二维绘图、标注尺寸等技巧。

4.1　零件图的绘制步骤

一张完整的零件图应该包括下列基本内容。

（1）一组视图（包括视图、剖视图、断面图、局部放大图等）：正确、完整、清晰、简洁地表达零件内、外部结构和形状。

（2）完整的尺寸：正确、完整、清晰、合理地标注出制造和检验零件时所需的全部尺寸。

（3）技术要求：标注或说明零件在制造和检验时应达到的一些质量要求，如表面结构、尺寸偏差、几何公差及热处理等。

（4）标题栏：填写零件的名称、材料、数量、绘图比例和必要的签署等。

用 AutoCAD 绘制零件图的基本步骤如下：

（1）设置绘图环境：设置图幅、单位、图层、文字样式、尺寸样式等。可以创建样板文件以加快绘图效率。

（2）绘制零件图形：选择适当的表达方法，用绘图命令和编辑命令绘零件图，还可以采用辅助绘图工具精确绘图。

（3）进行标注：标注尺寸、尺寸偏差、几何公差、表面结构，书写技术要求等。

（4）填写标题栏，保存图形文件。

4.2　零件图绘制实例

4.2.1　轴的绘制

轴是组成减速器的主要零件之一。下面以图4-1所示的阶梯轴为例介绍阶梯轴的二维绘制过程。

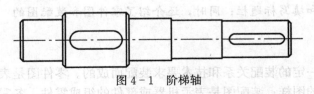

图4-1　阶梯轴

4.2.1.1　设置绘图环境和新建图层

绘图前，先设置好绘图环境和图层（见第1章）。选择绘图区域为A3图幅，新建粗实线层、细实线层、点画线层和虚线层。

4.2.1.2　绘图步骤

绘制阶梯轴二维图的步骤是：先画点画线（代表轴线），再画轴一侧的轮廓线，然后用镜像命令画出另一侧轮廓线。

用AutoCAD绘制工程图时，若绘图尺寸要求比较精确，常采用键盘输入数值。

1. 选择图层

在绘图前，先确定要画的线条所属的图层，然后用鼠标单击"默认"选项卡—"图层"面板中图层显示框旁的小黑倒三角形，将该图层设为当前层。

2. 绘制中心线

设当前层为"点画线"。单击"绘图"面板上的"直线"图标。

命令：_line

指定第一点：175，235　　　　　　　　　（中心线起点）

指定下一点或［放弃（U）］：405，235　　（中心线终点）

指定下一点或［放弃（U）］：　　　　　　（按Enter键）

3. 绘制半轴的轮廓线

（1）绘制轴的左右直线。

改变当前层，设当前层为"粗实线"图层。单击"绘图"面板上的"直线"图标，画最左边的直线。

命令：_line 指定第一点：180，235

指定下一点或［放弃（U）］：180，270

指定下一点或［放弃（U）］：　　　　　　（按Enter键）

单击"修改"面板上"偏移"图标，画其他直线。

命令：_offset

当前设置：删除源=否 图层=源 OFFSETGAPTYPE=0

指定偏移距离或［通过（T）/删除（E）/图层（L）］〈通过〉：34　（设置偏移量）

选择要偏移的对象，或［退出（E）/放弃（U）］〈退出〉：　　　（选择刚画的直线）

指定要偏移的那一侧上的点，或［退出（E）/多个（M）/放弃（U）］〈退出〉：

　　　　　　　　　　　　　　　　　　　　　　　　　（在直线的右边选取一点）

选择要偏移的对象，或［退出（E）/放弃（U）］〈退出〉：　　　（按Enter键）

采用相同的方法绘制其余各直线，分别以第一根直线向右偏移距离 87、121、162、217mm，结果如图 4-2 所示。

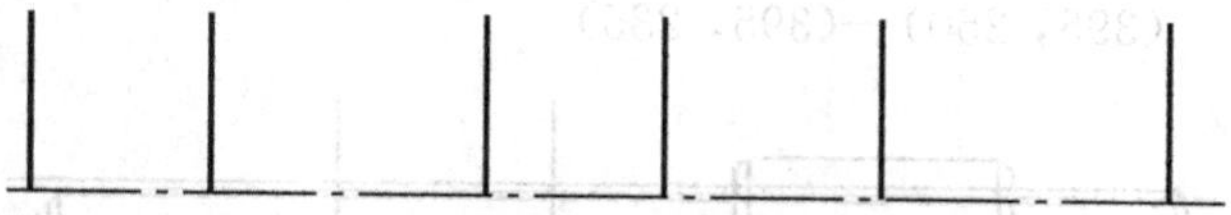

（2）绘制轴的上下素线。

单击"绘图"面板上"直线"图标√，画素线。

图 4-2　绘制中心线和轴的左右直线

命令：_line

指定第一点：175，250　　　　　（直线起点）

指定下一点或［放弃（U）］：405，250　　（直线终点）

指定下一点或［放弃（U）］：　　　　（按 Enter 键）

其他上下素线的操作方法一样，其坐标为

（175，251.25）—（405，251.25）

（175，253.5）—（405，253.5）

（175，257.5）—（405，257.5）

图 4-3　绘制轴的上下素线

结果如图 4-3 所示。

（3）倒角。

单击"修改"面板上的"倒角"图标◿，画倒角。

命令：_chamfer

（"修剪"模式）当前倒角距离 1=0.0000，距离 2=0.0000

选择第一条直线或［放弃（U）/多段线（P）/距离（D）/角度（A）/修剪（T）/方式（E）/多个（M）］：d　　　　　（按 Enter 键）

指定第一个倒角距离〈0.0000〉：2　　（设置倒角长度）

指定第二个倒角距离〈2.0000〉：2　　（设置倒角长度）

★注意：在倒角时，必须首先设置倒角量，否则，有时候倒角倒不出来。

选择第一条直线或［放弃（U）/多段线（P）/距离（D）/角度（A）/修剪（T）/方式（E）/多个（M）］：　　　　（选择直线 1）

选择第二条直线，或按住 Shift 键选择直线以应用角点或［距离（D）/角度（A）/方法（M）］：　　　　（选择直线 2）

其他倒角的操作方法一样，结果如图 4-4 所示。

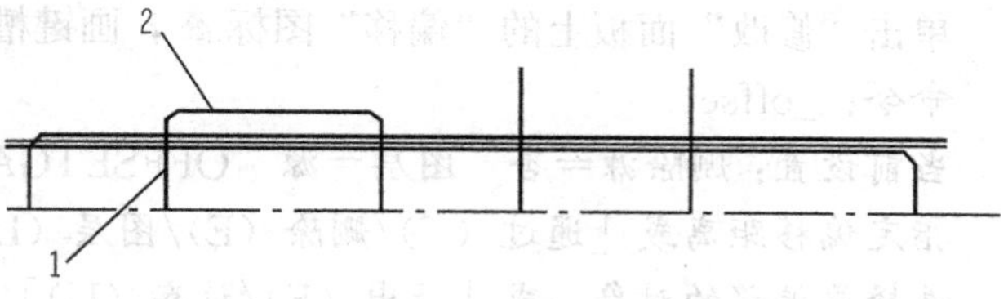

（4）连接倒角轮廓线。单击"绘图"面板上的"直线"图标√，画连接倒角轮廓线。

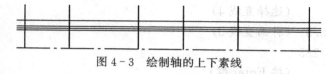

图 4-4　倒角

命令：_line

指定第一点：182，252.5

指定下一点或［放弃（U）］：182，235

指定下一点或［放弃（U）］：　　　　（按 Enter 键）

其他连线操作方法一样，连接点为

（216，257.5）—（216，235）

(265，257.5)—(265，235)

(395，250)—(395，235)

结果如图 4-5 所示。

（5）绘制轴的圆角。

单击"修改"面板上的"圆角"图标 ▢，倒圆角。

命令：_fillet

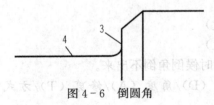

图 4-5　连接倒角后的轮廓线

当前设置：模式＝修剪，半径＝0.0000

选择第一个对象或 [放弃 (U)/多段线 (P)/半径 (R)/修剪 (T)/多个 (M)]：r

指定圆角半径 〈0.0000〉：1　　　　　　　（设置圆角半径）

选择第一个对象或 [放弃 (U)/多段线 (P)/半径 (R)/修剪 (T)/多个 (M)]：

　　　　　　　　　　　　　　　　　　　　（选择直线 3）

选择第二个对象，或按住 Shift 键选择对象以应用角点或 [半径 (R)]：

　　　　　　　　　　　　　　　　　　　　（选择直线 4）

命令：_line 指定第一点：214，255.5　　（补画直线 3）

指定下一点或 [放弃 (U)]：214，235

指定下一点或 [放弃 (U)]：　　　　　　（按 Enter 键）

结果如图 4-6 所示。

其他圆角的操作方法相同，再将多余的线段去除。半轴的轮廓线绘制结果如图 4-7
所示。

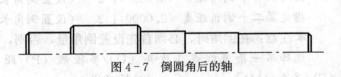

图 4-6　倒圆角　　　　　　　　　　　　　图 4-7　倒圆角后的轴

★注意：在倒圆角时，也必须先设置圆角半径；否则，有时候圆角倒不了。

4. 绘制键槽

单击"修改"面板上的"偏移"图标 ▣，画键槽定位线。

命令：_offset

当前设置：删除源＝否　图层＝源　OFFSETGAPTYPE＝0

指定偏移距离或 [通过 (T)/删除 (E)/图层 (L)] 〈5.0000〉：12

选择要偏移的对象，或 [退出 (E)/放弃 (U)] 〈退出〉：　　（选择直线 5）

指定要偏移的那一侧上的点，或 [退出 (E)/多个 (M)/放弃 (U)] 〈退出〉：

　　　　　　　　　　　　　　　　　　　　（在直线 5 右边选取一点）

选择要偏移的对象，或 [退出 (E)/放弃 (U)] 〈退出〉：　　（选择直线 6）

指定要偏移的那一侧上的点，或 [退出 (E)/多个 (M)/放弃 (U)] 〈退出〉：

　　　　　　　　　　　　　　　　　　　　（在直线 6 左边选取一点）

选择要偏移的对象，或 [退出 (E)/放弃 (U)] 〈退出〉：　　（按 Enter 键）

结果如图 4-8 所示。

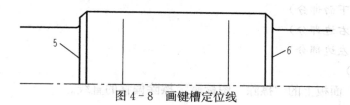

图 4-8　画键槽定位线

单击"绘图"面板上的"圆"图标 ◎，绘制平键半圆头槽。

命令：_circle

指定圆的圆心或 [三点 (3P)/两点 (2P)/切点、切点、半径 (T)]：

　　　　　　　　　　　　　　　（捕捉刚偏移的第一条直线与中心线的交点 a）

指定圆的半径或 [直径 (D)]：7　　　　　（输入半径值）

命令：_circle　　　　　　　　　　（重复画圆命令）

指定圆的圆心或 [三点 (3P)/两点 (2P)/切点、切点、半径 (T)]：

　　　　　　　　　　　　　　　（捕捉刚偏移的第二条直线与中心线的交点 b）

指定圆的半径或 [直径 (D)] 〈7.0000〉：　（按 Enter 键）

单击"绘图"面板上的"直线"图标 ✏，绘制平键槽。

命令：_line

指定第一点：　　　　　　　　　　（捕捉交点 c）

指定下一点或 [放弃 (U)]：　　　　（捕捉交点 d）

指定下一点或 [放弃 (U)]：　　　　（按 Enter 键）

结果如图 4-9 所示。

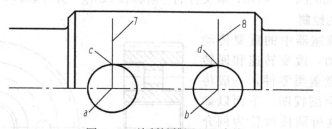

图 4-9　绘制键槽圆弧和直线

单击"修改"面板上的"修剪"图标 ✂，修剪多余线段。

命令：_trim

当前设置：投影=UCS，边=无

选择剪切边 …

选择对象或 〈全部选择〉：找到 1 个　（选择中心线）

选择对象：找到 1 个，总计 2 个　　（选择刚偏移的直线 7）

选择对象：找到 1 个，总计 3 个　　（选择刚偏移的直线 8）

选择对象：　　　　　　　　　　（按 Enter 键）

选择要修剪的对象，或按住 Shift 键选择要延伸的对象，或

[栏选 (F)/窗交 (C)/投影 (P)/边 (E)/删除 (R)/放弃 (U)]：

（选择左圆的下面部分）

（选择右圆的下面部分）

（选择左圆的右边部分）

（选择右圆的左边部分）

（按 Enter 键）

单击"修改"面板上的"擦除"图标 ✎，擦除偏移的直线。

命令：_erase

选择对象：找到 1 个   （选择偏移的直线 7）

选择对象：找到 1 个，总计 2 个   （选择偏移的直线 8）

选择对象：   （按 Enter 键）

另外一个键槽画法与前者一样，其键槽宽 9mm，长 45mm。轴的一半画好后如图 4-10 所示。

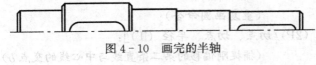

图 4-10 画完的半轴

5. 对半轴进行镜像

单击"修改"面板上的"镜像"图标 ⚏。

命令：_mirror

选择对象：指定对角点：找到 29 个   （用鼠标选择除中心线以外的所有线条）

选择对象：   （按 Enter 键）

指定镜像线的第一点：   （选择中心线上一点）

指定镜像线的第二点：   （选择中心线上另一点）

要删除源对象吗？［是（Y）/否（N）］〈N〉：   （按 Enter 键）

画好的阶梯轴如图 4-1 所示，取文件名"阶梯轴.dwg"并存盘。

4.2.2 齿轮的绘制

齿轮是齿轮减速器中的重要传动零件，它传递运动，改变转速和回转方向。齿轮属于盘盖类零件，一般将齿轮主视图画成全剖视图。下面以如图 4-11 所示的直齿圆柱齿轮为例介绍齿轮的绘制过程。

4.2.2.1 设置绘图环境和新建图层

由齿轮尺寸大小设置 A3 图幅的绘图环境和新建粗实线层、细实线层、点画线层、虚线层、文字层和尺寸线层六个图层。

4.2.2.2 绘图步骤

1. 设置光标大小

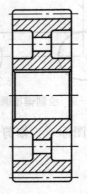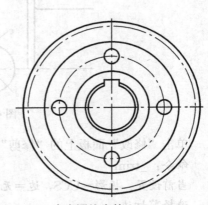

图 4-11 直齿圆柱齿轮

单击"应用菜单"底部的"选项"命令，在出现的"选项"对话框中，选择"显示"标签。修改"十字光标大小"项的参数为 50，再单击"确定"按钮即可。

🐾 **技巧** 绘制工程图时，要按投影规律绘图。为了便于"长对正，高平齐，宽相等"，绘图时，可调整十字光标尺寸，改变缺省值 5（光标相对屏幕大小为 5%），使绘图窗口十字光标尺寸变大。

2. 绘制中心线

设当前层为"点画线"，单击"绘图"面板上的"直线"图标 ／。

命令：_line

指定第一点：117，160　　　　　　　　　　　　　　（中心线起点）

指定下一点或 ［放弃（U）］：178，160　　　　　　　（中心线终点）

指定下一点或 ［放弃（U）］：　　　　　　　　　　　（按 Enter 键）

同样画其他中心线，起点终点坐标为

　　　　　　（210，160）—（387，160）；（300，247）—（300，73）

结果如图 4-12 所示。

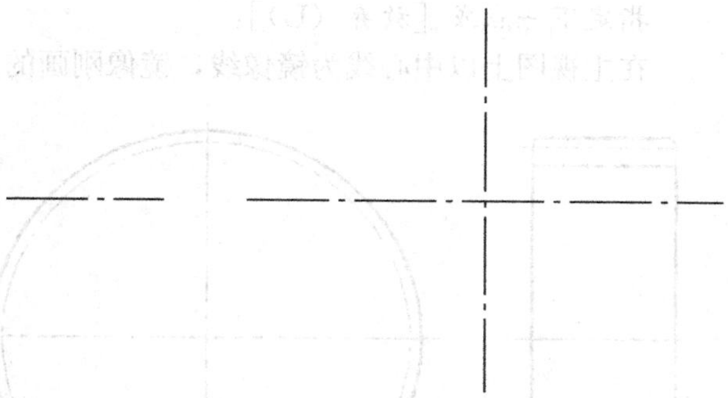

3. 绘制齿轮主体

（1）画齿轮外轮廓。

设当前层为"粗实线"。单击"绘图"
面板上的"圆"图标 ◎，画齿轮左视图。

命令：_circle　　　　（画圆）

指定圆的圆心或 ［三点（3P）/两点
（2P）/切点、切点、半径（T）］：

　　　　　　　（捕捉中心线交点）

指定圆的半径或 ［直径（D）］：84

（输入半径值）

图 4-12　绘制中心线

单击"绘图"面板上"矩形"图标 ▭，画齿轮主视图。

命令：_rectang（画矩形）

第一个角点或 ［倒角（C）/标高（E）/圆角（F）/厚度（T）/宽度（W）］：c

指定矩形的第一个倒角距离 〈0.0000〉：2

指定矩形的第二个倒角距离 〈2.0000〉：2

第一个角点或

［倒角（C）/标高（E）/圆角（F）/厚度（T）/宽度（W）］：120，76　（起点）

指定另一个角点或 ［面积（A）/尺寸（D）/旋转（R）］：175，244　（终点）

（2）画分度圆。

设当前层为"点画线"。单击"绘图"面板上的"圆"图标 ◎，画左视图投影。

命令：_circle（画点画圆）

指定圆的圆心或 ［三点（3P）/两点（2P）/切点、切点、半径（T）］：　（捕捉中心线交点）

指定圆的半径或 ［直径（D）］〈84.0000〉：80　　　　　　　　　（半径）

单击"绘图"面板上的"直线"图标 ／，画主视图上分度线。

命令：_line

指定第一点：117，240　　　　（或根据高平齐在齿轮主视图的左边线上选一点）

指定下一点或 ［放弃（U）］：178，240（根据高平齐在齿轮主视图右边选一点）

指定下一点或 ［放弃（U）］：　　　　　　　　（按 Enter 键）

技巧 对象捕捉工具是 AutoCAD 绘图中常用的辅助绘图工具。可以选择单一对象捕捉、运动对象捕捉和自动捕捉三种对象捕捉模式，常采用对象捕捉工具栏（单一对象捕捉模式）和设置对象捕捉方法后，单击状态栏上的"对象捕捉"按钮来进行对象捕捉。

（3）画齿根线。

设当前层为"粗实线"。单击"绘图"面板上的"直线"图标 ╱。

命令：_line（画线）

指定第一点：120，233　　　　　　　　　　（或根据高平齐在齿轮主视图的左边线上选一点）

指定下一点或［放弃（U）］：175，233　　　（根据高平齐在齿轮主视图右边选一点）

指定下一点或［放弃（U）］：　　　　　　　　（按 Enter 键）

在主视图上以中心线为镜像线，镜像刚画的分度线和齿根线。齿轮主体绘制如图 4-13 所示。

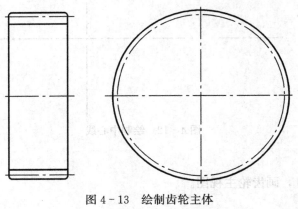

图 4-13　绘制齿轮主体

4. 画内孔以及键槽

单击"绘图"面板上的"圆"图标 ⊙，画内孔。

命令：_circle　　　　　　（画圆）

指定圆的圆心或［三点（3P）/两点（2P）/切点、切点、半径（T）］：

　　　　　　（在左视图上捕捉齿轮圆心）

指定圆的半径或［直径（D）］〈7.0000〉：22.5　　　（输入半径值）

同理，画另一个同心圆，半径为 24.5mm。

根据"高平齐"的投影规律，在主视图相对应的位置上画出内孔投影线。

单击"绘图"面板上的"直线"图标 ╱，画键槽。

命令：_line

指定第一点：293，181.3834

指定下一点或［放弃（U）］：@0，5.0166

指定下一点或［放弃（U）］：@14，0

指定下一点或［闭合（C）/放弃（U）］：@0，-5.0166

指定下一点或［闭合（C）/放弃（U）］：　　　　（按 Enter 键）

根据"高平齐"的投影规律，在主视图相对应的位置上画出键槽投影线。结果如图 4-14 所示。

5. 绘制齿轮的腹板

（1）绘制齿轮的腹板及小孔。

单击"绘图"面板上的"圆"图标 ⊙ 和"直线"图标 ╱，分别在"点画线"层和"粗实线"层绘制齿轮腹板及其小孔的左视图和主视图。其参数如下：小孔位置中心圆直径为100mm，小孔直径为 14mm；腹板直径 D_1=72mm，D_2=128mm。

技巧　画小孔时，先画一个小孔的左视图，然后阵列左视图上的小圆。

单击"修改"面板上的"阵列"图标 ⊞ 右侧的黑色小三角形图标按钮，在弹出的下拉图标中选择"环形阵列"图标 ⬝⬝，阵列左视图上的小圆。

命令：_arraypolar

选择对象：找到 1 个　　　　　　　　　　　（选择已画好的小圆）

选择对象：　　　　　　　　　　　　　　　（按 Enter 键）

类型 = 极轴　关联 = 是

指定阵列的中心点或［基点（B）/旋转轴（A）］：（捕捉圆心）

选择夹点以编辑阵列或［关联（AS）/基点（B）/项目（I）/项目间角度（A）/填充角度（F）/行（ROW）/层（L）/旋转项目（ROT）/退出（X）］〈退出〉：

在弹出的"阵列创建"选项卡中，修改项目总数为 4 个，填充角度为 360°，关闭"阵列创建"选项卡。

再根据"高平齐"的投影规律，画出主视图上小孔投影线。利用"修剪"命令将多余的线段裁剪掉。结果如图 4 - 15 所示。

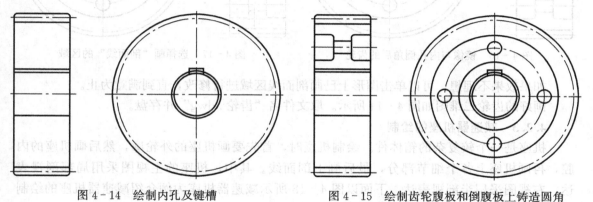

图 4 - 14　绘制内孔及键槽　　　　　　　　图 4 - 15　绘制齿轮腹板和倒腹板上铸造圆角

（2）倒腹板上的铸造圆角。

单击"修改"面板上的"圆角"图标 ◻。设置圆角半径为 3mm，倒腹板上铸造圆角，结果如图 4 - 15 所示。

提示　倒圆角具体操作过程，参见第 2 章 2.5。

（3）镜像。

单击"修改"面板上的"镜像"图标 ⚎。

命令：_mirror　　（镜像）

选择对象：指定对角点：找到 13 个　（用鼠标选择主视图上腹板轮廓线及小孔中心线）

选择对象：　　　　　　　　　　　（按 Enter 键）

指定镜像线的第一点：　　　　　　（在主视图的齿轮中心线上任取一点）

指定镜像线的第二点：　　　　　　（在主视图的齿轮中心线上任取一点）

要删除源对象吗？［是（Y）/否（N）］〈N〉：　　（按 Enter 键）

6. 内孔倒角

单击"修改"面板上的"倒角"图标 ◻。设置倒角长度为 2mm，进行内孔倒角。倒完角后，对多余的线条进行修剪，并画出倒角间的轮廓线。结果如图 4-16 所示。

7. 画剖面线

设当前层为"细实线"。单击"绘图"面板上的"图案填充"图标 。

此时，在屏幕上端会出现一个"图案填充创建"选项卡。在选项卡中选择"图案"面板中的"ANSI31"按钮，在"特性"面板中的"填充图案比例"将线条的间距改变为 3。接着选择选项卡左边的"边界"面板中的"拾取点"项，在绘图窗口的图形上，选择需要画剖面线的区域（虚框部分），选择完毕后，按 Enter 键。结果如图 4-17 所示。

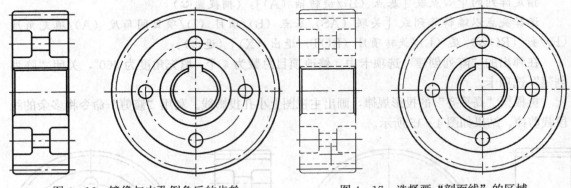

　　图 4-16　镜像与内孔倒角后的齿轮　　　　　　　图 4-17　选择画"剖面线"的区域

如果效果不理想，可以单击图形上已画剖面线区域进行修改，直到满意为止。

画好的齿轮二维图如图 4-11 所示。取文件名"齿轮.dwg"并存盘。

4.2.3　减速器机座的绘制

机座是一个较复杂的箱体件。绘制机座时，首先要画机座的外轮廓，然后画机座的内腔，再画机座上各个细节部分，最后画上剖面线。其中，机座的主视图采用局部剖视表达，左视图采用半剖视表达。下面以图 4-18 所示减速器机座为例介绍减速器机座的绘制过程。

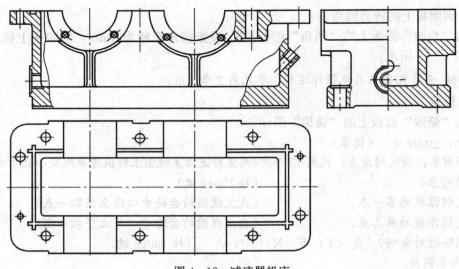

图 4-18　减速器机座

4.2.3.1 设置绘图环境和新建图层

先在模型空间里新建一个文件，并设置图纸为 A2 的幅面，新建点画线、粗实线、细实线、剖面线图层。也可以直接打开已设置好的 A2 图幅文件，另取文件名"减速器机座.dwg"并存盘。

4.2.3.2 绘图步骤

1. 设置光标大小

将光标大小设置为 100。

2. 绘制中心线

设当前层为"点画线"。单击"绘图"面板上的"直线"图标 ✐。

命令：_line

指定第一点：40，370 　　　　　　　　　　（中心线起点）

指定下一点或 [放弃 (U)]：385，370 　　　（中心线终点）

指定下一点或 [放弃 (U)]： 　　　　　　　（按 Enter 键）

依次画其他中心线，坐标为

(395，370)—(355，370)；(40，164)—(385，164)

(134，373)—(134，253)；(254，373)—(254，253)

(475，373)—(475，253)；(134，243)—(134，85)

(254，243)—(254，85)

结果如图 4-19 所示。

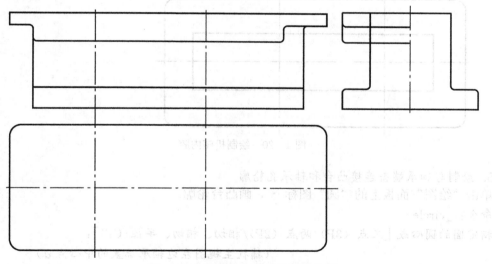

图 4-19 绘制中心线和机座外轮廓

3. 绘制机座的外轮廓

设当前层为"粗实线"。单击"绘图"面板上的"矩形"图标 ▢。

命令：_rectang（画矩形）

第一个角点或 [倒角 (C)/标高 (E)/圆角 (F)/厚度 (T)/宽度 (W)]：43，355

指定另一个角点或 [尺寸 (D)]：385，370

同样画出其他的线条框，坐标为

(68，256)—(360，355)

(68，335)—(338，355)

(398.5，256)—(551.1，370)

再根据"长对正，宽相等"的投影规律，画出机座在俯视图中的外轮廓，并倒圆角，半径为20。结果如图4-19所示。

4. 绘制机座的内腔

单击"绘图"面板上的"矩形"图标 □。

命令：_rectang　　　　　　（画矩形）

第一个角点或［倒角（C）/标高（E）/圆角（F）/厚度（T）/宽度（W）］：78，130.5　　（起点）

指定另一个角点或［尺寸（D）］：350，197.5　　（终点）

根据"宽相等"的投影规律，画出机座在左视图中的轮廓线，内腔距底面为25mm，并倒圆角，半径为3mm。结果如图4-20所示。

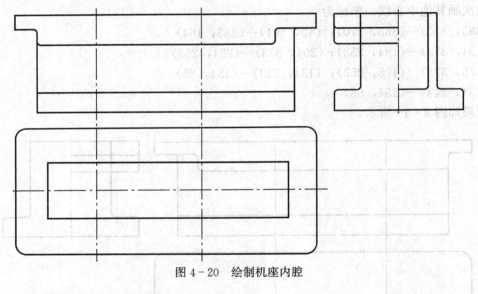

图4-20　绘制机座内腔

5. 绘制与轴承端盖连接凸台和轴承孔轮廓

单击"绘图"面板上的"圆"图标 ⊙，画凸台轮廓。

命令：_circle

指定圆的圆心或［三点（3P）/两点（2P）/相切、相切、半径（T）］：

　　　　　　　　　　　　　　　　（捕捉主视图左边轴承端盖的中心点 a）

指定圆的半径或［直径（D）］：31　　（半径）

同样画出另一个同心圆，半径为48mm。

设当前层为"点画线"。单击"绘图"面板上的"圆"图标 ⊙，画螺孔中心圆。

命令：_circle

指定圆的圆心或［三点（3P）/两点（2P）/相切、相切、半径（T）］：

　　　　　　　　　　　　　　　　（捕捉主视图左边轴承端盖的中心点 a）

指定圆的半径或［直径（D）］〈48.0000〉：40

单击"绘图"工具栏上的"构造线"图标 ✐。

命令：_xline

指定点或 [水平（H）/垂直（V）/角度（A）/二等分（B）/偏移（O）]：a （倾斜角度）

输入构造线的角度（θ）或 [参照（R）]：45 （输入角度值）

指定通过点： （捕捉主视图左边轴承端盖连接凸台的中心点 a）

指定通过点： （按 Enter 键）

设当前层为"粗实线"。单击"绘图"面板上的"圆"图标 ⊘，画螺孔。

命令：_circle

指定圆的圆心或 [三点（3P）/两点（2P）/相切、相切、半径（T）]：
（捕捉点画线圆与构造线的交点 b）

指定圆的半径或 [直径（D）]〈40.0000〉：3

改设当前层为"细实线"。

命令：_circle

指定圆的圆心或 [三点（3P）/两点（2P）/相切、相切、半径（T）]：
（捕捉点画线圆与构造线的交点 b）

指定圆的半径或 [直径（D）]〈3.0000〉：4

再利用"修改"面板上的"修剪"图标 ⊬ 将多余的线条去除。用同样的操作方法画右边的凸台，其外轮廓半径为 36mm 和 53mm，螺孔的中心圆半径为 45mm，螺孔的大小与左边的凸台螺孔一样。结果如图 4-21 所示。

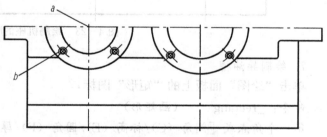

图 4-21 绘制主视图上与轴承端盖连接凸台

设当前层为"粗实线"，根据"长对正、宽相等"的投影规律，画出凸台与轴承孔在俯视图中的轮廓，并倒圆角，半径为 2mm。结果如图 4-22 所示。

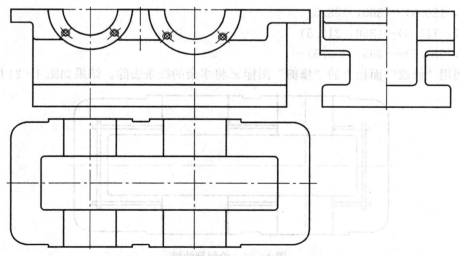

图 4-22 绘制俯视图上凸台和轴承孔轮廓

6. 绘制机座肋

单击"修改"面板上的"偏移"图标 ⚏。

命令：_offset　　　　　　　　　　　（绘制）

指定偏移距离或 ［通过（T）］〈1.0000〉：4

选择要偏移的对象或〈退出〉：　　　　（拾取主视图中左边的中心线 1）

指定点以确定偏移所在一侧：　　　　　（在中心线 1 左边选取一点）

选择要偏移的对象或〈退出〉：　　　　（拾取主视图中左边的中心线 1）

指定点以确定偏移所在一侧：　　　　　（在中心线 1 右边选取一点）

选择要偏移的对象或〈退出〉：　　　　（按 Enter 键）

利用"修改"面板上的"圆角"图标 ⬜ 倒圆角，圆角半径为 3mm。用同样的操作方法画右边肋，肋的厚度也一样为 8mm。再根据"高平齐"的投影规律，画出肋在左视图中的轮廓线。结果如图 4 - 23 所示。

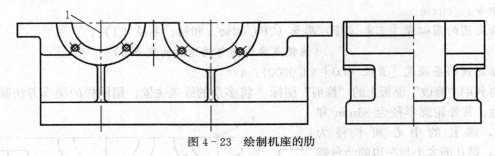

图 4 - 23　绘制机座的肋

7. 绘制导油槽

单击"绘图"面板上的"矩形"图标 ▢。

命令：_rectang　　　　（画矩形）

第一个角点或 ［倒角（C）/标高（E）/圆角（F）/厚度（T）/宽度（W）］：68，115.5

指定另一个角点或 ［尺寸（D）］：@3，97

同样画出其他的线条框，坐标为

（63，120.5）—（365，123.5）

（357，115.5）—（360，212.5）

（63，204.5）—（365，207.5）

再利用"修改"面板上的"修剪"图标 ✂ 将多余的线条去除。结果如图 4 - 24 所示。

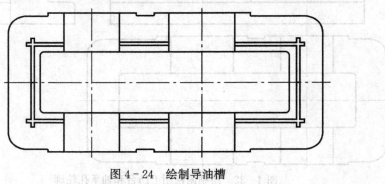

图 4 - 24　绘制导油槽

8. 绘制轴承旁联螺栓孔

设当前层为"点画线"。单击"绘图"面板上的"直线"图标 ╱ ，绘螺栓孔中心线。

命令：_line

指定第一点：75，106

指定下一点或［放弃（U）］：@18，0

指定下一点或［放弃（U）］： （按 Enter 键）

同样画出另一条直线，坐标为（84，97）—（84，115）。

设当前层为"粗实线"。单击"绘图"面板上的"圆"图标 ⊙ ，画螺栓孔俯视图。

命令：_circle

指定圆的圆心或［三点（3P）/两点（2P）/相切、相切、半径（T）］：

（捕捉刚画的两条直线的交点 c ）

指定圆的半径或［直径（D）］：7 （半径）

命令：_copy （复制）

选择对象：指定对角点：3 found （选择刚画好的圆及两条中心线）

选择对象： （在屏幕上任意取一点）

指定基点或位移，或者［重复（M）］：指定位移的第二点或〈用第一点作位移〉：@107.5，0

同样复制刚复制好的圆以及中心线，相对刚复制的距离为@127.5，0。

命令：_mirror （镜像）

选择对象：指定对角点：总计 9 个 （拾取三个圆及六条中心线）

选择对象： （按 Enter 键）

指定镜像线的第一点： （在俯视图中心线上任意取一点）

指定镜像线的第二点： （在俯视图中心线上任意取一点）

删除源对象？［是（Y）/否（N）〈N〉： （按 Enter 键）

根据三等投影规律，画出螺栓孔在主视图上的线条。结果如图 4 - 25 所示。

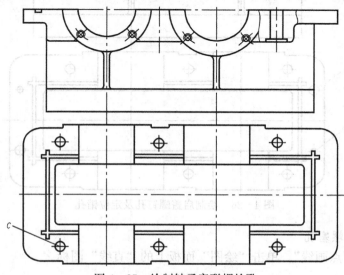

图 4 - 25 绘制轴承旁联螺栓孔

🔊 **提 示** 也可以先画好一个圆（螺栓孔的俯视图），然后用"阵列"命令画另外5个孔。

9. 绘制启盖螺钉孔以及定位销孔

设当前层为"点画线"。单击"绘图"面板上的"直线"图标 ✐，画中心线。

命令：_line

指定第一点：46，199

指定下一点或［放弃（U）］：@18，0

指定下一点或［放弃（U）］：　　　　　　　　（按 Enter 键）

同样画出其他的中心线，坐标为

(55，190) — (55，208)

(46，129) — (64，129)

(55，120) — (55，138)

设当前层为"粗实线"。单击"绘图"面板上的"圆"图标 ⊙。

命令：_circle

指定圆的圆心或［三点（3P）/两点（2P）/相切、相切、半径（T）］：　　　（捕捉交点 d）

指定圆的半径或［直径（D）］⟨7.0000⟩：6

命令：_circle

指定圆的圆心或［三点（3P）/两点（2P）/相切、相切、半径（T）］：　　　（捕捉交点 e）

指定圆的半径或［直径（D）］⟨6.0000⟩：3

再根据"长对正"的投影规律在主视图上画出圆锥销的局部剖视图。结果如图 4 - 26 所示。

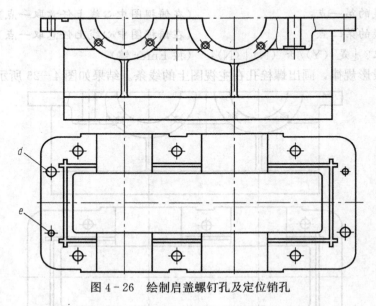

图 4 - 26　绘制启盖螺钉孔及定位销孔

10. 绘制放油螺塞孔

设当前层为"点画线"。单击"绘图"面板上的"直线"图标 ✐。

命令：_line

指定第一点：61，288　　　　　　　　　（中心线起点）

指定下一点或［放弃（U）］：@22，0　（中心线终点）

指定下一点或［放弃（U）］：　　　　　　（按 Enter 键）

单击"修改"面板上的"偏移"图标　。

命令：_offset（绘制）

指定偏移距离或［通过（T）］〈1.0000〉：10

选择要偏移的对象或〈退出〉：　　　　　（选择直线2）

指定点以确定偏移所在一侧：　　　　　　（在直线2右边选取一点）

选择要偏移的对象或〈退出〉：　　　　　（按 Enter 键）

同样采用"偏移"命令，偏移机座左直线，向左偏移 2mm 和 3mm。

单击"绘图"面板上的"直线"图标　。

命令：_line

指定第一点：66，295　　　　　　　　　（中心线起点）

指定下一点或［放弃（U）］：@12，0　（中心线终点）

指定下一点或［放弃（U）］：　　　　　　（按 Enter 键）

同样绘制其他的直线，坐标为

（66，281）—（80，281）

（65，302）—（66，302）

（65，274）—（66，274）

设当前层为"细实线"。单击"绘图"面板上的"直线"图标　。

命令：_line

指定第一点：66，280

指定下一点或［放弃（U）］：@14，0

指定下一点或［放弃（U）］：@0，1

指定下一点或［闭合（C）/放弃（U）］：　　　　（按 Enter 键）

同样绘制其他的直线，坐标为（66，296）—（78，296）。

利用"修改"面板上的"圆角"图标　将凸台倒圆角，圆角半径为 3mm。

再根据"高平齐"的投影规律画出放油螺塞孔在左视图上的可见轮廓线。结果如图 4 - 27 所示。

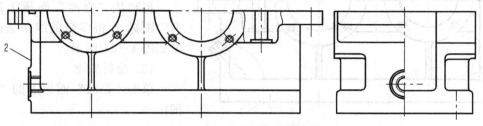

图 4 - 27　绘制放油螺塞孔

11. 绘制油标孔

设当前层为"粗实线"。单击"修改"面板上的"偏移"图标　。

命令：_offset

指定偏移距离或［通过（T）］〈1.0000〉：10

选择要偏移的对象或〈退出〉：   （拾取机座右边直线3）

指定点以确定偏移所在一侧：   （在直线3左边选取一点）

选择要偏移的对象或〈退出〉：   （按 Enter 键）

单击"绘图"面板上的"构造线"图标 ⟋。

命令：_xline   （构造线）

指定点或［水平（H）/垂直（V）/角度（A）/二等分（B）/偏移（O）］：a （倾斜角度）

输入构造线的角度（0）或［参照（R）］：45 （输入角度）

指定通过点：366，320

指定通过点：   （按 Enter 键）

同样再画一条与水平线成135°的"构造线"。

单击"修改"面板上的"偏移"图标 ⟐。

命令：_offset   （绘制）

指定偏移距离或［通过（T）］〈64.0000〉：9

选择要偏移的对象或〈退出〉：   （拾取直线）

指定点以确定偏移所在一侧：   （在直线右下方选取一点）

选择要偏移的对象或〈退出〉：   （按 Enter 键）

同理偏移其他直线，偏移距离为 5mm 和 6mm，再对 135°的构造线向左下方偏移 10mm。

12. 绘制局部剖视波浪线

单击"绘图"面板上的"样条曲线"图标 ∿，画波浪线。

命令：_spline

指定第一个点或［对象（O）］：   （在直线3上取一点 f）

指定下一点：   （在需要画剖面线的区域边界直线4上取一点 g）

指定下一点或［闭合（C）/拟合公差（F）］〈起点切向〉：   （按 Enter 键）

指定起点切向：   （按 Enter 键）

指定端点切向：   （按 Enter 键）

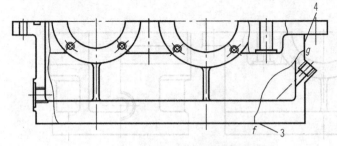

同样绘制出机座左侧的波浪线。再利用"修改"面板上的"修剪"图标 ⟋ 将多余的线条去除。结果如图 4 - 28 所示。

13. 绘制底槽

单击"修改"面板上的"偏移"图标 ⟐。

图 4 - 28 绘制波浪线

命令：_offset

指定偏移距离或［通过（T）］〈9.0000〉：2

选择要偏移的对象或〈退出〉：   （拾取直线3）

指定点以确定偏移所在一侧：   （在直线3上方选取一点）

选择要偏移的对象或〈退出〉：　　　　　　（按 Enter 键）

根据"高平齐"的投影规律，在左视图上画一条直线。

对左视图上的中心线向左向右分别偏移 40mm，然后进行倒圆角，圆角半径为 3mm。

利用"修改"面板上的"修剪"图标 ✂ 将多余的线条去除。结果如图 4 - 29 所示。

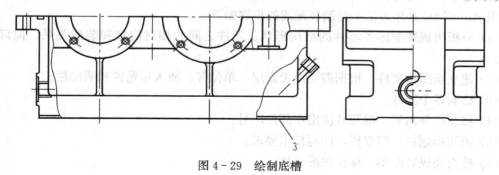

图 4 - 29　绘制底槽

14. 绘制剖面线

设当前层为"剖面线"。单击"绘图"面板上的"图案填充"图标 ▨ ，画剖面线。

具体操作步骤请详见 2.4。画好的机座如图 4 - 18 所示。取文件名"减速器机座．dwg"并存盘。

👉 **试一试**　通过上述对典型轴类、盘类、箱体类零件的绘制学习，你是不是对 Auto-CAD 的绘图技巧有所掌握呢？请依样用 AutoCAD 绘图。

4.3　装配图的绘制方法与步骤

一张装配图应包括以下的内容。

（1）一组图形。用各种常用的表达方法和特殊画法，选用一组恰当的图形表达出机器或部件的工作原理、各零件的主要形状结构、零件之间的装配、连接关系等。

（2）必要的尺寸。装配图中的尺寸包括机器或部件的规格（性能）尺寸、装配尺寸、安装尺寸、总体尺寸等。

（3）技术要求。用文字或符号说明机器或部件的性能、装配、安装、检验、调试、使用等方面的要求。

（4）零件序号、明细栏和标题栏。在装配图中将不同的零件按一定的格式编号，并在明细栏中依次填写零件的序号、代号、名称、数量、材料、重量、标准规格、标准编号等。标题栏包括机器或部件的名称、代号、比例、主要责任人等。

用 AutoCAD 绘制装配图的方法有以下两种。

方法一：用 AutoCAD 二维绘图、编辑命令，直接绘制装配图。从各装配干线的核心零件开始，"由内向外"，按装配关系逐层扩展画出各个零件。最后画壳体、箱体等支撑、包容零件。

方法二：用图块插入法绘制装配图。将组成部件或机器的零件图先画好，保存为图块，然后按各零件之间的相对位置关系，将零件图块插入拼画装配图。也可以插入外部参照，或用设计中心浏览，将已画好的零件图、图块拼画装配图。这时常采用"由外向内"的画法，先将起支撑、包容作用的体积较大、结构较复杂的箱体、壳体、支架等零件画出，再按装配线和装配关系逐次画出其他零件。

在 AutoCAD 中用上述两种方法画装配图，当装配图较大时，可以借助显示控制命令，例如采用 Zoom 命令对图形进行缩放，将视图局部放大画，或采用鸟瞰功能 Dsviewer 命令缩放视图等。

用 AutoCAD 采用方法一绘制装配图的步骤如下：

（1）分析组成装配体各零件的结构形状、零件之间的相对位置和装配关系，拟订表达方案。

（2）建立新图形文件，根据需要设置图层、单位等，插入标题栏和明细栏。

（3）绘制各个零件。

（4）修改零件图形，编写并注出零部件序号。

（5）填写标题栏、明细栏，注写技术要求。

（6）检查完成装配图，保存图形文件。

4.4　装配图绘制实例

下面以图 4-30 所示减速器装配图为例介绍装配图的绘制过程。

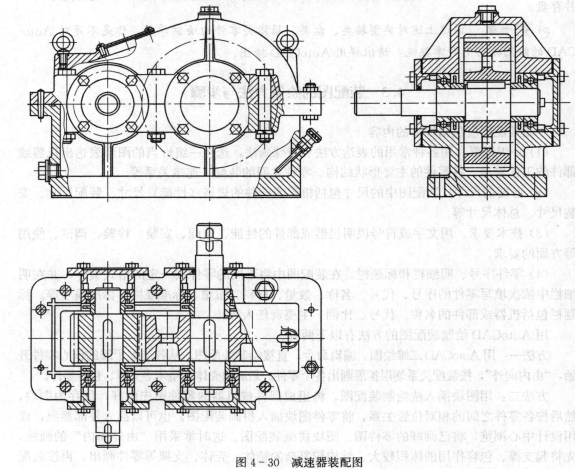

图 4-30　减速器装配图

4.4.1 减速器装配图的绘制分析

减速器装配图的绘制比较复杂。首先根据草图画减速器的主要零件和外轮廓，然后画减速器的其他零件，再画出减速器上各个细节部分，最后画上剖面线。在绘制装配图时，采用手工绘图比较麻烦，修改难度也大，画完后还需要反复检查无误后，才能够加粗线条；而采用计算机绘图只需设置好图层线型宽度，不需要再描粗，绘制过程也比较方便，修改比较容易。

4.4.2 设置绘图环境和新建图层

在模型空间里新建一个文件，并设置图纸为 A1 的幅面，新建点画线、粗实线、细实线和剖面线层，或直接打开已设置好的 A1 图幅文件，另取文件名存盘。

在设置装配图图层时，经常采用两种分层方法：一种是按照线型进行分层；另外一种则是按照零件进行分层。采用第一种方法设置图层，所需要设置的图层较少；而采用第二种方法设置，每一个零件都需要设置一个图层。不过采用第二种方法设置图层，便于修改，只需要将其他图层关闭，保留需要修改的零件图层，单独对该层进行修改即可，这种设置方法在工厂实际操作中应用比较普遍。

为减少图层，在这里采用第一种分层方法，即按线型分层进行绘制。

4.4.3 绘图步骤

1. 设置光标大小

将光标大小设置为 100。

2. 绘制中心线及齿轮分度圆

设当前层为"点画线"。单击"绘图"面板上的"直线"图标 。

中心线起点、终点坐标为

(106，450)—(454，450)

(526，450)—(778，450)

(106，165)—(454，165)

(200，504)—(200，333)

(320，570)—(320，333)

(685，570)—(685，333)

(200，258)—(200，28)

(320，306)—(320，70)

★ 注意：这里绘制的中心线是采用键盘输入的，而中心线的一般绘制过程，是单击"正交"模式按钮，用"直线"命令绘制出其大概的位置就可以，等图形绘制完后再进行修剪，不需输入精确的坐标值，这里键盘输入的数值仅作为参考。

单击"绘图"面板上的"圆"图标 ，画分度圆。

命令：_circle

指定圆的圆心或 [三点（3P）/两点（2P）/相切、相切、半径（T）]：　　（捕捉交点 a）

指定圆的半径或 [直径（D）]：40　　　　　　　　　　　　　　　　（半径）

同样绘制出另一个分度圆，圆心为交点 B，半径为 80mm。

结果如图 4-31 所示。

★ 注意：捕捉时，应把捕捉开关打开。

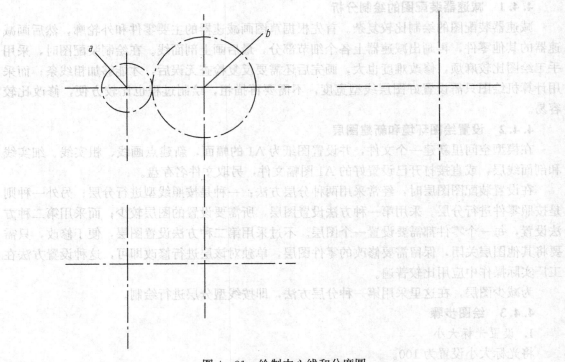

图 4-31　绘制中心线和分度圆

3. 绘制减速器外轮廓

设当前层为"粗实线"。单击"绘图"面板上的"矩形"图标 □。先绘制出减速器外轮廓在主视图上的投影，再绘制出它在其他两个视图上的投影。

命令：_rectang　　　　　　　　（画矩形）

第一个角点或 [倒角（C）/标高（E）/圆角（F）/厚度（T）/宽度（W）]：134，336

指定另一个角点或 [尺寸（D）]：426，450

同样画出其他的线条框，坐标为

(109，435)—(451，463.5)

(134，415)—(400，485)

(109，91.5)—(451，238.5)

(615，336)—(755，361)

(136，450)—(423，512.5)

(641.5，361)—(728.5，450)

(642.5，450)—(727.5，555)

单击"绘图"面板上的"圆"图标 ⊙。

命令：_circle

指定圆的圆心或 [三点（3P）/两点（2P）/相切、相切、半径（T）]：　　（捕捉交点 c）

指定圆的半径或 [直径（D）]：105　　　　　　　　　　（输入半径值）

单击"绘图"面板上的"直线"图标 ∕。

命令：_line

指定第一点：181.7767，512.5　　　　（起点）

指定下一点或〔放弃（U）〕：　　　　（捕捉半径为 105mm 的圆上的切点）

指定下一点或〔放弃（U）〕：　　　　（按 Enter 键）

单击"修改"面板上的"修剪"图标 ⊬，去除多余的线条。再对减速器在俯视图中的外轮廓倒圆角，半径为 20mm，其他圆角半径为 3mm。结果如图 4-32 所示。

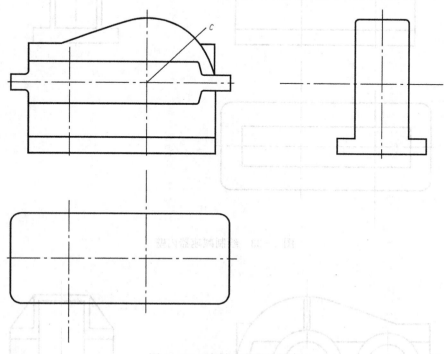

图 4-32　绘制减速器外轮廓

4. 绘制减速器的内壁

利用"绘图"面板上的"矩形"命令绘制出内壁在俯视图中的投影，再绘制它在左视图中的投影。结果如图 4-33 所示。

5. 绘制凸台轮廓与机座肋

利用"绘图"面板上的"圆"命令绘制出凸台在主视图上的投影，再根据"长对正、高平齐、宽相等"的投影规律，分别绘制它在俯视图和左视图中的投影。利用"修改"面板上的"偏移"命令绘制出肋在主视图中的投影，再绘制它在左视图中的投影。结果如图 4-34 所示。

6. 绘制导油槽

利用"绘图"面板上的"矩形"命令绘制出导油槽在俯视图中的投影。结果如图 4-35 所示。

7. 绘制齿轮

利用"绘图"面板上的"矩形"命令分别绘制出齿轮在俯视图、左视图中的投影。结果如图 4-36 所示。

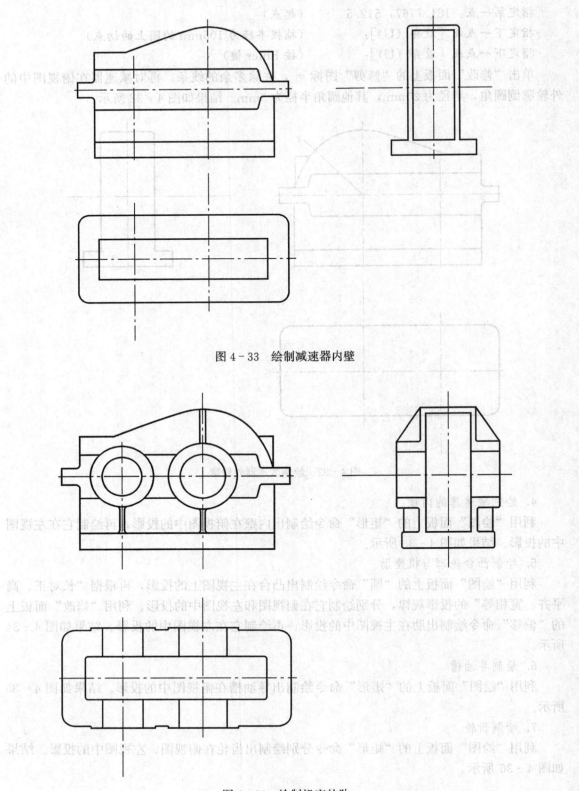

图 4-33　绘制减速器内壁

图 4-34　绘制机座的肋

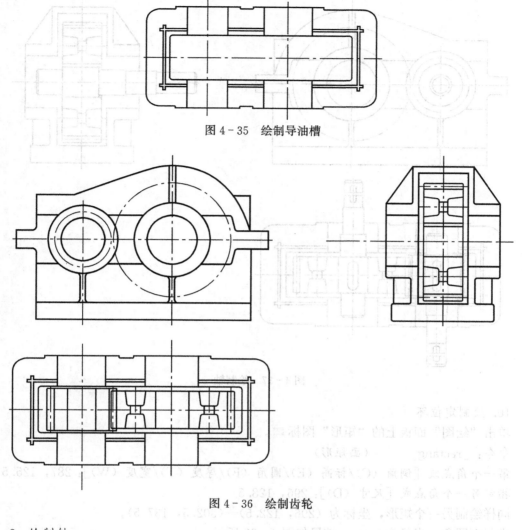

图 4-35　绘制导油槽

图 4-36　绘制齿轮

8. 绘制轴

利用"绘图"面板上的"圆"命令绘制出轴在主视图中的投影，利用"直线"命令绘制出轴在俯视图中的投影，再绘制它在左视图中的投影。结果如图 4-37 所示。

技巧　也可以用 Insert 命令插入以前绘制好的齿轮和轴，插入后再做修改，这样可大大缩短绘图时间。

9. 绘制键

单击"绘图"面板上的"矩形"图标口。

命令：_rectang　　　　（画矩形）

第一个角点或［倒角（C）/标高（E）/圆角（F）/厚度（T）/宽度（W）］：661.5，467

指定另一个角点或［尺寸（D）］：706.5，475.4

绘制时，注意键的上表面与齿轮之间应有一定间隙。

再利用"修改"面板上的"修剪"图标 -/- 将多余的线条去除。结果如图 4-38 所示。

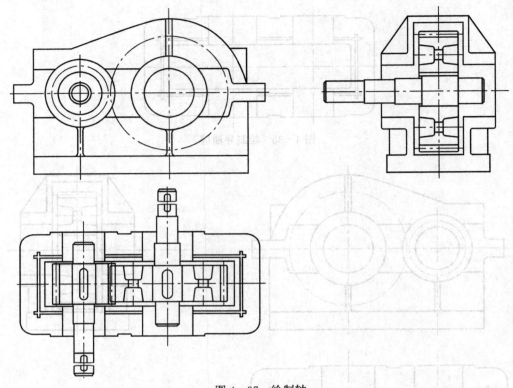

图 4 - 37　绘制轴

10．绘制定位环

单击"绘图"面板上的"矩形"图标 □。

命令：_rectang　　　（画矩形）

第一个角点或［倒角（C）/标高（E）/圆角（F）/厚度（T）/宽度（W）］：287，125.5

指定另一个角点或［尺寸（D）］：296，128.5

同样绘制另一个矩形，坐标为（296，122.5）—（302.5，137.5）。

进行倒圆角，半径为 3mm。结果如图 4 - 39 所示。

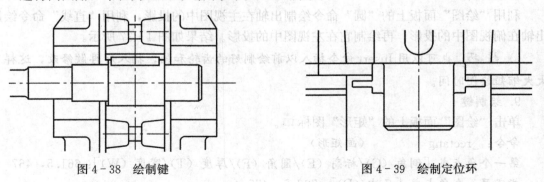

图 4 - 38　绘制键　　　　　　　　　　　　　图 4 - 39　绘制定位环

其他定位环同样操作。

11．绘制滚动轴承

设当前层为"点画线"。单击"绘图"面板上的"直线"图标 ✎，画中心线。

中心线起点、终点坐标为

(287，114)—(300，114)

(293.25，120)—(293.25，106)

设当前层为"粗实线"。单击"绘图"面板上的"圆"图标 ⊙，画滚动体。

命令：_circle

指定圆的圆心或 [三点（3P）/两点（2P）/相切、相切、半径（T）]：

(捕捉中心线交点 d)

指定圆的半径或 [直径（D）]：4.625　　　（半径）

单击"绘图"面板上的"直线"图标 ✎，完成滚动轴承的绘制。

命令：_line

指定第一点：291.1816，105.5　　　　　　　　　　　　（起点）

指定下一点或 [放弃（U）]：291.1816，109.8633　（终点）

指定下一点或 [放弃（U）]：　　　　　　　　　（按 Enter 键）

其他直线的起、终点坐标为

(295.3184，105.5)—(295.3184，109.8633)

(291.1816，118.1367)—(291.1816，122.5)

(295.3184，118.1367)—(295.3184，122.5)

绘制的滚动轴承如图 4-40 所示。

同样绘制出其他轴承。这里绘制滚动轴承时，可
以采用制图标准中规定的简化画法绘制。

12. 绘制轴承端盖

单击"绘图"面板上的"矩形"图标 □。

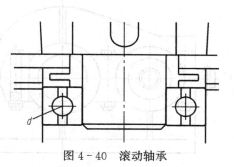

图 4-40 滚动轴承

命令：_rectang（画矩形）

第一个角点或 [倒角（C）/标高（E）/圆角（F）/厚度（T）/宽度（W）]：267，241.5

指定另一个角点或 [尺寸（D）]：320，250.5

同样其他轮廓的坐标为

(267，241.5)—(285，242.5)

(286，224.5)—(292，232.5)

(291，232.5)—(303.75，242.5)

(302.75，242.5)—(303.75，248.5)

单击"绘图"面板上的"直线"图标 ✎。

命令：_line

指定第一点：303.75244

指定下一点或 [放弃（U）]：@-4，0.5

指定下一点或 [放弃（U）]：@0，2

指定下一点或 [闭合（C）/放弃（U）]：@4，0.5

指定下一点或 [闭合（C）/放弃（U）]：　　　　　（按 Enter 键）

再单击"修改"面板上"修剪"图标 ⊬，去除多余的线条，并倒圆角。结果如图 4-41
所示。

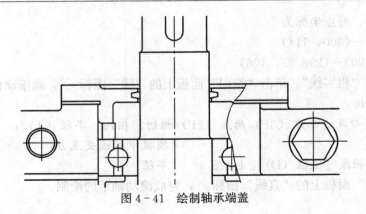

图 4 - 41   绘制轴承端盖

同样绘制出其他轴承端盖。

13. 绘制连接螺栓及定位销

利用"绘图"面板上的"圆"命令绘制出 M12×70 和 M12×40 的螺栓在俯视图中的投影，再利用"绘图"面板上的"直线"命令绘制出螺栓在主视图中的投影。

同样绘制出定位销在俯视图中的投影和主视图中的投影。结果如图 4 - 42 所示。

🔊 **提示** 对一些重复出现的图形（如螺栓、螺母等）可以创建成图块加以保存。需要时，可将图块作为一个整体，以适当的比例和旋转角度插入到当前图形中。这样做不但可以避免大量的重复工作，提高绘图速度和效率，还可以节省磁盘空间。图块的建立和插入操作见 2.8 节。

14. 绘制吊环

设当前层为"点画线"。单击"绘图"面板上的"直线"图标✐，画中心线。

中心线起点、终点坐标为

(130，526.5)—(164，526.5)

(147.7394，542)—(147.7394，492)

设当前层为"粗实线"。单击"绘图"面板上的"圆"图标⊙。

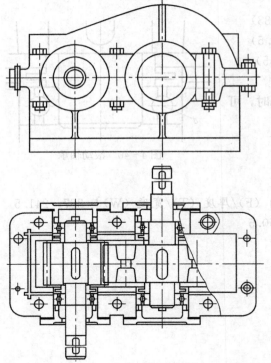

图 4 - 42   绘制螺栓及定位销

命令：_circle

指定圆的圆心或［三点（3P）/两点（2P）/相切、相切、半径（T）］：
(捕捉中心线交点 e)

指定圆的半径或［直径（D）］：8   （半径）

画出另一个同心圆，半径为 13mm。

单击"绘图"面板上的"矩形"图标▢。

命令：_rectang   （画矩形）

第一个角点或［倒角（C）/标高（E）/圆角（F）/厚度（T）/宽度（W）］：140.8112，512.5

指定另一个角点或［尺寸（D）］：154.6676，515.5

其他轮廓的坐标为

(141.7394，510.5)—(152.7394，512.5)

(142.7394，497.5)—(152.7394，512.5)

单击"绘图"面板上的"直线"图标✐。

命令：_line

指定第一点：140.8112，511.5　　　　　　　　（第一点）

指定下一点或［放弃（U）］：@6.9282，3　　　　（第二点）

指定下一点或［放弃（U）］：@6.9282，−3　　　（第三点）

指定下一点或［闭合（C）/放弃（U）］：　　　　（按 Enter 键）

其他直线的坐标为

(142.7394，498.5)—(152.7394，498.5)

(142.7394，493.5)—(152.7394，493.5)

(142.7394，511.5)—(152.7394，511.5)

设当前层为"细实线"。单击"绘图"面板上的"直线"图标✐。

命令：_line

指定第一点：143.7394，511.5　　　　　　　　（起点）

指定下一点或［放弃（U）］：143.7394，497.5　（终点）

指定下一点或［放弃（U）］：　　　　　　　　　（按 Enter 键）

其他直线的坐标为

(151.7394，511.5)—(151.7394，497.5)

(142.7394，498.5)—(142.7394，493.5)

(152.7394，498.5)—(152.7394，493.5)

结果如图 4-43 所示。

用同样的方法绘制出另一个吊环。

15. 绘制通气器

设当前层为"点画线"。单击"绘图"面板上的"直线"图标✐。

中心线起点、终点坐标为 (317，564)—(322，564)。

设当前层为"粗实线"。单击"绘图"面板上的"圆"图标⊙。

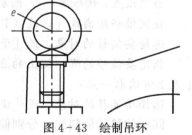

图 4-43　绘制吊环

命令：_circle

指定圆的圆心或［三点（3P）/两点（2P）/相切、相切、半径（T）］：（捕捉中心线交点）

指定圆的半径或［直径（D）］：1.5　　　　　　　　　　　　（半径）

单击"绘图"面板上的"矩形"图标▢。

命令：_rectang　　　　（画矩形）

第一个角点或［倒角（C）/标高（E）/圆角（F）/厚度（T）/宽度（W）］：309，557.0887

指定另一个角点或［尺寸（D）］：331，559

其他轮廓的坐标为

（309，559）—（331，561）

（310，561）—（330，567）

（314，561）—（326，567）

根据"高平齐"的投影规律，在左视图上画出通气器，并倒圆角，圆角半径为 3mm。
结果如图 4 - 44 所示。

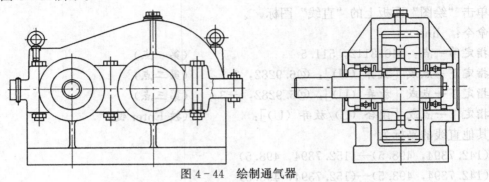

图 4 - 44　绘制通气器

16. 绘制窥视孔、窥视孔盖及螺钉

设当前层为"点画线"。单击"绘图"面板上的"直线"图标 。

中心线起点、终点坐标为

（218.0287，516.5093）—（225.2804，516.5093）

（189.7485，526.9822）—（197.0002，506.4978）

单击"修改"面板上的"偏移"图标 。

命令：_offset

当前设置：删除源＝否 图层＝源 OFFSETGAPTYPE＝0

指定偏移距离或 ［通过（T）/删除（E）/图层（L）］〈1.0000〉：2

选择要偏移的对象，或 ［退出（E）/放弃（U）］〈退出〉：（拾取主视图斜线 1）

指定要偏移的那一侧上的点，或 ［退出（E）/多个（M）/放弃（U）］〈退出〉：（在斜线
1 左上方选取一点）

选择要偏移的对象，或 ［退出（E）/放弃（U）］〈退出〉：　　　　（按 Enter 键）

同样偏移其他斜线，分别偏移距离 3mm 和 5mm。

设当前层为"粗实线"。单击"绘图"面板上的"圆"图标 。

命令：_circle

指定圆的圆心或 ［三点（3P）/两点（2P）/相切、相切、半径（T）］：192.0845，520.3835

指定圆的半径或 ［直径（D）］：4.5　　　　　（输入半径值）

单击"绘图"面板上的"直线"图标 。

命令：_line

指定第一点：189.6777，524.1857　　　　　　　　（起点）

指定下一点或 ［放弃（U）］：@0.6299，－1.7793　　　　（第二点）

指定下一点或 ［放弃（U）］：@1.8853，0.6674　　　　（第三点）

指定下一点或 ［闭合（C）/放弃（U）］：@－0.6299，1.7793　　（第四点）

指定下一点或 ［闭合（C）/放弃（U）］：　　　　　　　（按 Enter 键）

其他直线的坐标为

(186.0948，519.3239)—(186.7652，517.4301)

(198.4080，520.5004)—(202.1626，509.8947)

再利用"修改"面板上"圆角"图标 ⌐ 倒圆角,圆角半径为3mm。绘好再以直线2进行镜像。结果如图4-45所示。

17. 绘制放油螺塞孔

利用画直线命令Line绘制出螺塞在主视图中的局部剖视图,结果如图4-46所示。

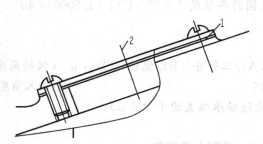

图4-45 绘制窥视孔、窥视孔盖及螺钉

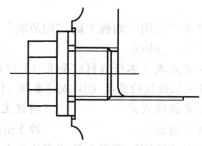

图4-46 绘制放油螺塞孔

18. 绘制油标

利用画直线命令Line绘制出油标在主视图中的局部剖视图。

19. 绘制波浪线

利用画样条曲线命令Spline绘制出波浪线,结果如图4-47所示。

20. 绘制底槽

利用画直线命令Line绘制出底槽在主视图、左视图中的投影,结果如图4-48所示。

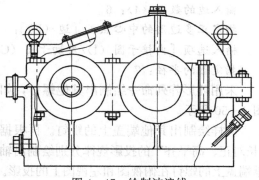

图4-47 绘制波浪线

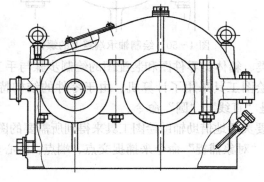

图4-48 绘制底槽

21. 绘制地脚螺钉孔

利用画直线命令Line绘制出地脚螺钉孔在左视图中的局部剖视图,结果如图4-49所示。

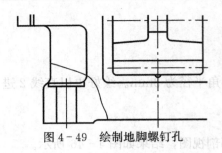

图 4-49　绘制地脚螺钉孔

22.绘制轴承端盖上的螺钉

设当前层为"点画线"。单击"绘图"面板上的"圆"图标 ⊘，画螺钉分布中心圆。

命令：_circle

指定圆的圆心或 [三点（3P）/两点（2P）/相切、相切、半径（T）]：
（捕捉主视图左边轴承端盖的中心点 a）

指定圆的半径或 [直径（D）]〈4.5000〉：40

单击"绘图"面板上的"构造线"图标 ╱。

命令：_xline

指定点或 [水平（H）/垂直（V）/角度（A）/二等分（B）/偏移（O）]：a　（倾斜角度）

输入构造线的角度（0）或 [参照（R）]：45　　　　（输入角度值）

指定通过点：　（捕捉主视图左边轴承端盖的中心点 a）

指定通过点：　　（按 Enter 键）

单击"绘图"面板上的"多边形"图标 ⬠，绘制六角螺钉。

命令：_polygon

输入边的数目〈4〉：6　　　　（输入边数）

指定正多边形的中心点或 [边（E）]：　（捕捉刚画的点画圆与结构线的交点）

输入选项 [内接于圆（I）/外切于圆（C）]〈I〉：　（按 Enter 键）

指定圆的半径：7

采用环形阵列命令绘制出其他螺钉，如图 4-50 所示。

同样绘制出其他端盖上的螺钉。再根据"长对正、高平齐"的投影规律分别绘制出轴承端盖上的螺钉在俯视图和左视图上的投影。

23.绘制剖面线

利用图案填充命令 Hatch 绘制出剖面线。

结果如图 4-30 所示。取文件名"减速器装配图.dwg"并存盘。

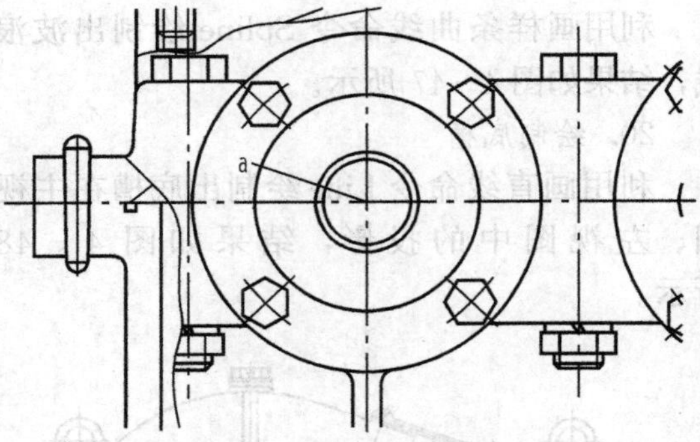

图 4-50　绘制轴承端盖上的螺钉

从以上实例中可以看到，典型轴类、盘类、箱体类零件图和装配图的绘制步骤与手工绘制类似，先画主体，后画细节。不同的只是绘图工具采用了计算机。由于零件的结构特点，用 AutoCAD 绘图时，用得最多的绘图命令是"直线"、"圆"命令。

除使用绘图命令结合修改命令绘图外，还要灵活地借助辅助绘图工具来得到所需要的图形。例如，采用"正交"命令来画正交线段，采用"对象捕捉"命令来捕捉交点、端点、圆心、切点等。

4.5　零件图的尺寸和几何公差标注

绘制工程图时，应标注尺寸以确定各部分的相对位置和大小，所以尺寸标注是不可缺少的一个环节。标注的尺寸必须符合国家技术制图的有关规定，并应使尺寸的布置合理、整齐、清晰，多数尺寸应布置在视图外面，尽量集中标注在反映主要结构的视图上。如果是机械零件图，对配合尺寸及要求精确的几何尺寸（如轴孔配合尺寸、键配合尺寸、箱体孔中心距等）均应注出尺寸的极限偏差，在加工表面还要标注表面结构值。AutoCAD 为用户提供了一套比较完整的尺寸标注功能命令，用户通过这些命令，可以方便地标注出图形上所需要的各种尺寸，如线性尺寸、角度、直径、半径等。下面以图 4-51 所示齿轮标注为例介绍标注方法与标注步骤。

4.5.1　齿轮标注分析

标注齿轮零件尺寸时，标注径向尺寸，应以孔的轴线为基准标出；齿宽方向的尺寸，以端面为基准标出；分度圆的尺寸必须标注；轴孔是加工、测量和装配的重要基准，尺寸精度要求高，要标出尺寸偏差；在齿轮零件图上，还要标注形位公差，以保证减速箱的装配质量及工作性能；齿根圆是根据齿轮参数加工得到的，在图纸上可以不必标注出来。

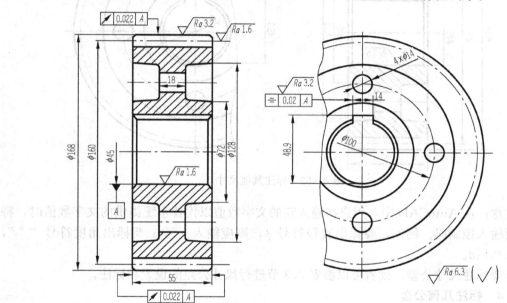

图 4-51　齿轮标注

4.5.2　设置文字样式和尺寸标注样式

打开已经绘制好的"齿轮.dwg"零件图，设置文字样式和尺寸标注样式。文字样式和尺寸标注样式的设置见 3.2 和 3.3 节。

4.5.3　标注尺寸

1. 标注垂直方向和水平方向的尺寸

设当前层为"尺寸线"。单击"注释"选项卡中"标注"面板上的"线性标注"图标 ⊢⊣，标注垂直方向和水平方向的尺寸。

2. 标注圆直径尺寸

单击"标注"面板上的"直径标注"图标 ◎ 。

命令：_dimdiameter

选择圆弧或圆：　　　（拾取圆1）

标注文字＝14

指定尺寸线位置或［多行文字（M）/文字（T）/角度（A）］：t

输入标注文字〈14〉：4×％％C14

指定尺寸线位置或［多行文字（M）/文字（T）/角度（A）］：　　　（拖动尺寸线至适当位置）

3. 标注其余尺寸

采用同样方法将其他尺寸标注出来。结果如图4－52所示。

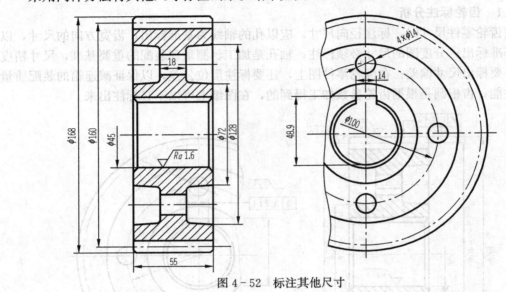

图4－52　标注其他尺寸

★注意：在AutoCAD中，用户在输入新的文字数值以代替系统提供的文字数值时，特殊符号要输入控制码。例如，要标出直径符号 φ，则应输入％％c；要标出角度符号"。"，则应输入％％d。

若需要标注尺寸公差，读者可以参看3.3节进行尺寸公差的设置和标注。

4.5.4　标注几何公差

1. 绘制基准

单击"绘图"面板上的"多边形"图标⬠ ▾。

命令：_ polygon 输入侧面数〈4〉：　　　（按Enter键）

指定正多边形的中心点或［边（E）］：　　　（在屏幕上注基准处取一点）

输入选项［内接于圆（I）/外切于圆（C）］〈I〉：c

指定圆的半径：3.5　　　　　（外切圆半径）

单击"绘图"面板上的"直线"图标╱。

命令：_line

指定第一点：　　　　　　　　　（捕捉正方形上边长中点）

指定下一点或［放弃（U）］：@0，3

指定下一点或［放弃（U）］：@3.5＜120

指定下一点或［闭合（C）/放弃（U）］：@3.5，0

指定下一点或［闭合（C）/放弃（U）］：（捕捉第 1 条直线端点）

指定下一点或［闭合（C）/放弃（U）］：（按 Enter 键）

单击"绘图"面板上的"图案填充"图标 ⬚。在出现的"图案填充创建"选项卡中选择"图案"面板中的"SOLID"按钮。

命令：_hatch

拾取内部点或［选择对象（S）/放弃（U）/设置（T）］：　　（拾取三角形内部点）

正在选择所有对象…

正在选择所有可见对象…

正在分析所选数据…

正在分析内部孤岛…

拾取内部点或［选择对象（S）/放弃（U）/设置（T）］：　　（按 Enter 键）

单击"注释"选项卡"文字"面板上的"多行文字"图标 A。

命令：_mtext

当前文字样式："Standard"文字高度：2.5 注释性：否

指定第一角点：　　（捕捉正方形左上角点）

指定对角点或［高度（H）/对正（J）/行距（L）/旋转（R）/样式（S）/宽度（W）/栏（C）］：
　　（捕捉正方形右下角点）

在出现的"文字编辑器"选项卡中设置"样式"面板中的文字高度为"3.5"，设置"格式"面板中的字体为"gbenor"，设置"段落"面板中的对正为"正中"，在文本输入区中输入"A"，单击"关闭文字编辑器"按钮。结果如图 4－53 所示。

2. 绘制几何公差指引线

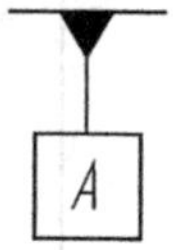

单击"绘图"面板上"多段线"图标 ⌐。

命令：_pline　　（执行多段线命令）

指定起点：　　（指定被测要素要标注位置，捕捉 e 点）

当前线宽为 0.0000

图 4－53　绘制基准

指定下一个点或［圆弧（A）/半宽（H）/长度（L）/放弃（U）/宽度（W）］：w
　　（输入选项）

指定起点宽度〈0.0000〉：

指定端点宽度〈0.0000〉：2　　（设置宽度为 2）

指定下一个点或［圆弧（A）/半宽（H）/长度（L）/放弃（U）/宽度（W）］：
　　（在 e 点左边选取一点）

指定下一点或［圆弧（A）/闭合（C）/半宽（H）/长度（L）/放弃（U）/宽度（W）］：w

指定起点宽度〈2.0000〉：0　　（设置宽度为 0）

指定端点宽度〈0.0000〉：　　（按 Enter 键）

指定下一点或［圆弧（A）/闭合（C）/半宽（H）/长度（L）/放弃（U）/宽度（W）］：　　（指定合适位置）

指定下一点或［圆弧（A）/闭合（C）/半宽（H）/长度（L）/放弃（U）/宽度（W）］：　　（按 Enter 键）

结果如图 4－54 所示。

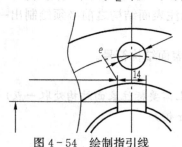

图 4－54　绘制指引线

技巧 在绘制指引线时，可以采用"多重引线"命令绘制，也可以采用多段线绘制。当指引线只有简单的一条直线加箭头时，用"多段线"命令绘制更为简便。

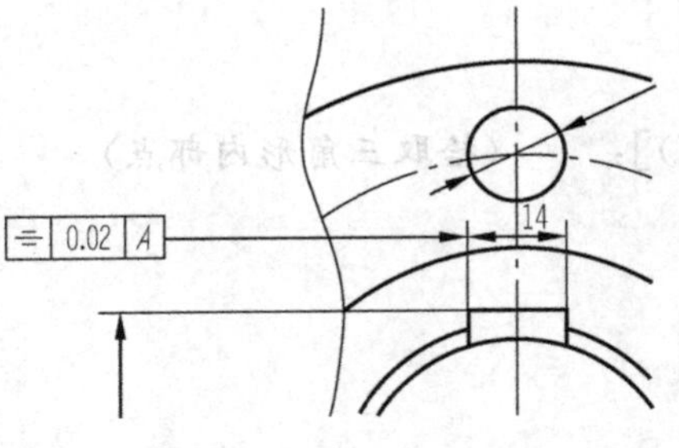

3. 标注几何公差

单击"注释"选项卡中"标注"面板右边的下拉三角，再单击"公差"图标 ▦。此时，屏幕上会出现"形位公差"对话框。单击对话框上"符号"项下的黑色方框，在出现的"特征符号"选择板中选择几何公差类型为对称度，在对话框公差1的白色方框中填写"0.02"，基准1的白色方框中填写"A"，单击"确定"按钮，将几何公差移至适当的位置，结果如图4-55所示。

同样将其他几何公差标注上去，结果如图4-56所示。

图4-55 移动几何公差

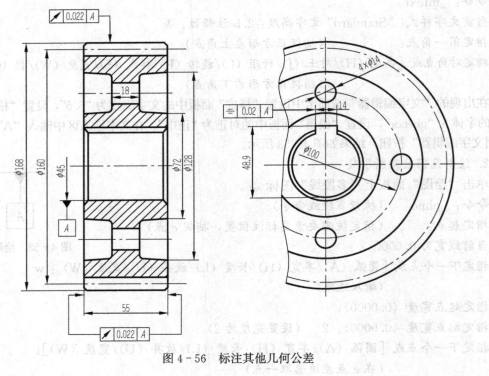

图4-56 标注其他几何公差

4.5.5 标注表面结构

由于在 AutoCAD 中并没有表面结构符号，因此用户在标注表面结构之前必须绘制出一个表面结构符号。

单击"绘图"面板上的"正多边形"图标 ⬠，绘制一个表面结构符号。

命令：_polygon 输入侧面数〈4〉：3
指定正多边形的中心点或 [边（E）]：   （在屏幕上需要标注表面结构处取一点）
输入选项 [内接于圆（I）/外切于圆（C）]〈I〉：（按 Enter 键）
指定圆的半径：3.3

单击"绘图"面板上的"直线"图标 。

命令：_line

指定第一点：　　　　　　　　　　　　　　　　　（捕捉 f 点）

指定下一点或［放弃（U）］：@7＜60

指定下一点或［放弃（U）］：@11，0

指定下一点或［闭合（C）/放弃（U）］：　（按 Enter 键）

再在表面结构符号上输入文本"$Ra\,6.3$"，结果如图 4-57 所示。

同样将其他表面结构值标注上去。

齿轮的标注如图 4-51 所示。

图 4-57　输入表面
粗糙度数值

4.6　标题栏、明细栏的填写

每张图幅都有标题栏。现行的标题栏国家标准是 GB/T 10609.1—2008。明细栏是装配图所有零件的详细目录，每一个编号的零件都应在明细栏内列出。编制明细栏的过程也是最后确定材料及标准件的过程。现行的明细栏国家标准是 GB/T 10609.2—2009。

4.6.1　设置绘图环境

首先在模型空间里新建一个文件，并设置图纸为 A4 的幅面和新建标题栏图层。

4.6.2　绘制步骤

1. 设置"文字样式"

单击"注释"面板下拉三角形—"文字样式"图标，或菜单栏"格式"—"文字样式"，此时屏幕上会出现"文字样式"对话框。在"样式名"区域新建"文字"样式，选择"字体"区域中的"字体名"项为"仿宋_GB2312"，或者选择"字体名"项为"gbenor.shx"字体且在"使用大字体"选项前打勾，并在大字体列表中选择"gbcbig.shx"，"高度"改为"0.0000"，"宽度因子"改为"0.7500"，如图 4-58 所示。

2. 绘制标题栏

由于 AutoCAD 所带的标题栏格式与我国国家标准的规定不一致，因此在填写前要绘制出标题栏。

图 4-58　设置文字样式

设当前层为"标题栏"。单击"绘图"面板上的"矩形"图标。

命令：_rectang　　　　（画矩形）

第一个角点或［倒角（C）/标高（E）/圆角（F）/厚度（T）/宽度（W）］：0，0

指定另一个角点或［尺寸（D）］：180，56

单击"绘图"面板上的"直线"图标，按国家技术制图规定的标题栏格式画好表格。

★注意：绘制标题栏时，可以在任何位置进行绘制，不一定要在原点处绘制。也可以单击"绘图"工具栏上的"表格"图标绘制。

3. 填写标题栏

单击"注释"选项卡"文字"面板上的"多行文字"图标 **A**。

命令：_mtext

当前文字样式：" Standard" 文字高度：2. 5 注释性：否

指定第一角点：　　　（在标题栏书写文字处左上方选择一点）

指定对角点或 [高度（H）/对正（J）/行距（L）/旋转（R）/样式（S）/宽度（W）/栏（C）]：
　　　　　　　　（在标题栏书写文字处的右下方选择一点）

在出现的"文字编辑器"选项卡"样式"面板中选择已设置好的"文字"样式，设置文字高度为"4"，设置"段落"面板中的对正为"正中"，在文本输入区中用汉字输入法输入文字，单击"关闭文字编辑器"按钮。绘制的标题栏如图4-59所示。

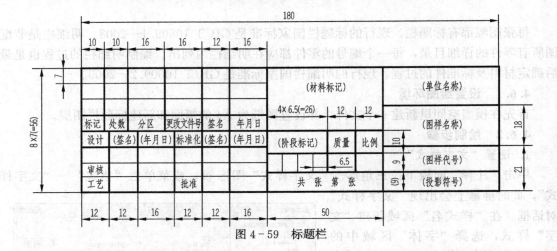

图 4-59　标题栏

★注意：填写文本时，要注意字体和字号。字体一般取仿宋体，字号的大小则应根据表格大小来确定。

4. 绘制明细栏

采用"矩形"和"直线"命令，按国家技术制图的明细栏格式绘制出表格，再向上复制表格，最后在表格中填入文本，结果如图4-60所示。

5. 绘制齿轮参数表格

在齿轮零件图中，必须说明主要参数，如齿数 z、模数 m、齿形角、精度等级等主要参数。采用同样的方法，也可以画出齿轮参数表格。

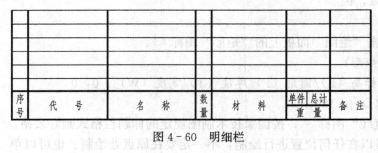

图 4-60　明细栏

每张图纸都需要标题栏，可以采用插入标题栏图块来提高效率。请读者参考本书第2章完成这项工作。

插入块后的齿轮零件图如图4-61所示。

插入块后的减速箱装配图如图4-62所示。

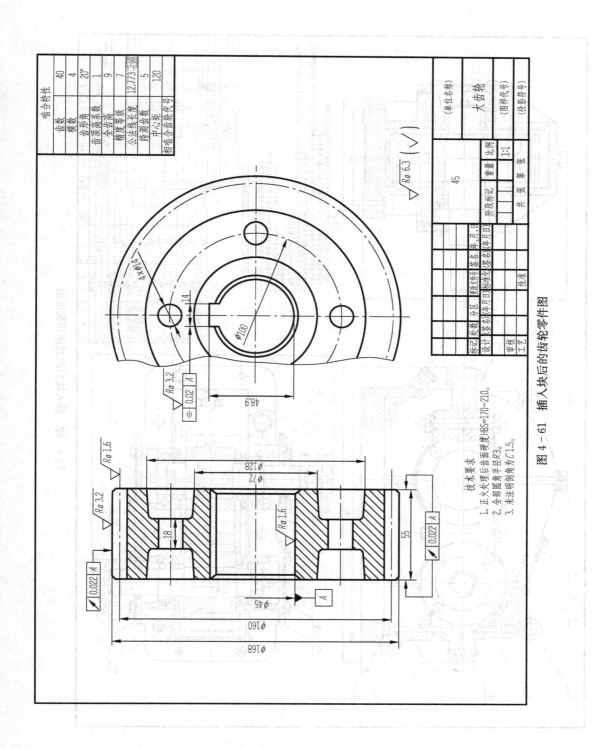

图 4－61　插入块后的齿轮零件图

啮合特性	
齿数	40
模数	4
齿形角	20°
齿项高系数	1
全齿高	9
精度等级	7
公法线长度	12.7/3 -0.08
跨测齿数	5
中心距	120
相啮合齿轮代号	

$\sqrt{Ra\,6.3}\ (\sqrt{\ })$

				大齿轮		
			45		比例	1:1
				阶段标记	重量	第 张
						共 张

技术要求
1. 正火处理后齿面硬度 HBS=170~210。
2. 全部圆角半径 R3。
3. 未注明倒角为 C1.5。

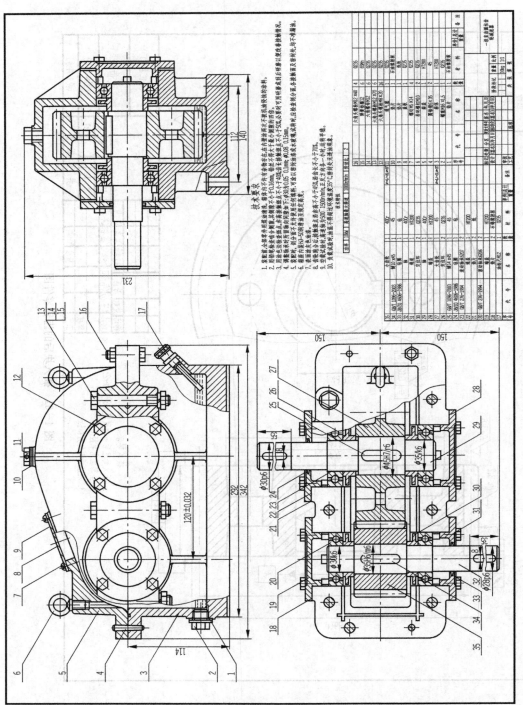

图 4－62　插入块后的减速箱装配图

4.7 参数化设计绘图

产品开发初期，零件形状和尺寸有一定模糊性，要在装配验证、性能分析和数控编程之后才能确定，这就希望零件模型具有易于修改的柔性。参数化设计方法就是将模型中的定量信息变量化，使之成为任意调整的参数。对于变量化参数赋予不同数值，就可得到不同大小和形状的参数化零件模型。

在二维工作环境下，从 AutoCAD 2010 开始便可进行参数化设计绘图。AutoCAD 集成了参数化绘图的两个重要组成部分——几何约束和尺寸约束，见图 4-63 所示参数化选项卡单。约束就是约束图形的自由度，使所绘制的图形对象具有确定的几何形状、大小和位置。

图 4-63 参数化选项卡

"几何约束"是指几何元素之间的拓扑约束关系，有以下 13 个选项：

(1) "自动约束" ：根据对象相对于彼此的方向自动将几何约束应用于对象的选择集。依次单击"参数化"选项卡—"几何"面板—"自动约束"，按命令行提示输入 S（设置），在出现的"约束设置"对话框的"自动约束"选项卡上，选择约束类型，如图 4-64 所示。若要更改某约束的优先级，可单击对话框中的"上移"或"下移"。

(2) "重合" ：用于使两个点或一个对象与一个点之间保持重合。

(3) "共线" ：用于使一条或多条直线段与另一条直线段保持共线。

(4) "同心" ：用于使一个圆、圆弧或椭圆与另一个圆、圆弧或椭圆保持同心。

图 4-64 "约束设置"对话框

(5) "固定" ：用于约束一个点或曲线，使其相对于坐标系固定在特定的位置和方向。

(6) "平行" ：用于将指定的一条直线约束成与另一条直线保持平行关系。

(7) "垂直" ：用于将指定的一条直线约束成与另一条直线保持垂直关系。

(8) "水平" ：用于将指定的直线对象约束成与当前坐标系的 X 坐标平行。

(9) "竖直" ：用于将指定的直线对象约束成与当前坐标系的 Y 坐标平行。

(10) "相切" ：用于将指定的一个对象与另一个对象约束成相切关系。

　　（11）"平滑" ↖：用于在共享同一端点的两条样条曲线之间建立平滑约束。

　　（12）"对称" [┆]：用于约束直线段或圆弧上的两个点，使其以选定直线为对称轴彼此对称。

　　（13）"相等" ＝：用于使选择的圆或圆弧有相同的半径，或使选择的直线段有相同的长度。

　　例如，在图4-65中，为几何图形应用了以下几何约束：

　　（1）每个端点都约束为与每个相邻对象的端点保持重合，约束显示为蓝色小方块。

　　（2）水平线被约束为保持水平。

　　（3）两条垂直线约束为保持相互平行且长度相等。

　　（4）右侧的垂直线被约束为与水平线保持垂直。

　　（5）两个圆被约束对称且大小相等。

　　可以单击"几何"面板上的"显示/隐藏"或"全部显示"或"全部隐藏"图标，来局部或全部显示或隐藏对象上的几何约束。

　　"尺寸约束"则是通过尺寸标注表示的约束关系，如距离尺寸、角度尺寸、半径尺寸等，用定义尺寸变量及它们之间在数值上和逻辑上的关系来表示。

　　图4-66所示为几何图形应用了线性约束、直径约束、半径约束和角度约束。

　　可以单击"几何"面板上的"显示/隐藏"或"全部显示"或"全部隐藏"图标，来局部或全部显示或隐藏选定对象的动态约束。

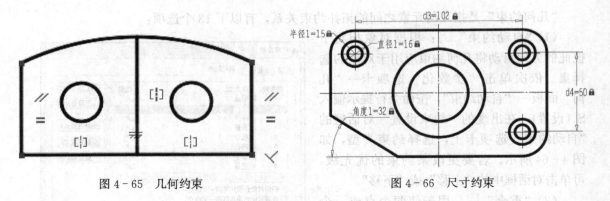

图4-65　几何约束　　　　　　　　　　　图4-66　尺寸约束

　　创建或更改设计时，图形会处于以下三种状态之一：未约束，即未将约束应用于任何几何图形；欠约束，即将某些约束应用于几何图形；完全约束，即将所有相关几何约束和标注约束应用于几何图形。完全约束的一组对象还需要包括至少一个固定约束，以锁定几何图形的位置。因此，有两种方法可以通过约束进行设计。

　　方法一：使用编辑命令和夹点的组合，添加或更改约束。这种方法用在欠约束图形中进行操作，同时进行更改的情况。

　　方法二：释放并替换几何约束，更改标注约束中的值。这种方法用在先创建一个图形，并对其进行完全约束，然后以独占方式对设计进行控制的情况。

　　所选的方法取决于设计实践及主题的要求。

　　🔊 提 示　在用参数化设计绘图时，先在设计中应用几何约束以确定设计对象的形状，然后应用标注约束以确定对象的大小。

约束几何图形时，可以在参数管理器中定义参数组和过滤器。参数组通常包含为当前空间定义的所有参数的子集。展开左侧的垂直条即可显示参数组，可以将参数拖到定义的组过滤器中。

下面举例说明参数化设计绘图的绘制步骤。

已知齿轮参数，主视图如图 4－67 所示，运用参数化工具画出齿轮的左视图。

绘制步骤如下：

（1）单击"参数化"工具栏上的"参数管理器"图标 𝑓ₓ 或菜单"参数"—"参数管理器"，打开参数管理器。

（2）单击参数管理器上方"创建新的用户参数"图标 𝑓ₓ，在右栏建立两个新的用户参数。在"用户参数"栏中，修改参数名称并输入齿轮的模数和齿数，如图 4－68 所示。

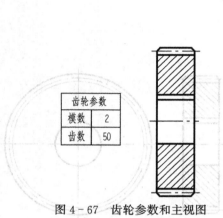

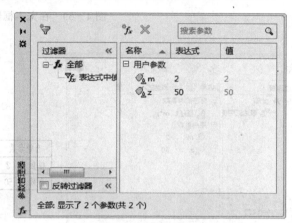

图 4－67 齿轮参数和主视图　　　　图 4－68 创建新的用户参数

（3）将图层选为点画线层，画出左视图的中心线，然后任意画出一个圆。

（4）再用"参数化"选项卡尺寸约束下的直径选项来约束这个圆。单击"标注约束"面板上"直径"图标 或菜单"参数"—"标注约束"—"直径"，命令行提示：

命令：_DcDiameter　　　（执行直径约束命令）

选择圆弧或圆：　　　　（选择刚画好的圆）

标注文字＝76.96　　　　（任意画的圆的直径）

指定尺寸线位置：　　　（用鼠标指定位置）

将文本框中直径 1 的等号后面用分度圆直径的计算公式"m＊z"替代数字 76.96，输入完成后按 Enter 键，该圆即变为齿轮的分度圆了，如图 4－69 所示。此时，参数管理器右栏自动添加"标注约束参数"及约束直径 1 的值，如图 4－70 所示。

利用同样的方法可以画出齿轮的齿顶圆（$d=mz+2m$）和齿根圆（$df=mz-2.5m$）。参数化绘制的齿轮零件图如图 4－71 所示。

采用参数化绘图时，可以通过在绘制或编辑几何图形期间推断约束来了解设计意图。推断约束与对象捕捉和极轴追踪配合工作。只有当对象符合约束条件时，才能推断约束。可在状态栏中启用或禁用"推断约束"按钮。

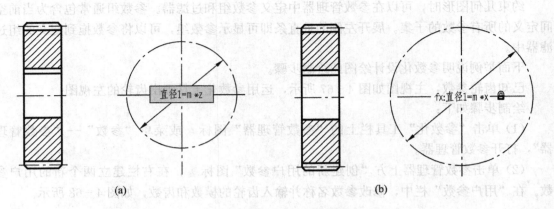

(a)   (b)

图 4-69　在文本框输入公式

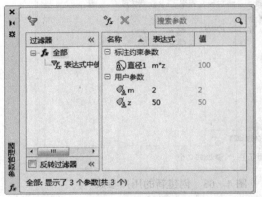

齿轮参数	
模数	2
齿数	50

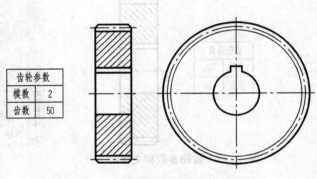

图 4-70　自动添加"标注约束参数"   图 4-71　参数化绘制的齿轮零件图

　　参数化绘图功能可以减少大量设计修改时间，大大提高了模型生成和修改的速度。图形对象和尺寸参数之间始终保持一种驱动的关系，当修改图形的尺寸参数值后，图形将自动进行相应更新，突破了仅将 AutoCAD 作为绘图板工具的思维，真正体现了设计人员的设计意图。

4.8　上机实验

实验 1：按 1∶1 的比例绘制图 4-72 所示的阶梯轴。

1. 目的要求

通过此实验，掌握零件图的绘制与标注。

2. 操作指导

（1）新建图形文件，设置单位、图形界限，建立图层并设置图层属性。

（2）新建合适的文字样式（或修改 Standard 样式中的设置），要点是选择合适的字体，推荐使用"gbenor. shx＋gbcbig. shx"。

（3）建立适当的标注样式（或修改 ISO25 样式中的设置）。

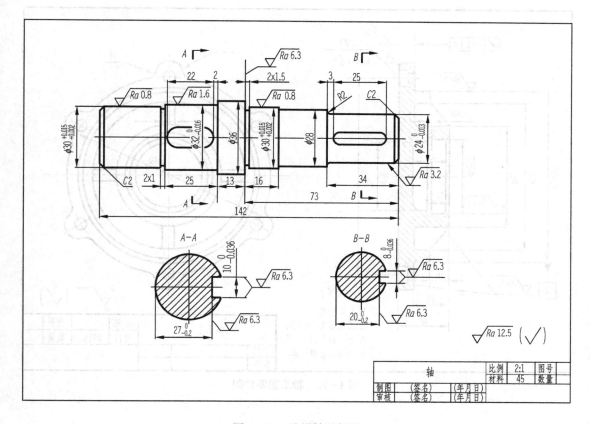

图 4-72　阶梯轴零件图

（4）绘制步骤与手工绘制类似，先画轴线，再画主体，然后画细节。

（5）标注尺寸、尺寸公差和表面结构。在图 4-72 中，$\phi 24$ 等尺寸是用"文字（T）"选项修改生成的，直径符号 ϕ 需采用特殊代码。

（6）标题栏可采用如图 4-72 所示的简化标题栏。

实验 2：按 1∶1 比例绘制如图 4-73 所示的轴承盖零件图，注意根据国家标准和尺寸设置合适的绘图环境，并插入标题栏。

1. 目的要求

通过该实验，读者可根据实际情况设置绘图环境，还必须按前面章节介绍的步骤和细节绘制完整的零件图。重点掌握绘制此类零件时的步骤、方法和尺寸、公差的标注。

2. 操作指导

（1）设置合适绘图环境和图层。

（2）分别在各图层中画中心线，再画外轮廓线，然后画各类孔。

（3）检查无误后画剖面线，并标注尺寸和公差。

（4）执行"文件"—"另存为"命令，保存图形。

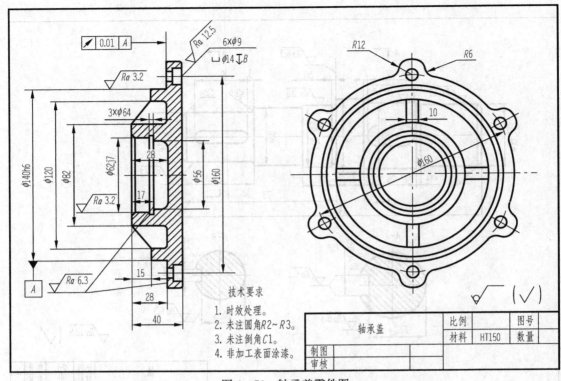

图4-73　轴承盖零件图

思　考　题

4-1　零件图绘制的关键操作步骤是什么？

4-2　怎样对已有的尺寸标注进行修改？

4-3　尺寸公差该怎样标注？几何公差该怎样标注？

4-4　对工程图中的标题栏采用什么办法绘制？标题栏中需要变更的文本采用什么办法解决？

第5章 三维网格与三维曲面

本章概要 介绍用 AutoCAD 2016 怎样进行三维视点绘图、观察和使用用户坐标系，在此基础上，学习常用网格建模和曲面建模命令。

根据构造方法及其储存在计算机内的形式的不同，AutoCAD 的三维建模分为实体建模、曲面建模和网格建模。实体模型是具有质量、体积、重心和惯性矩等特性的封闭三维体；曲面模型是不具有质量或体积的薄抽壳；网格模型由使用多边形表示（包括三角形和四边形）来定义三维形状的顶点、边和面组成。实体、曲面和网格对象提供不同的功能，这些功能综合使用时可提供强大的三维建模工具套件。例如，可以将图元实体转换为网格，以使用网格锐化和平滑处理。然后，可以将模型转换为曲面，以使用关联性和 NURBS 建模。

在"三维建模"工作空间绘制三维图，需要决定是从哪个方向观察物体或采用怎样的参考坐标系。

5.1 三 维 视 点

三维模型是在计算机的模型空间建立的，模型空间可以对一个空间物体从不同的角度去观察和构造。三维视点是指用户在模型空间中观察的那个位置，也就是"眼睛"观看所在的位置。如果要从不同的方向观看三维模型的形状，就需要在不同的位置设置视点。下面具体介绍几种设置三维视点的方法。

5.1.1 利用"视图"面板

AutoCAD 为用户提供了 10 种标准视点，通过这些视点能获得三维模型的 10 种视图：俯视图、仰视图、左视图、右视图、主视图、后视图、西南等轴测视图、东南等轴测视图、东北等轴测视图、西北等轴测视图。单击如图 5-1 所示"常用"选项卡的"视图"面板中的下拉图标，可以快速设置视图。

在三维空间中工作时，经常要显示几个不同的视图，以便可以轻易地验证图形的三维效果。最常用的视点是等轴测视图，使用它可以减少视觉上重叠的对象的数目。

若按图 5-2（a）进行相交圆柱三维造型，由于系统默认的圆柱体是底面与当前 XY 坐标面平行，圆柱轴线方向为 Z 轴或平行 Z 轴方向，因此创建大圆柱后需旋转坐标系才能创建小圆柱，比较麻烦。若利用如图 1-28 所示的"视口"控制菜单或"视图"面板［见图 5-1（a）］创建四个相等的模型视口，且各视口中的视图设置如图 5-2（b）所示（主视、俯视、左视和西南等轴测图），由于主、俯视图中的坐标系不同，它们之间相当于绕 X 轴旋转了 90°，因此在俯视图中创建大圆柱后，进入主视图就能较容易地创建小圆柱（不需要旋转坐标系）。

5.1.2 利用 ViewCube 工具

ViewCube 工具是在二维模型空间或三维视觉样式中处理图形时显示的导航工具，如

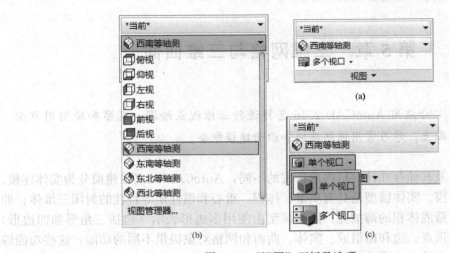

图 5-1　"视图"面板及选项
(a)"视图"面板；(b) 视口选项；(c) 视图选项

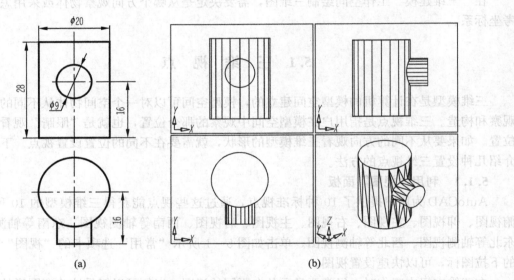

(a)　　　　　　　　　(b)

图 5-2　相交圆柱三维造型

图 5-3 所示。

　　ViewCube 工具是一种可单击、可拖动的常驻界面，用户可以用它在模型的标准视图和等轴测视图之间进行切换。ViewCube 工具显示后，将在窗口一角以不活动状态显示在模型上方。当 ViewCube 工具处于不活动状态时，默认情况下它显示为半透明状态，这样便不会遮挡模型的视图。将光标放置在 ViewCube 工具上后，ViewCube 将变为活动状态。当 ViewCube 工具处于活动状态时，它显示为不透明状态，并且可能会遮挡模型当前视图中对象的视图。ViewCube 工具在视图发生更改时可提供有关模型当前视点的直观反映。可以拖动或单击 ViewCube 来切换到可用预设视图之一、滚动当前视图或更改为模型的主视图。

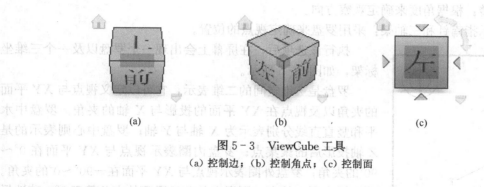

(a)　　　　　　　　　　(b)　　　　　　　　　　(c)

图 5-3　ViewCube 工具

（a）控制边；（b）控制角点；（c）控制面

显示或隐藏 ViewCube 工具的步骤：在命令提示下，输入 Options，然后按 Enter 键；或在菜单"工具"—"选项"对话框中的"三维建模"选项卡，在"显示 ViewCube"选项中选中（打√）或取消选中复选框。

在 ViewCube 工具上单击鼠标右键，然后单击"ViewCube 设置"，可以控制 ViewCube 工具的以下特性：位置、大小、UCS 菜单显示、默认方向、指南针显示。

5.1.3　利用 DDVPOINT 视点预设命令

利用 DDVPOINT 命令，用户可以设置相对于 WCS 坐标系及 UCS 坐标系设置所需的视点。单击菜单"视图"—"三维视图"—"视点预设"，或是在命令提示行中输入 DD-VPOINT，此时在屏幕上会出现一个"视点预设"对话框，如图 5-4 所示。

在"视点预设"对话框中，左边的正方形图表示视点在 XY 平面上的投影与 X 轴正方向的夹角，用户可以在正方形图下面的"自：X 轴"编辑框中输入角度值来定义夹角的大小。右边的半圆形图表示的是视点与 XY 平面的夹角，其设置方法与前相同。在默认状态下，系统选择的是"绝对于 WCS"项，表示所设定的两个观察角度都是相对于 WCS 坐标系，用户若是想要相对于 UCS 坐标系设定观察角度，就必须选择"相对于 UCS"项。

用户若想生成平面视图，单击"设置为平面视图"按钮，此时系统将"自：X 轴"编辑框中的值重新设定为 270，将"自：XY 平面"框中的值设定为 90（即视线的方向垂直于 XY 平面），这样就获得了 XY 平面内的平面视图。

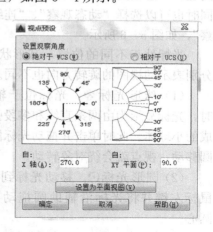

图 5-4　"视点预设"对话框

5.1.4　利用 VPOINT 视点命令

利用 VPOINT 命令，用户可以直接输入视点的 X、Y、Z 坐标或指定视线的角度来确定查看的方向。在命令提示行中输入 VPOINT，或是单击菜单"视图"—"三维视图"—"视点"。此时在命令提示行中显示：

命令：vpoint

指定视点或［旋转（R）］〈显示指南针和三轴架〉：

具体说明如下：

（1）指定视点：输入视点的坐标位置。

（2）旋转：根据角度来确定观察方向。

（3）显示指南针和三轴架：采用罗盘来确定视点的位置。

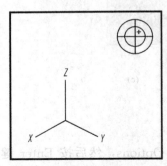

图 5-5　罗盘和三维坐标架

执行该选项后，在屏幕上会出现一个罗盘以及一个三维坐标架，如图 5-5 所示。

罗盘是三维空间的二维表示，它可以定义视点与 XY 平面的夹角以及视点在 XY 平面的投影与 X 轴的夹角。罗盘中水平和竖直直线分别表示为 X 轴与 Y 轴；罗盘中心则表示的是 Z 轴投影后的聚集点；罗盘内圈表示视点与 XY 平面在 $0°\sim90°$ 的夹角；罗盘外圈表示视点与 XY 平面在 $-90°\sim0°$ 的夹角。若选择内圈上的点，则视点与 XY 平面的夹角等于 $0°$；若选择外圈上的点，则视点在 Z 轴的反方向，且垂直于 XY 平面。

用户可利用鼠标移动罗盘内的十字光标，来改变三维坐标轴观察角度。将十字光标移动到适当位置后，再按 Enter 键，系统根据所设定的视点显示出 3D 视图。

5.1.5　利用三维动态观察器

用户可以利用三维动态观察器拖动三维空间任意操作对象来改变观察的方向。

单击绘图窗口右侧导航栏"动态观察"项，或是在命令提示行中输入 3DORBIT，激活交互式动态视图，即打开"自由动态观察"，同时也可以选择"动态观察"、"连续动态观察"，如图 5-6 所示。

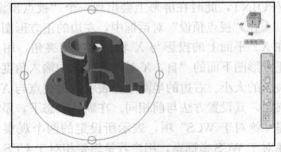

图 5-6　三维动态观察器

光标处于不同的位置，其形状也不同，分别表示的视图的旋转方向也不同。

（1）球形光标⊕。光标位于辅助圆内时，光标显示为由两条直线和多段弧线所围成的小球体。此时单击并拖动光标围绕辅助圆移动，视点就会绕对象转动。

（2）圆形光标⊙。移动光标到辅助圆外，光标显示为围绕小球体的圆形箭头，按住鼠标左键并将光标沿辅助圆拖动，就使 3D 视图旋转，旋转轴垂直于屏幕并通过辅助圆心。

（3）水平椭圆形光标⊕。当把光标移动到左侧或右侧的小圆上时，其形状就变为水平椭圆。单击并拖动鼠标使视图绕着一个铅垂轴线转动，此旋转轴经过辅助圆心。

（4）竖直椭圆光标⊖。将光标移动到顶部或底部的小圆上时，光标将显示为绕小球体的垂直椭圆。单击并拖动鼠标使视图绕着一个水平轴线转动，此旋转轴经过辅助圆心。

5.1.6　利用 PLAN 平面视图命令

在命令提示行中输入 PLAN，或是单击菜单"视图"—"三维视图"—"平面视图"。此时，在命令提示行中显示：

命令：plan

输入选项 ［当前 UCS（C）/UCS（U）/世界（W）］〈当前 UCS〉：

具体说明如下:

(1) 当前 UCS:创建当前 UCS 平面内的视图。

(2) UCS:允许用户选择一个命名的 UCS。

(3) 世界:使用用户创建 WCS 平面内的视图。

★注意:因为图纸空间的视图是平面视图,所以不能在图纸空间使用"视点预置"、"视点"、"平面视图"等命令。

5.2 用户坐标系 UCS

在三维绘图中根据需要使用 UCS 系统,可以方便地建立三维模型。AutoCAD 提供了多种方法来创建、设置 UCS。"坐标"面板如图 5-7 所示。

图 5-7 "坐标"面板

5.2.1 UCS 的定义

单击"坐标"面板上的图标■,或在菜单"工具"—"新建 UCS"中选择相应项,或在命令行键入 UCS 命令并选择"New"选项都可以定义 UCS。系统提示如下:

命令:ucs

当前 UCS 名称:＊世界＊

指定 UCS 的原点或 [面 (F)/命名 (NA)/对象 (OB)/上一个 (P)/视图 (V)/世界 (W)/X/Y/Z/Z 轴 (ZA)]〈世界〉:n　　　　　(输入 n,按 Enter 键)

指定新 UCS 的原点或 [Z 轴 (ZA)/三点 (3)/对象 (OB)/面 (F)/视图 (V)/X/Y/Z]〈0,0,0〉:

用户可通过各种选项来使用不同的方法定义 UCS,具体说明如下:

(1) 原点:指定 UCS 的原点,并保持其当前的 X、Y 和 Z 轴方向不变,从而定义新的 UCS。

(2) Z 轴 (ZA):用指定的 Z 轴正半轴定义 UCS。Z 轴正半轴是通过指定新原点和 Z 轴正半轴上的任一点来确定的。

(3) 三点 (3):通过指定的三点定义 UCS。第一点指定新 UCS 的原点,第二点定义 X 轴的正方向,第三点定义 Y 轴的正方向。Z 轴由右手定则确定。

(4) 对象 (OB):根据选定三维对象定义新的坐标系。新 UCS 的 Z 轴正方向与选定对象的一样。

(5) 面 (F):将 UCS 与选定实体对象的面对正。要选择一个面,在此面的边界内或面的边界上单击即可,被选中的面将高亮显示。UCS 的 X 轴将与找到的第一个面上的最近的边对正。

(6) 视图 (V):以垂直于视图方向(平行于屏幕)的平面为 XY 平面,来建立新的坐标系。UCS 原点保持不变。

(7) X/Y/Z:指定绕 X、Y 或 Z 轴的旋转角度来得到新的 UCS。

5.2.2 UCS 的设置

单击"坐标"面板上图标■或菜单"工具"—"命名 UCS"命令,可以在出现的

"UCS"对话框对 UCS 进行各种设置，如图 5-8 所示。

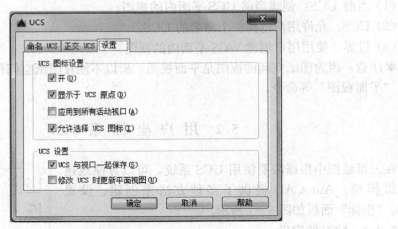

图 5-8   "UCS"对话框

（1）"命名 UCS"选项卡中的选项"上一个"是恢复上一个 UCS。AutoCAD 中保存了在图纸空间中创建的最后 1 个坐标系和在模型空间中创建的最后 10 个坐标系。

（2）"正交 UCS"选项卡中的选项是由用户指定 AutoCAD 提供的六个正交 UCS 中的一个，这六个正交的 UCS 分别为"俯视（T）"、"仰视（B）"、"主视（F）"、"后视（BA）"、"左视（L）"和"右视（R）"。深度是指定正交 UCS 的 XY 平面与通过 UCS（由 UCSBASE 系统变量指定）的原点的平行平面之间的距离

5.2.3   "坐标"面板上各图标的含义

（1）：分别是绕 X、Y、Z 轴旋转用户坐标系。

（2）：恢复上一个用户坐标系。

（3）：通过移动原点定义新的用户坐标系。

（4）：将用户坐标系与指定的 Z 轴正向对齐。

（5）：使用三个点定义新的用户坐标。

（6）：将用户坐标系的 XY 平面与屏幕对齐。

（7）：将用户坐标系与选定对象对齐。

（8）：将用户坐标系与三维实体上的面对齐。

（9）：将当前的用户坐标系设置为世界坐标系。

5.3   设 置 对 象 厚 度

在 AutoCAD 中，系统会自动地为每个对象赋予一个厚度值。对象厚度是对象向上或向下被拉伸的距离。正的厚度表示向上（Z 正轴）拉伸，负的厚度则表示向下（Z 负轴）拉伸，0 厚度表示不拉伸。在以前所绘制的二维对象，其默认厚度均为零。如果将其厚度改为一个非 0 的数值，则该二维对象将沿 Z 轴方向被拉伸成为三维对象。某些几何对象，如圆、直线、多段线、圆弧、二维实面、文字（仅包含使用 SHX 字体创建为单行文字的对象）和点等，其厚度可改变；而三维面、三维多段线、三维多边形网格、文本、属性、标注、视口

等对象，不能有厚度，也不能被拉伸。

可调用 elev 命令来指定默认的厚度值，为此后所创建的对象赋予一定的厚度。对于已有的对象，可以在"特性"管理窗口中修改"厚度"项的取值来改变指定对象的厚度。

5.4　三　维　网　格

从 AutoCAD 2010 开始，用户可以通过 3D 命令来创建预定义的三维网格图元，这些三维网格图元包括长方体、楔体、圆锥体、球体、圆柱体、圆环体和棱锥体。然后，可以通过应用锐化、分割以及增加平滑度这些不适用于三维实体或曲面的方法来修改网格模型，还可以拖动网格子对象（面、边和顶点）使对象变形。使用网格模型可提供隐藏、着色和渲染实体模型的功能，但网格没有质量、惯性矩等物理特性，可以方便快速建模和设计。

单击"网格"选项卡中的"图元"面板上相应图标（见图 5-9），或在菜单"绘图"—"建模"—"网格"—"图元"选项中选择相应项，即可以在 AutoCAD 三维空间中创建网格。

图 5-9　"网格"选项卡

5.4.1　三维网格图元

画三维图要先设置等轴测视图。单击"视图"面板上图标，或菜单"视图"—"三维视图"—"东南等轴测"命令，当前视口设置为东南等轴测视图（也可设置其他等轴测视图）。

1. 创建网格长方体

在 AutoCAD 中调用创建网格长方体命令：单击"平滑网格图元"工具栏上快捷图标，或单击菜单"绘图"—"建模"—"网格"—"图元"—"长方体"，或键入命令 Mesh，在弹出选项中选择长方体。命令行提示：

命令：_mesh

当前平滑度设置为：0

输入选项 [长方体（B）/圆锥体（C）/圆柱体（CY）/棱锥体（P）/球体（S）/楔体（W）/圆环体（T）/设置（SE）]〈长方体〉：_box

指定第一个角点或 [中心（C）]：0，0，0 [输入第一个角点坐标（0，0，0），按 Enter 键]

指定其他角点或 [立方体（C）/长度（L）]：@80，100，60

[输入其他角点坐标（80，100，60），按 Enter 键]

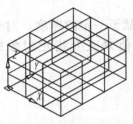

图 5-10　网格长方体

创建好的网格长方体如图 5-10 所示。若要创建立方体，可在上行选项中选择 C，然后按提示指定长度，按 Enter 键，即创建好立方体。

2. 创建网格圆锥体

在 AutoCAD 中调用创建网格圆锥体命令：单击“图元”面板上网格圆锥体图标 ⚠，或单击菜单“绘图”—“建模”—“网格”—“图元”—“圆锥体”，或键入命令 Mesh，在弹出选项中选择圆锥体。命令行提示：

命令：_mesh

当前平滑度设置为：0

输入选项［长方体（B）/圆锥体（C）/圆柱体（CY）/棱锥体（P）/球体（S）/楔体（W）/圆环体（T）/设置（SE）]〈长方体〉：_cone

指定底面的中心点或［三点（3P）/两点（2P）/切点、切点、半径（T）/椭圆（E）]：
（在三维空间中单击指定一点作为中心点）

指定底面半径或［直径（D）]：50　　　　（输入底面半径值 50，按 Enter 键）

指定高度或［两点（2P）/轴端点（A）/顶面半径（T）]〈60.0000〉：100

（输入高度值 100，按 Enter 键）

创建好的网格圆锥体如图 5-11 所示。

可以用特性管理器设置网格图元的平滑度。平滑度分为 4 级，如图 5-12 所示。

其他预定义三维网格图元的创建方法与网格长方体或网格圆锥体相同。

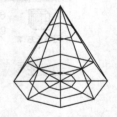

图 5-11　网格圆锥体

5.4.2　其他对象创建三维网格

在 AutoCAD 2016 中，除可以直接生成的基本网格图元外，还可以自由创建一些特殊的三维网格。

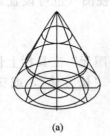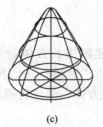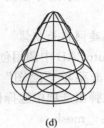

(a)　　　　　　　(b)　　　　　　　(c)　　　　　　　(d)

图 5-12　网格图元的平滑度级别
(a) 级别 1；(b) 级别 2；(c) 级别 3；(d) 级别 4

1. 创建旋转网格

“旋转曲面网格”命令是通过将路径曲线绕选定的轴旋转构造一个旋转曲面的多边形网格。在使用该命令前必须先创建路径曲线（或剖面）及旋转轴。

★注意：旋转轴必须是直线、二维多段线或三维多段线，若选择多段线作为旋转轴，则实际的旋转轴并不是全部多段线，而是多段线的首尾点连线。

现在使用"旋转网格"命令绘制一旋转网格。首先利用"多段线"命令绘制旋转网格的轮廓。可单击"绘图"面板上的"多段线"图标。命令行提示：

命令：_pline

指定起点：（在屏幕上用鼠标任意指定一点）

当前线宽为 0.0000

指定下一个点或［圆弧（A）/半宽（H）/长度（L）/放弃（U）/宽度（W）］：@0，20

指定下一点或［圆弧（A）/闭合（C）/半宽（H）/长度（L）/放弃（U）/宽度（W）］：@5，0

指定下一点或［圆弧（A）/闭合（C）/半宽（H）/长度（L）/放弃（U）/宽度（W）］：@0，－15

指定下一点或［圆弧（A）/闭合（C）/半宽（H）/长度（L）/放弃（U）/宽度（W）］：@15，0

指定下一点或［圆弧（A）/闭合（C）/半宽（H）/长度（L）/放弃（U）/宽度（W）］：@0，15

指定下一点或［圆弧（A）/闭合（C）/半宽（H）/长度（L）/放弃（U）/宽度（W）］：@5，0

指定下一点或［圆弧（A）/闭合（C）/半宽（H）/长度（L）/放弃（U）/宽度（W）］：@0，－20

指定下一点或［圆弧（A）/闭合（C）/半宽（H）/长度（L）/放弃（U）/宽度（W）］：c（输入 C 闭合多段线）

通过以上步骤，得到绘制结果如图 5-13（a）所示。

再利用"Line"直线命令绘制旋转轴。系统显示信息如下：

命令：line

LINE 指定第一点：@－30，0（按住 shift 键和鼠标右键，选择临时追踪点为左下角点，再输入相对坐标 @－30，0）

指定下一点或［放弃（U）］：@0，20　（确定旋转轴）

指定下一点或［放弃（U）］：（按 Enter 键退出）

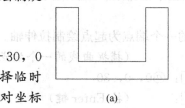

(a)

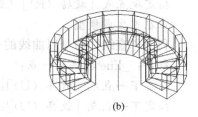

(b)

图 5-13　旋转网格
(a) 轮廓线；(b) 所得的旋转网格

AutoCAD 将曲线的旋转方向称为 M 向，旋转所围绕的轴线方向称为 N 向。这两个方向的网格密度是通过"Surftab1"和"Surftab2"两个系统变量来确定的。可以改变这两个系统变量。

命令：surftab1

输入 SURFTAB1 的新值〈6〉：20　（输入新值）

命令：surftab2

输入 SURFTAB2 的新值〈6〉：20　（输入新值）

单击"图元"面板上"旋转网格"图标⊕，或菜单"绘图"—"建模"—"网格"—"旋转网格"命令，或直接键入命令 Revsurf 后按 Enter 键。命令行提示：

命令：_revsurf

当前线框密度：SURFTAB1＝20 SURFTAB2＝20

选择要旋转的对象：　　　　　　　（选中需要旋转的轮廓线）

选择定义旋转轴的对象：　　　　　（选择旋转轴）

指定起点角度〈0〉：　　　　　　　（指定起始角度）

指定包含角（＋＝逆时针，－＝顺时针）〈360〉：270　　（指定包含角）

单击菜单"视图"—"动态观察"—"自由动态观察器"，调整视图到适当位置，结果如图 5 - 13（b）所示。

2. 创建平移网格

平移网格命令可以将路径曲线沿着某个方向矢量进行平移而形成网格，组成的网格面的数目由系统变量 SURFTAB1 控制。其中，路径曲线可以是直线、圆弧、圆、椭圆、椭圆弧、二维多段线、三维多段线或样条曲线，方向矢量可以是直线或非闭合的二维或三维多段线。在使用该命令前，必须先绘制好路径曲线和方向矢量。

现在利用"平移网格"命令绘制飞舞的飘带。

先利用"样条曲线"命令绘制曲线。打开"栅格"和"捕捉"，单击"绘图"面板上图标～，按命令行提示依次拾取样条曲线上各点，得到如图 5 - 14 所示图形。

图 5 - 14　绘制曲线

关闭"栅格"，利用"视点"命令设置视点。

命令：vpoint

当前视图方向：VIEWDIR＝0.0000，0.0000，1.0000

指定视点或［旋转（R）］〈显示坐标球和三轴架〉：1，1，1　　（输入新的视点）

正在重生成模型

利用"直线"命令以曲线的一个端点为起点绘制拉伸轴。

命令：_line 指定第一点：　　　　　（捕捉曲线的一个端点）

指定下一点或［放弃（U）］：@0，0，30

指定下一点或［放弃（U）］：　　　（按 Enter 键）

得到的图形如图 5 - 15（a）所示。

设置"Surftab1"变量的值为 30。

命令：surftab1

输入 SURFTAB1 的新值〈6〉：30　（输入新值）

单击"图元"面板上"平移网格"图标⬚，或单击菜单"绘图"—"建模"—"网格"—"平移网格"命令。

命令：_tabsurf

当前线框密度：SURFTAB1＝30

选择用作轮廓曲线的对象：　　　　　（指定曲线作为轮廓曲线）

选择用作方向矢量的对象：　　　　　（指定直线作为方向矢量）

依次确定这两个对象之后，即可生成平移网格，如图 5 - 15（b）所示。

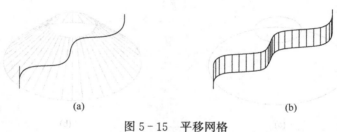

图 5-15　平移网格

(a) 绘制轴线；(b) 飘带图形

3. 创建直纹网格

直纹网格命令可以在两个对象之间创建曲面网格，这两个对象可以是直线、点、圆弧、圆、椭圆、椭圆弧、二维多段线、三维多段线或样条曲线等，而且这两个对象必须同时为闭合或非闭合。组成直纹网格的网格面数目由系统变量 SURFTAB1 控制。

现在使用"直纹网格"命令绘制圆台侧面。

先用"圆"命令绘制底面的圆。用鼠标确定圆心位置，并指定圆的半径为 30。然后利用"视点"命令设置视点。

命令：vpoint

当前视图方向：VIEWDIR＝0.0000，0.0000，1.0000

指定视点或［旋转（R）］〈显示坐标球和三轴架〉：1，1，1　　　（输入新的视点）

正在重生成模型

再选择"圆"命令，按提示输入相对坐标，画出顶面圆。

命令：_circle

指定圆的圆心或［三点（3P）/两点（2P）/相切、相切、半径（T）］：tt　　　（按 Enter 键）

指定临时对象追踪点：　　　　　　（捕捉底面圆心）

指定圆的圆心或［三点（3P）/两点（2P）/相切、相切、半径（T）］：@0，0，20

指定圆的半径或［直径（D）〈30.0000〉：10　　　　　　（按 Enter 键）

得到的图形如图 5-16（a）所示。

设置"surftab1"变量的值为 40。

命令：surftab1

输入 SURFTAB1 的新值〈6〉：40

再利用"直纹网格"命令创建直纹网格，单击"图元"面板上"直纹网格"图标。

命令：_rulesurf

当前线框密度：SURFTAB1＝40

选择第一条定义曲线：

选择第二条定义曲线：

依次指定创建网格的两个对象，即可得到圆台侧面图形，如图 5-16（b）所示。

4. 创建边界网格

边界定义曲面命令用于在指定的四条边界之间创建网格。边界可以是圆弧、直线、多段线、样条曲线和椭圆弧，但必须在两两之间具有公共端点而形成闭合环。边界定义网格能够灵活地根据用户的要求绘制各种不规则网格表面。该命令的调用方式：单击"图元"面板上

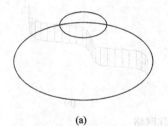 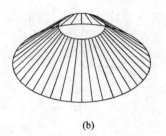

（a）   （b）

图 5-16   直纹网格

（a）创建曲面的线条；（b）得到圆台侧面

"边界网格"图标 或菜单"绘图"—"建模"—"网格"—"边界网格"命令，或键入
Edgesurf 命令。

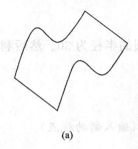 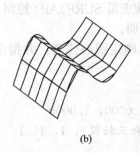

调用该命令后，系统将分别提示用户
选择四条边界，然后系统将自动在指定的
四条边界之间绘制曲面网格。

现在绘制如图 5-17（b）所示空间曲
面。先绘制图 5-17（a）中四条边界，单
击"绘图"面板上图标 ，依次拾取样条
曲线上各点，然后复制并平移，再用直线
将其端点连接，得到如图 5-17（a）所示
图形。再启动 Edgesurf 命令，命令行
提示：

（a）   （b）

图 5-17   边界网格

（a）绘制边界；（b）生成网格

命令：Edgesurf

当前线框密度：SURFTAB1＝6 SURFTAB2＝6

选择用作曲面边界的对象 1：   （单击并依次选择四条边界）

选择用作曲面边界的对象 2：

选择用作曲面边界的对象 3：

选择用作曲面边界的对象 4：

★注意：因为图纸空间的视图是平面视图，所以不能在图纸空间使用"视点预置"。用
户选择四条边界可使用任何次序，其中第一条边将决定创建网格的 M 方向，该方向是从与
选中点最近的端点延伸到另一端，与第一条边相接的两条边形成了网格的 N 边。系统变量
SURFTAB1 和 SURFTAB2 分别控制着网格在 M 方向和 N 方向上的网格数。

5．传统三维网格

传统三维网格命令用矩阵来定义一个多边形网格，该矩阵大小由 M 向和 N 向网格数所
决定。键入命令 3Dmesh 创建三维网格。用户可通过在屏幕上拾取点或输入点坐标（绝对或
相对）的方式来指定网格顶点。顶点的行、列编号均从 0 开始，最大数值为 256。

例如绘制共有 12（3×4）个顶点的网格，启动 3Dmesh 命令，命令行提示：

命令：_3dmesh

输入 M 方向上的网格数量：3   （输入 M 方向上的网格顶点数量）

输入 N 方向上的网格数量：4   （输入 N 方向上的网格顶点数量）

指定顶点（0，0）的位置：　　　　　［输入顶点（0，0）的坐标］

指定顶点（0，1）的位置：　　　　　［输入顶点（0，1）的坐标］

指定顶点（0，2）的位置：　　　　　［输入顶点（0，2）的坐标］

指定顶点（0，3）的位置：　　　　　［输入顶点（0，3）的坐标］

指定顶点（1，0）的位置：　　　　　［输入顶点（1，0）的坐标］

指定顶点（1，1）的位置：　　　　　［输入顶点（1，1）的坐标］

指定顶点（1，2）的位置：　　　　　［输入顶点（1，2）的坐标］

指定顶点（1，3）的位置：　　　　　［输入顶点（1，3）的坐标］

指定顶点（2，0）的位置：　　　　　［输入顶点（2，0）的坐标］

指定顶点（2，1）的位置：　　　　　［输入顶点（2，1）的坐标］

指定顶点（2，2）的位置：　　　　　［输入顶点（2，2）的坐标］

指定顶点（2，3）的位置：　　　　　［输入顶点（2，3）的位置］

绘制结果如图 5-18 所示。

三维网格通常在 M 和 N 两个方向上都是开放的，可以通过 Pedit 命令闭合此网格。

5.4.3　传统三维面

传统三维面可以是三维空间中的任意位置上的三边或四边表面，形成三维面的每个顶点都是三维点。单击菜单"绘图"—"建模"—"网格"—"三维面"，或键入命令 3Dface（或 3f），可调用该命令。调用该命令后，系统首先提示用户指定三维面的第 1～3 点。

如果用户在指定某点之前选择了"不可见（I）"项，则该点与下一点之间的连线将不可见。如果用户在指定第 3 点时选择"退出"项，则结束该命令，否则将提示用户指定第 4 点。系统将根据用户指定的四个点创建一个三维面对象。需要说明的是，这四个点可以不在一个平面上，因此生成的三维面并不一定是平面。接下来系统交替提示用户指定第 3、第 4 点，依次连续地生成多个三维面对象。如果用户在指定第 4 点时，选择"创建三侧面"选项，则系统将根据前三点来生成一个三维面。

例如，用户利用该命令连续指定 8 个点将创建 3 个三维面对象，如图 5-19（a）所示；而如果在指定第 3 点和第 5 点时选择"不可见"项，将不显示 3—4 和 5—6 之间的连线，如图 5-19（b）所示。三维面可以组合成复杂的三维曲面。

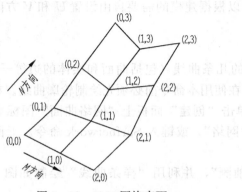

图 5-18　3×4 网格表面

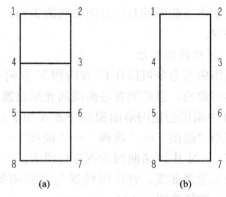

(a)　　　　　　　(b)

图 5-19　创建三维面

5.5　三　维　曲　面

在 AutoCAD 2016 版本中，曲面图元和网格图元是两种不同的建模方式，分别由不同的模型表示：网格图元由线组成，而曲面图元则由面组成。这使得曲面模型和网格模型有了本质上的区别，但是曲面模型和网格模型一样，没有体的信息，不能进行布尔运算，在 Auto-CAD 中可以互相转换。

AutoCAD 提供了三种类型的曲面：解析曲面、基本曲面和 NURBS 曲面。通过曲面建模，可以将多个曲面作为一个关联组或者以一种更自由的形式进行编辑。解析曲面、基本曲面可以是关联曲面，即保持与其他对象间的关系，以便可以将它们作为一个组进行处理。AutoCAD 2016 新增创建 NURBS 曲面功能，NURBS 曲面不是关联曲面。这种曲面类型具有控制点，这些控制点允许用户以造型物理模型的方式来"造型"对象。NURBS 曲面以 Bezier 曲线（或称平滑曲线）为基础，这使得它们成为创建如汽车和船只等有曲面对象的理想工具。

可以使用某些用于实体模型的相同工具来创建曲面模型，如扫掠、放样、拉伸和旋转。还可以通过对其他曲面进行过渡、修补、偏移、创建圆角和延伸来创建新曲面。曲面模型在没有着色渲染时，是以线框形式显示的。

在 AutoCAD 中，用如图 5-20 所示的"曲面"选项卡中"创建"面板上的相应图标可以生成各种三维曲面。

图 5-20　"曲面"选项卡

5.5.1　基本曲面创建

在曲面建模中通常人为地分出 U 和 V 两个方向：U 方向称为行，V 方向称为列。曲面也因此可以看作 U 方向为轨迹引导线对很多 V 方向的截面线做的一个扫描。我们可以通过网格显示来看曲面的 UV 方向曲线的走向；可以根据建模的需要自由设置 U 和 V 方向上的轨迹路线。

1. 创建网络曲面

网络曲面命令可以在 U 方向和 V 方向上的几条曲线（包括曲面和实体的边等子对象）之间创建曲面，且曲面在各曲线间光滑过渡。在使用本命令前必须先绘制轮廓曲线。在 AutoCAD 中调用创建网络曲面命令方式如下：单击"创建"面板上"网络曲面"图标 ◎，或单击菜单"绘图"—"建模"—"曲面"—"网络"，或键入 Surfnetwork 命令。下面将以创建图 5-21 中网络曲面为例进行说明。

绘制轮廓曲线：将视图转换为"西南等轴测"，并利用"样条曲线"绘制如图 5-21（a）所示的轮廓线。

输入 Surfnetwork 命令，命令行提示：

命令：_surfnetwork

沿第一个方向选择曲线或曲面边：找到 1 个；　　　　　　　（单击选取 U 方向第一根线）

沿第一个方向选择曲线或曲面边：找到 1 个，总计 2 个；　　（单击选取 U 方向第二根线）

沿第一个方向选择曲线或曲面边：找到 1 个，总计 3 个；　　（单击选取 U 方向第三根线）

沿第一个方向选择曲线或曲面边：　　　　　　　　　　　　　（按 Enter 键）

沿第二个方向选择曲线或曲面边：找到 1 个；　　　　　　　（单击选取 V 方向第一根线）

沿第二个方向选择曲线或曲面边：找到 1 个，总计 2 个；　　（单击选取 V 方向第二根线）

沿第二个方向选择曲线或曲面边：找到 1 个，总计 3 个；　　（单击选取 V 方向第三根线）

沿第二个方向选择曲线或曲面边：　　　　　　　　　　　　　（按 Enter 键）

生成曲面如图 5-21 (b) 所示，视觉效果图如图 5-21 (c) 所示。

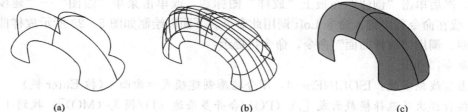

图 5-21　网络曲面

(a) 轮廓线；(b) 生成曲面；(c) 视觉效果图

2. 创建平面曲面

"平面曲面"命令可以通过选择工作平面上闭合轮廓或矩形表面的对角点创建平行于工作平面的曲面，默认形式为创建矩形平面曲面，选择"对象"子命令则转换为选取轮廓对象并按指定轮廓生成平面曲面。有效的闭合轮廓对象包括直线、圆、圆弧、二维多段线、三维多段线。输入 Surfu 或 Surfv 命令可以控制修改曲面在 U、V 两个方向上显示的行数。调用"平面曲面"命令方法如下：单击"创建"面板上的"平面曲面"图标，或单击菜单"绘图"—"建模"—"曲面"—"平面"，或输入 Planesurf 命令。

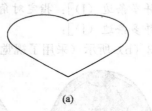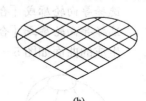

图 5-22　平面曲面

(a) 闭合轮廓；(b) 生成曲面

以绘制如图 5-22 所示平面曲面为例，先绘制如图 5-22 (a) 所示闭合轮廓，然后启动"平面曲面"命令，命令行提示：

命令：_planesurf

指定第一个角点或 [对象 (O)] 〈对象〉：o　　　（输入 O 并按 Enter 键）

选择对象：找到 1 个；　　　　　　　　　　（选择第一条曲线）

选择对象：找到 1 个，总计 2 个；　　　　　（选择第二条曲线）

选择对象：找到 1 个，总计 3 个；　　　　　（选择第三条曲线）

选择对象：找到 1 个，总计 4 个；　　　　　（选择第四条曲线）

选择对象：　　　　　　　　　　　　　　　　（按 Enter 键）

生成曲面如图 5-22 (b) 所示。

5.5.2 使用工具创建曲面

1. 创建放样曲面

通过"放样曲面"命令可以在指定的两个或两个以上的曲线或实体的边作为横截面，并在此基础上创建曲面或实体，通过指定路径或导向曲线可以控制横截面间曲面的形状。使用本命令时横截面只能是以下三种情况：

（1）都是开放曲线。

（2）都是闭合的轮廓。

（3）点（仅作为第一个和最后一个横截面）和闭合轮廓。

只有在第二种和第三种情况下才能生成实体。可以作为横截面的对象有二维多段线、二维样条曲线、直线、圆、圆弧、点、平面或非平面曲面。使用"放样"命令前必须先绘制横截面，然后单击"创建"面板上"放样"图标，或单击菜单"绘图"—"建模"—"放样"，或在命令行中键入命令 Loft 调用此命令。下面以绘制如图 5-23 所示放样曲面为例进行说明。调用"放样曲面"命令，命令行提示：

命令：_loft

当前线框密度：ISOLINES＝4，闭合轮廓创建模式＝曲面　（按 Enter 键）

按放样次序选择横截面或［点（PO）/合并多条边（J）/模式（MO）］：找到 1 个
（选择上横截面）

按放样次序选择横截面或［点（PO）/合并多条边（J）/模式（MO）］：找到 1 个，总计 2 个
（选择下横截面）

按放样次序选择横截面或［点（PO）/合并多条边（J）/模式（MO）］：　（按 Enter 键）

选中了 2 个横截面

输入选项［导向（G）/路径（P）/仅横截面（C）/设置（S）］〈仅横截面〉：g
（输入 G 选择导向曲线模式）

选择导向轮廓或［合并多条边（J）］：指定对角点：找到 6 个　（选择导向曲线）

选择导向轮廓或［合并多条边（J）］：　（按 Enter 键）

生成的曲面如图 5-23（b）所示（采用了视觉效果图）。

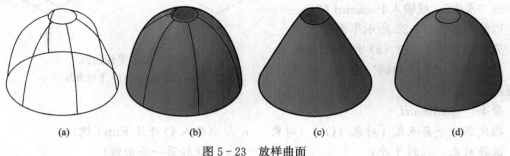

图 5-23　放样曲面

★注意："放样曲面"命令有多种子命令可供用户选择。在上例中，如果不选择导向曲线而选择直接生成放样曲面的话，则所生成曲面如图 5-23（c）所示。在输入"放样曲面"命令后输入 MO 子命令，在模式中选择"实体"命令 SO，则生成如图 5-23（d）所示实体。

2．创建拉伸曲面

可以拉伸开放或闭合的对象以创建三维曲面（常规曲面或 NURBS 曲面）。

拉伸高度如果输入正值，将沿对象所在坐标系的 Z 轴正方向拉伸对象；如果输入负值，将沿 Z 轴负方向拉伸对象。对象不必平行于同一平面。如果所有对象均处于同一平面上，将沿该平面的法线方向拉伸对象。默认情况下，沿对象的法线方向拉伸平面对象。

如果指定了基于选定对象的拉伸路径，路径将移动到轮廓的质心，然后沿选定路径拉伸选定对象的轮廓以创建曲面。

可以拉伸并作为拉伸路径的对象有直线、圆、圆弧、椭圆（弧）、二维（三维）多段线、二维（三维）样条曲线等。使用"拉伸"命令前必须先绘制拉伸对象，然后单击"创建"面板上的"拉伸"图标，或单击菜单"绘图"—"建模"—"拉伸"，或在命令行中键入命令 Extrude。如图 5 - 24（a）所示，先画好要拉伸的曲线。调用"拉伸曲面"命令，命令行提示：

命令：_extrude

当前线框密度：ISOLINES＝4，闭合轮廓创建模式＝曲面

选择要拉伸的对象或［模式（MO）］：_mo 闭合轮廓创建模式［实体（SO）/曲面（SU）］〈实体〉：_su

选择要拉伸的对象或［模式（MO）］：找到 1 个

选择要拉伸的对象或［模式（MO）］：　　　　（按 Enter 键）

指定拉伸的高度或［方向（D）/路径（P）/倾斜角（T）/表达式（E）］〈60.0000〉：20

（输入拉伸的高度 20，按 Enter 键）

画好的拉伸曲面如图 5 - 24（b）所示（采用了视觉效果图），没有封闭的曲线如图 5 - 24（c）所示，拉伸后的曲面如图 5 - 24（d）所示。

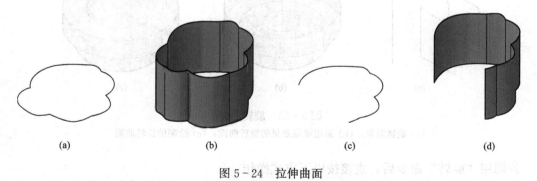

图 5 - 24　拉伸曲面

（a）要拉伸的曲线；（b）画好的拉伸曲面；（c）没有封闭的曲线；（d）拉伸后的曲面

3．创建旋转曲面

"旋转曲面"命令可以通过绕指定轴线旋转一定角度扫掠所选择的对象创建三维曲面或者实体。可以用作旋转的对象有曲面、实体边、直线、多段线、样条曲线、圆弧、面域。不能旋转包含在块中的对象和旋转中将要发生自交的对象，旋转轴和旋转对象所在平面不能垂直。调用此命令可以单击"创建"面板上"旋转"图标，或单击菜

单"绘图"—"建模"—"旋转"，或在命令行中键入命令 Revolve。以图 5 - 25 （a）中面域为旋转对象，直线为轴，使用"旋转曲面"命令，选择旋转面域或面域上部分边子单位。命令行提示：

命令：revolve

当前线框密度：ISOLINES=4，闭合轮廓创建模式＝曲面

选择要旋转的对象或 ［模式（MO）]：_mo 闭合轮廓创建模式 ［实体（SO)/曲面（SU)] 〈实体〉：_su

选择要旋转的对象或 ［模式（MO)]：找到 1 个　　（按住 Ctrl 键并点击选择第一条直线）

选择要旋转的对象或 ［模式（MO)]：找到 2 个　　（按住 Ctrl 键并点击选择第二条直线）

选择要旋转的对象或 ［模式（MO)]：找到 3 个　　（按住 Ctrl 键并点击选择第三条直线）

选择要旋转的对象或 ［模式（MO)]：找到 4 个　　（按住 Ctrl 键并点击选择第四条直线）

选择要旋转的对象或 ［模式（MO)]：找到 5 个　　（按住 Ctrl 键并点击选择第五条直线）

为表达清楚，不选择该多边形面域顶部直线及曲线部分。

选择要旋转的对象或 ［模式（MO)]：　　　　　（按 Enter 键）

指定轴起点或根据以下选项之一定义轴 ［对象（O)/X/Y/Z] 〈对象〉：
　　　　　　　　　　　　　　　　　　　　　（单击选择轴线端点）

指定轴端点：　　　　　　　　　　　　　　　（单击选择轴线另一端点）

指定旋转角度或 ［起点角度（ST)/反转（R)/表达式（EX)] 〈360〉：360
　　　　　　　　　　　　　　　　　　　　　（输入旋转角度并按 Enter 键）

绘制的旋转曲面如图 5 - 25 （b）所示（采用了视觉效果图）。

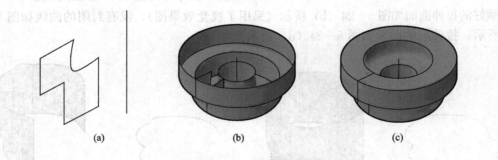

图 5 - 25 　旋转曲面
(a) 旋转对象；(b) 采用视觉效果的旋转曲面；(c) 绘制的旋转曲面

若调用"旋转"命令后，直接按以下方式操作：

命令：revolve

当前线框密度：ISOLINES=4，闭合轮廓创建模式＝曲面

选择要旋转的对象或 ［模式（MO)]：_mo 闭合轮廓创建模式 ［实体（SO)/曲面（SU)] 〈实体〉：_su

选择要旋转的对象或 ［模式（MO)]：找到 1 个；　　（选择面域）

选择要旋转的对象或 ［模式（MO)]：　　　　　　（按 Enter 键）

指定轴起点或根据以下选项之一定义轴 ［对象（O)/X/Y/Z] 〈对象〉：

　　　　　　　　　　　　　　　　　　　　　（单击选择轴线端点）

指定轴端点：　　　　　　　　　　　　　（单击选择轴线另一端点）

指定旋转角度或 ［起点角度 (ST)/反转 (R)/表达式 (EX)]〈360〉：360

　　　　　　　　　　　　　　　　　　（输入旋转角度并按 Enter 键）

绘制的旋转曲面如图 5－25 (c) 所示。

4. 创建扫掠曲面

"扫掠曲面"命令通过沿指定路径扫掠对象创建曲面或实体。可以用作扫掠的对象有二维曲线、圆、面域、三维实体面子对象等。例如以图 5－26 (a) 中圆为扫掠对象，样条曲线为扫掠路径，单击"创建"面板上的"扫掠"图标⬚，或单击菜单"绘图"—"建模"—"扫掠"，或在命令行中键入命令 Sweep 调用此命令。命令行提示：

　　命令：_sweep

　　当前线框密度：ISOLINES＝4，闭合轮廓创建模式＝实体

　　选择要扫掠的对象或 ［模式 (MO)]：_mo 闭合轮廓创建模式 ［实体 (SO)/曲面 (SU)]〈实体〉：_su

以上系统设置默认扫掠生成曲面。输入"实体"命令 SO 并按 Enter 键，则会扫掠生成实体。系统继续提示：

　　选择要扫掠的对象或 ［模式 (MO)]：找到 1 个

　　选择要扫掠的对象或 ［模式 (MO)]：　　　（按 Enter 键确定）

　　选择扫掠路径或 ［对齐 (A)/基点 (B)/比例 (S)/扭曲 (T)]：

　　　　　　　　　　　　　（单击选择样条曲线对象并按 Enter 键）

画好的扫掠曲面如图 5－26 (b) 所示（采用了视觉效果图）。

若在系统继续提示时，选择模式 (MO)，则系统会提示采用"闭合轮廓创建模式"创建。闭合轮廓才有可能生成实体。命令行提示：

　　选择要扫掠的对象或 ［模式 (MO)]：mo

　　　　（输入 MO 并按 Enter 键）

　　闭合轮廓创建模式 ［实体 (SO)/曲面 (SU)]
〈实体〉：　　（按 Enter 键）

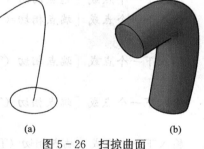

(a)　　　　　　　　　(b)

图 5－26　扫掠曲面

(a) 扫掠对象；(b) 画好的扫掠曲面

　　选择要扫掠的对象或 ［模式 (MO)]：找到 1 个
（单击选择圆对象）

　　选择要扫掠的对象或 ［模式 (MO)]：　　（按 Enter 键确定）

　　选择扫掠路径或 ［对齐 (A)/基点 (B)/比例 (S)/扭曲 (T)]：

　　　　　　　（单击选择样条曲线对象并按 Enter 键）

此时系统选择生成实体。

5.5.3　网格转换成曲面

选择网格，单击"网格"选项卡中的"转换网格"面板上的"转换为曲面"图标⬚，或菜单"修改"—"网格编辑"—"转换为平滑曲面"命令，或在命令行中键入 CONVTOSURFACE 调用此命令，可以将网格转换为曲面，如图 5－27 所示。

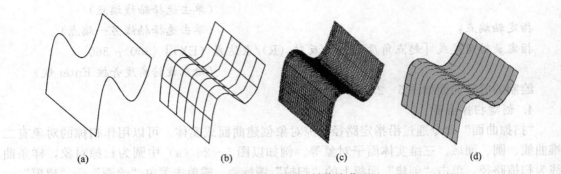

图 5-27　将网格图元转换为曲面

(a) 三维曲线；(b) 三维网格；(c) 三维曲面（线框形式）；(d) 三维曲面（视觉着色）

5.6　曲面绘制实例

本例通过"网络曲面"、"扫掠曲面"等命令创建一个三维的概念座椅。绘制步骤如下：

（1）新建文件，命名为座椅 . dwg。

（2）将视图转换为三维视图中的"西南等轴测"，绘制轮廓线。在绘图界面中启动"样条曲线命令"，AutoCAD 命令行提示如下：

命令：_spline

当前设置：方式＝拟合 节点＝弦

指定第一个点或［方式（M）/节点（K）/对象（O）］：0，0，0　　　（输入第一个坐标点）

输入下一个点或［起点切向（T）/公差（L）］：@0，0，－50　　　（输入第二个坐标点）

输入下一个点或［端点相切（T）/公差（L）/放弃（U）/闭合（C）］：@0，－100，0

（输入第三个坐标点）

输入下一个点或［端点相切（T）/公差（L）/放弃（U）/闭合（C）］：@0，0，－50

（输入第四个坐标点）

输入下一个点或［端点相切（T）/公差（L）/放弃（U）/闭合（C）］：@0，70，0

（输入第五个坐标点）

输入下一个点或［端点相切（T）/公差（L）/放弃（U）/闭合（C）］：　　　（按 Enter 键结束）

生成样条曲线如图 5-28（a）所示。

（3）启动"复制"命令，复制样条曲线。AutoCAD 命令行提示如下：

命令：_copy

选择对象：指定对角点：找到 1 个　　　（选择样条曲线并按 Enter 键）

选择对象：　　　（按 Enter 键）

当前设置：复制模式＝多个

指定基点或［位移（D）/模式（O）］〈位移〉：d　　　（选择"位移"模式并按 Enter 键）

指定位移：@100，0，0　　　（输入坐标并按 Enter 键）

指定第二个点或［退出（E）/放弃（U）］〈退出〉：　　　（按 Enter 键）

复制样条曲线如图 5-28（b）所示。

（4）绘制另一方向曲线，输入"直线"命令，连接两条曲线之间的端点，再次启动"样条曲线"命令，连接两曲线中点。

（5）启动"网格曲面"命令。AutoCAD 命令行提示如下：

命令：surfnetwork

沿第一个方向选择曲线或曲面边：指定对角点：找到 1 个　（选择第一条样条曲线）

沿第一个方向选择曲线或曲面边：指定对角点：找到 1 个，总计 2 个

（选择第二条样条曲线）

沿第一个方向选择曲线或曲面边：　（按 Enter 键）

沿第二个方向选择曲线或曲面边：指定对角点：找到 1 个　（选择第一条直线）

沿第二个方向选择曲线或曲面边：指定对角点：找到 1 个，总计 2 个

（选择连接中点样条曲线）

沿第二个方向选择曲线或曲面边：指定对角点：找到 1 个，总计 3 个

（选择第二条直线）

沿第二个方向选择曲线或曲面边：　（按 Enter 键）

绘制结果如图 5-28（c）所示。

（6）绘制座椅支架。以两条样条曲线端点为圆心，绘制两个半径为 4 的圆，启动"扫掠曲面"命令。AutoCAD 命令行提示如下：

命令：_sweep

当前线框密度：ISOLINES＝4，闭合轮廓创建模式＝实体

选择要扫掠的对象或［模式（MO）］：_mo 闭合轮廓创建模式［实体（SO）/曲面（SU）］〈实体〉：_su

选择要扫掠的对象或［模式（MO）］：找到 1 个　（选择圆）

选择要扫掠的对象或［模式（MO）］：　（按 Enter 键）

选择扫掠路径或［对齐（A）/基点（B）/比例（S）/扭曲（T）］：

（选择样条曲线并按 Enter 键）

以相同步骤绘制另一条支架。将视图切换为"概念"模式，绘制好的座椅如图 5-28（d）所示。

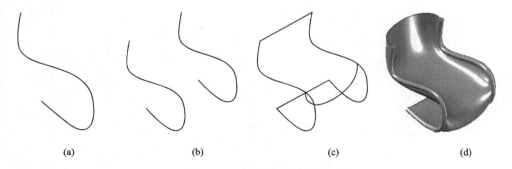

图 5-28　概念座椅的绘制

（a）生成样条曲线；（b）复制样条曲线；（c）绘制座椅轮廓；（d）绘制好的座椅

5.7 上 机 实 验

绘制如图 5-29 所示三维曲面模型，尺寸自定。

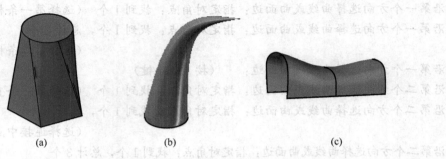

图 5-29　三维曲面模型
(a) 模型一；(b) 模型二；(c) 模型三

1. 目的要求

(1) 通过图 5-29 (a)、(b) 两个实验，掌握放样曲面命令中的导向和路径子命令。

(2) 通过绘制图 5-29 (c) 中马鞍形曲面，掌握网络曲面的基本绘制方法。

2. 操作指导

图 5-29 (a) 中上底面为圆，下底面为五边形，放样过程中注意导向曲线的放置和旋转。

思 考 题

5-1　三维视点有何用处？什么时候需要设置？

5-2　如何使用世界坐标系（WCS）和用户坐标系（UCS）？

5-3　生成曲面有哪几种方法？每种方法的子命令选项有哪些作用？

5-4　观察一种曲面表面物体并用 AutoCAD 建立其模型。

第6章　三维实体造型与渲染

本章概要 主要介绍用 AutoCAD 进行零件的实体造型、编辑与渲染。

　　AutoCAD 2016 提供了比以往更加强大的三维绘图功能，利用它可以绘出形象逼真的立体图形，使一些在二维平面图中无法清楚表达的复杂图形能够形象地出现在屏幕上。在计算机上直接绘制出物体三维图形的技术称为三维几何造型。三维几何造型，也就是将物体的形状及其属性（颜色、纹理等）储存在计算机内，形成该物体的三维几何模型。三维几何造型在机械、建筑、三维动画制作、服装、室内设计、广告设计等方面中使用非常广泛。

　　随着计算机技术的发展，越来越多的设计人员从三维实体模型入手进行工程设计，因为这更符合我们的视觉和思维习惯，而且三维实体模型包含的信息更多、更完整，也更利于与计算机辅助设计、制造等系统相结合。对各个实体对象还可以执行各种布尔运算的操作，能够创建出更加复杂的实体对象。AutoCAD 中为加快图形的显示速度，实体模型在没有着色渲染时，与曲面模型一样，是以线框形式显示的。

6.1　三维实体造型命令

　　与内部为空心的三维表面不同，三维实体具有体的特征，用户可以对其进行切槽、挖孔、倒角，并能进行布尔运算，还可以分析实体的质量特性（体积、惯性矩、重心等）。在 AutoCAD 中，用如图 6-1 所示"常用"选项卡中"建模"面板上的图标命令，或"实体"选项卡中"图元"面板上的图标命令，可以直接生成基本三维实体，包括长方体、球体、圆柱体、圆锥体、楔形体和圆环体；也可以用"拉伸"、"扫掠"、"旋转"和"放样"命令，将二维面对象生成实体。

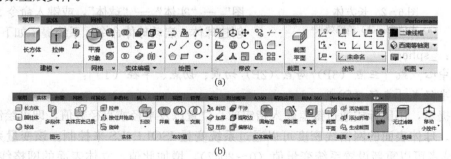

(a)

(b)

图 6-1　三维实体造型用的选项卡

(a)"常用"选项卡；(b)"实体"选项卡

6.1.1　三维实体图元

1. 创建长方体

单击"常用"选项卡中"建模"面板上的"长方体"图标📦，或单击菜单"绘图"—

"建模"—"长方体"，或键入命令 Box 可创建长方体。调用该命令后，系统提示如下：

命令：_box

指定第一个角点或 [中心 (C)]：

命令行中各选项的含义如下：

（1）中心：该选项要求用户首先确定长方体底面的中心。

（2）指定第一个角点：该选项要求用户输入长方体的一个角点的坐标，确定之后，命令行提示如下：

指定角点或 [立方体 (C)/长度 (L)]：

输入 C，并按 Enter 键，表示选择绘制立方体；输入 L，并按 Enter 键，表示选择以长、宽、高方式绘制长方体。

例如创建一个长、宽、高分别为 200、150、100 个单位的长方体，具体操作步骤如下：

单击"建模"面板上的"长方体"图标▱。

命令：_box

指定第一个角点或 [中心 (C)]：　　　（用鼠标在适当位置拾取一个角点）

指定其他角点或 [立方体 (C)/长度 (L)]：@200，150，100

　　　　　　　　　　　　　　　　　（输入另一角点的相对坐标，按 Enter 键）

结果如图 6-2 (a) 所示。

★注意：用 Box 命令绘制出的长方体分别平行于 X、Y、Z 轴。输入长方体的长、宽、高的数值可正可负，正值表示与坐标轴正方向相同，负值表示与正方向相反。

为了表现实体的真实效果，执行"常用"选项卡中"视图"面板上的"消隐"命令，得到长方体消隐后的图形效果，如图 6-2 (b) 所示。

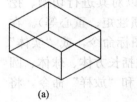

图 6-2　长方体
(a) 未消隐；(b) 消隐效果

2. 创建球体

球体的纬线平行于当前坐标系的 XY 平面，轴线与当前 UCS 的 Z 轴方向一致。单击"建模"面板上的"球体"图标○，或单击菜单"绘图"—"实体"—"球体"，或键入命令 Sphere 可创建球体。启动球体命令，系统提示如下：

命令：_sphere

指定中心点或 [三点 (3P)/两点 (2P)/切点、切点、半径 (T)]：

指定半径或 [直径 (D)]：

按照提示，用鼠标或通过键盘输入指定球心位置以及半径或直径数值，即可绘制给定尺寸的球体。球体表面的网格线密度可以通过系统变量 ISOLINES 来控制。该变量系统默认值是 4，读者可以重新设置系统变量值（0~2047），增加此值，立体表面的网格线将变密，视觉效果趋于更圆滑，如图 6-3 所示。

3. 创建圆柱体

可用 Cylinder 命令以圆或椭圆作底面创建柱体，柱体底面位于当前坐标系的 XY 平面。单击"建模"面板上的"圆柱体"图标▱，或单击菜单"绘图"—"实体"—"圆柱体"，或键入命令 Cylinder 可调用该命令。调用该命令后，系统提示如下：

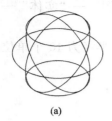 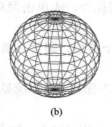 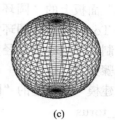

(a) (b) (c)

图 6 - 3　圆球体

(a) ISOLINES=4；(b) ISOLINES=20；(c) ISOLINES=40

命令：_cylinder

指定底面的中心点或［三点（3P）/两点（2P）/切点、切点、半径（T）/椭圆（E）］：

指定底面半径或［直径（D）］：

指定高度或［两点（2P）/轴端点（A）］：

在默认情况下按照提示，用鼠标或键盘输入坐标，确定圆柱体底面圆中心点，然后指定半径或直径以及圆柱体的高度值，即可绘制出给定尺寸的圆柱体，如图 6 - 4 所示。如果选择"椭圆（E）"选项，还可以绘制椭圆柱体。

例如创建一个椭圆的轴长分别为 20 和 10、高度为 14 个单位的椭圆柱体，操作步骤如下：

单击"建模"面板上的"圆柱体"图标 ，命令行提示：

命令：_cylinder

指定底面的中心点或［三点（3P）/两点（2P）/切点、切点、半径（T）/椭圆（E）］：e（表示将绘制椭圆柱体）

指定第一个轴的端点或［中心（C）］：　　　（用鼠标在适当位置点取一点作为底面椭圆的一轴端点，选项 C 表示将采用"中心、半轴、半轴"方式绘制椭圆柱体）

指定第一个轴的其他端点：@20，0　　　　　　　　　　（按 Enter 键）

指定第二个轴的端点：5　　　　　　　　　　　　　　（按 Enter 键）

指定高度或［两点（2P）/轴端点（A）］〈5.0000〉：14　　（按 Enter 键）

绘制结果如图 6 - 5 所示。

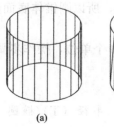  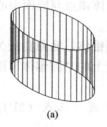 

(a)　　　　　　(b)　　　　　　　　　　　(a)　　　　　　(b)

图 6 - 4　圆柱体　　　　　　　　　　图 6 - 5　椭圆柱体

(a) 消隐前圆柱体；(b) 消隐后圆柱体　　　　(a) 消隐前椭圆柱体；(b) 消隐后椭圆柱体

4. 创建圆环体

圆环体由两个半径定义，一个是圆管的半径，另一个是从圆环中心到圆管中心的距离。

单击"建模"面板上的"圆环体"图标◎，或单击菜单"绘图"—"实体"—"圆环体"，或键入命令 Torus 可创建圆环实体。

例如绘制一个中心圆半径为 30 个单位、圆管（圆母线）半径为 10 个单位的实心圆环体，操作步骤如下：

单击"建模"面板上的"圆环体"图标◎。系统显示如下：

命令：_torus

指定中心点或［三点（3P）/两点（2P）/切点、切点、半径（T）］：　　（用鼠标在绘图窗口的适当位置拾取一点，依次作为所绘圆环体的中心点）

　指定半径或［直径（D）］：30　　　　　　　　　　　　（输入圆环体中心圆半径）

　指定圆管半径或［两点（2P）/直径（D）］：10　　　　（输入圆管半径）

　绘制结果如图 6-6 所示。

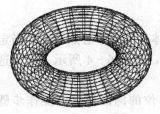

图 6-6　圆环体

5. 创建圆锥体

用 Cone 命令创建圆锥体或椭圆锥体，锥体底面位于当前坐标系的 XY 平面上，其高度可正可负，若为负值，则锥顶的方向指向 Z 轴反方向。单击"建模"面板上的"圆锥体"图标△，或单击菜单"绘图"—"实体"—"圆锥体"，或键入命令 Cone 可调用该命令。调用该命令后，系统提示用户指定圆锥体底部圆的中心和半径：

　指定底面的中心点或［三点（3P）/两点（2P）/切点、切点、半径（T）/椭圆（E）］：

　指定底面半径或［直径（D）］：

如果用户选择"椭圆（E）"项，则定义其底面为椭圆：

　指定第一个轴的端点或［中心（C）］：

　指定第一个轴的其他端点：

　指定第二个轴的端点：

然后，系统提示用户指定圆锥的高度或圆锥的顶点坐标：

　指定高度或［两点（2P）/轴端点（A）/顶面半径（T）］：

如果高度值为正，则在当前 UCS 的 Z 轴正方向上绘制圆锥体；如果高度值为负，则在 Z 轴负方向上绘制圆锥体。

★注意：因为圆锥体顶点与底面中心点的连线总是垂直于底面，所以圆锥体底面所在平面将由该连线方向而定。

例如绘制一个正圆锥体，底面直径为 8 个单位，锥体高度为 25 个单位，操作步骤如下：

单击"建模"面板上的"圆锥体"图标△，命令行提示：

命令：_cone

指定底面的中心点或［三点（3P）/两点（2P）/切点、切点、半径（T）/椭圆（E）］：（用鼠标拾取一点）

　指定底面半径或［直径（D）］：8　　　　　　　　　　（输入半径值，按 Enter 键）

　指定高度或［两点（2P）/轴端点（A）/顶面半径（T）］：25　（输入高度值，按 Enter 键）

　绘制结果如图 6-7 所示。

6. 创建棱锥体

用 Pyramid 命令创建由正多边形随着高度倾斜至一个点的棱锥体，或创建从底面倾斜至与底面相似平面的棱台。棱锥体最多具有 32 个侧面。单击"建模"面板上"棱锥体"图标◬，或菜单"绘图"—"实体"—"棱锥体"命令，或键入命令 Pyramid 可调用该命令。

例如绘制一个正六棱台，底面外切圆半径为 8 个单位，顶面外切圆半径为 4 个单位，锥体高度为 16 个单位，操作步骤如下：

单击"建模"面板上"棱锥体"图标◬，系统提示行显示：

命令：_pyramid　　　　　　　　　　　　　　　　　　　图 6-7　圆锥体

4 个侧面 外切

指定底面的中心点或 ［边（E）/侧面（S）］：s　　（选择侧面）

输入侧面数〈4〉：6　　　　　　　　　　　（输入侧面数，按 Enter 键）

指定底面的中心点或 ［边（E）/侧面（S）］：　　（用鼠标拾取一点）

指定底面半径或 ［内接（I）］：8　　　　　（输入半径值，按 Enter 键）

指定高度或 ［两点（2P）/轴端点（A）/顶面半径（T）］：t

指定顶面半径〈0.0000〉：4　　　　　　　（输入半径值，按 Enter 键）

指定高度或 ［两点（2P）/轴端点（A）］：16　　（输入高度值，按 Enter 键）

绘制结果如图 6-8 所示。

7. 创建楔形体

楔形体是一个多面体，其底面平行于当前 UCS 的 XY 平面，高与 Z 轴平行，斜面方向取决于底面第一角点的位置。单击"建模"面板上的"楔体"图标◪，或单击菜单"绘图"—"实体"—"楔体"，或键入命令 Wedge，创建楔形体的步骤与创建长方体实体的过程完全相同，但结果不同。如果将长方体由其第一角点所对的对角面划分为上、下两部分，则其下半部分即为楔形实体。

例如调用 Wedge 命令，命令行提示：

命令：_wedge

指定第一个角点或 ［中心（C）］：　　　（用鼠标拾取指定楔形体的第一个角点）

指定其他角点或 ［立方体（C）/长度（L）］：@20，10，15　　（输入另一角点的相对坐标）

绘制结果如图 6-9 所示。

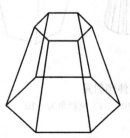

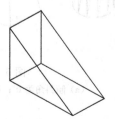

图 6-8　六棱台　　　　　　　　　图 6-9　楔形体

6.1.2　使用工具创建实体

1. 拉伸造型

利用拉伸命令可以对封闭的二维实体沿某一指定路径进行拉伸，从而生成复合实体。可以作为拉伸对象的实体图形包括闭合多段线、多边形、三维多段线、圆和椭圆。可用如下方法启动拉伸命令：单击"建模"面板上的"拉伸"图标🗂，或单击菜单"绘图"—"建模"—"拉伸"，或键入命令 Extrude。

例如对用多段线命令和画圆命令画出的如图 6-10（a）所示的拉伸对象，启动拉伸命令：

命令：_extrude

当前线框密度：ISOLINES＝10，闭合轮廓创建模式＝实体

选择要拉伸的对象或［模式（MO）］：_MO 闭合轮廓创建模式［实体（SO）/曲面（SU）］〈实体〉：_SO

选择要拉伸的对象或［模式（MO）］：找到 2 个　　　（选择两个拉伸对象）

选择要拉伸的对象或［模式（MO）］：　　　　　　（按 Enter 键）

指定拉伸的高度或［方向（D）/路径（P）/倾斜角（T）/表达式（E）］：20　　（输入拉伸高度）

得到如图 6-10（b）所示的拉伸实体。

★注意：①如果输入的拉伸高度为负值，则实体沿着 Z 轴的负方向进行拉伸。②利用"拉伸"命令生成三维实体的时候，要注意两个问题：首先是用于拉伸的二维对象必须具有面域性质，如果是单独的线条组成的图形，不能用来拉伸；其次，用于拉伸的对象和拉伸路径不能在同一个平面内，否则无法拉伸。③选择倾斜角（T）选项，可拉伸指定角度。拉伸角度可正可负，如果为正，生成的实体侧面向里倾斜，如图 6-11（b）所示；如果为负，则生成的实体侧面向外倾斜，如图 6-11（c）所示。

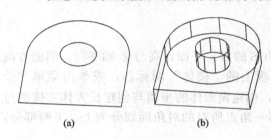

图 6-10　拉伸造型

(a) 拉伸对象；(b) 拉伸实体

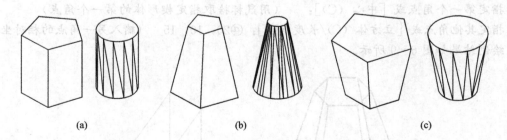

图 6-11　指定拉伸倾斜角

(a) 倾斜角为 0°；(b) 倾斜角为 10°；(c) 倾斜角为 -10°

2. 旋转造型

利用旋转命令可以将一些封闭的二维图形绕指定的轴进行旋转而形成三维实体。用于旋转生成实体的二维图形包括闭合多段线、多边形、圆、椭圆、闭合样条曲线、圆环和面

域。可用如下方法调用旋转命令：单击"建模"面板上的"旋转"图标🔄，或单击菜单"绘图"—"建模"—"旋转"，或键入命令 Revolve。

例如对用多段线命令画出的如图 6 - 12（a）所示的旋转对象，调用旋转命令：

命令：_revolve

当前线框密度：ISOLINES＝20，闭合轮廓创建模式＝实体

选择要旋转的对象或［模式（MO）］：_MO 闭合轮廓创建模式［实体（SO）/曲面（SU）］〈实体〉：_SO

选择要旋转的对象或［模式（MO）］：找到 1 个　　（选择旋转的二维对象）

选择要旋转的对象或［模式（MO）］：

　　　（按 Enter 键）

指定轴起点或根据以下选项之一定义轴［对象（O）/X/Y/Z］〈对象〉：y

　　　（使用当前坐标系的 Y 轴作为旋转轴）

指定旋转角度或［起点角度（ST）/反转（R）/表达式（EX）］〈360〉：

　　　（按 Enter 键选择角度为 360°）

得到如图 6 - 12（b）所示的旋转实体。

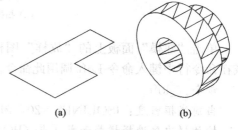

图 6 - 12　旋转造型
(a) 旋转对象；(b) 旋转实体

★注意：图块中的二维对象不能进行旋转；用"直线"或"圆弧"命令绘制出来的封闭图形不能直接进行旋转，必须利用"编辑多段线"命令将其修改为封闭的多段线或转成面域，才能利用"旋转"命令进行旋转操作；不能旋转具有相交或自交线段的多段线，且一次只能旋转一个对象。

3. 扫掠造型

利用扫掠造型命令可以沿指定路径扫掠二维对象或者三维对象创建三维实体或曲面。路径为开放的曲线时创建曲面，路径为闭合的曲线时创建实体或曲面（具体取决于指定的模式）。可以作为扫掠对象的实体图形包括二维多段线、二维和三维样条曲线、二维实体、圆弧、圆、直线、面域、实体。可以用作扫掠路径的对象包括二维和三维多段线、二维和三维样条曲线、螺旋线、圆弧、圆、直线。可用如下方法启动扫掠命令：单击"建模"面板上的"扫掠"图标🧹，或单击菜单"绘图"—"建模"—"扫掠"，或键入命令 Sweep。

例如对用画圆命令画出的如图 6 - 13（a）所示的小圆，以大圆作为扫掠路径，启动扫掠命令：

命令：sweep

当前线框密度：ISOLINES＝4，闭合轮廓创建模式＝实体

选择要扫掠的对象或［模式（MO）］：找到 1 个　　　　　　　　　　（选择小圆）

选择扫掠路径或［对齐（A）/基点（B）/比例（S）/扭曲（T）］：　　　　（选择大圆）

得到如图 6 - 13（b）所示的扫掠实体。

4. 放样造型

与放样曲面类似，可以通过指定一系列横截面来创建三维实体。横截面定义了放样实体的形状。放样时必须至少指定两个横截面，放样轮廓可以是开放或闭合的平面或非平面，也可以是边子对象。

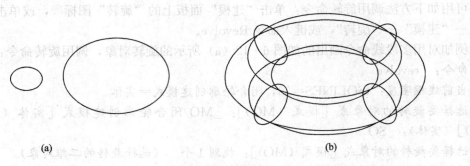

图 6-13 扫掠造型

(a) 扫掠对象；(b) 扫掠实体

单击"建模"面板上的"放样"图标 🛡️ ，或单击菜单"绘图"—"建模"—"放样"，或在命令行中键入命令 Loft 调用此命令。AutoCAD 命令行提示如下：

命令：_loft

当前线框密度：ISOLINES＝20，闭合轮廓创建模式＝实体

按放样次序选择横截面或［点（PO）/合并多条边（J）/模式（MO）］：_MO 闭合轮廓创建模式［实体（SO）/曲面（SU）］〈实体〉：_SO

按放样次序选择横截面或［点（PO）/合并多条边（J）/模式（MO）］：找到 1 个

（选择大圆）

按放样次序选择横截面或［点（PO）/合并多条边（J）/模式（MO）］：找到 1 个，总计 2 个   （选择小圆）

按放样次序选择横截面或［点（PO）/合并多条边（J）/模式（MO）］： （按 Enter 键）

选中了 2 个横截面

输入选项［导向（G）/路径（P）/仅横截面（C）/设置（S）］〈仅横截面〉：

（按 Enter 键）

命令行提示输入选项说明如下：

（1）导向：指可以使用导向曲线来控制点如何匹配相应的横截面，以防止出现不希望看到的实体中的褶皱等。

（2）路径：指定放样实体的单一路径。路径曲线必须与横截面的所有平面相交。

（3）仅横截面：在不使用导向或路径的情况下，创建放样对象，如图 6-14（a）所示。

（4）设置：显示"放样设置"对话框，控制放样曲面在其横截面处的轮廓。

若输入 P，用"路径"创建放样实体，命令行继续提示如下：

输入选项［导向（G）/路径（P）/仅横截面（C）/设置（S）］〈仅横截面〉：p

选择路径轮廓：（选择路径曲线）

得到如图 6-14（b）所示的放样实体。

6.1.3   网格转换成实体

如图 6-15 所示，选择网格图元，单击菜单"修改"—"网格编辑"—"转换为平滑实体"，或在命令行中键入 CONVTOSOLID 调用此命令，AutoCAD 可以将网格转换为实体。

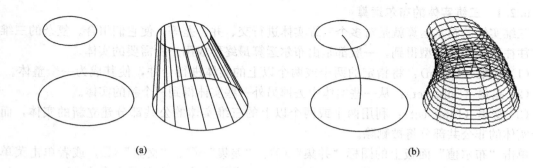

图 6-14　放样造型

（a）"仅横截面"创建放样对象；（b）"路径"创建放样对象

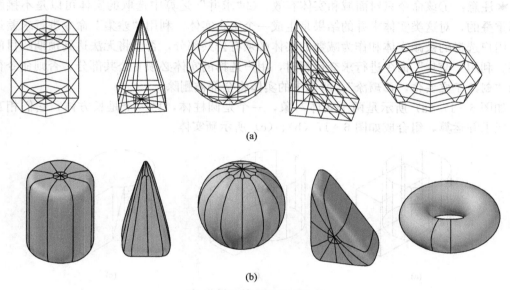

（a）

（b）

图 6-15　网格转换为实体

（a）三维网格图元；（b）三维实体（视觉着色）

6.2　三维编辑与修改命令

在 AutoCAD 中，创建实体模型后，可以通过圆角、倒角、切割、剖切和分割操作修改模型的外观；也可以通过布尔运算，将相对简单的实体组合成复杂的三维实体；还能编辑实体模型的面和边。"实体"选项卡上的"布尔值"与"实体编辑"面板如图 6-16 所示。

图 6-16　"布尔值"与"实体编辑"面板

6.2.1　三维实体的布尔运算

三维实体的布尔运算就是对多个三维实体进行交、并、差等，使它们组合。复杂的三维实体往往不能一次造型得到，一般都是由布尔运算最终形成用户所需要的实体。

（1）并集（Union）：将指定的两个或两个以上的实体进行合并，使其成为一个整体。

（2）差集（Subtract）：从一些实体中去掉另外一些实体得到一个新的实体。

（3）交集（Intersect）：利用两个或两个以上的三维实体的公共部分建立新的实体，而每个实体的非公共部分将被删除。

单击"布尔值"面板上的图标"并集" ⓞ、"差集" ⓞ、"交集" ⓞ，或者单击菜单"编辑"—"实体编辑"—"并集"、"差集"、"交集"命令，或者键入命令 Union、Substract 或 Intersect 可进行布尔操作。调用命令后，系统提示用户选择面域或实体对象。

★注意：①该命令只对面域和实体有效。②"求并"运算中选取的实体可以是不接触的或不重叠的，对这类实体求并的结果是生成一个组合实体。利用"差集"命令进行求差运算时，用户选择的被减实体和作为减数的实体必须有公共部分，否则将无法达到预期的目的和效果。利用"交集"命令进行求交运算时，用户选择的实体必须有公共部分，否则命令行将提示"创建了空实体，已删除"，所选中的实体将全部被删除。

如图 6-17（a）所示是两个实体对象，一个是圆柱体，另一个是长方体，它们相互贯穿。经求并运算，组合成如图 6-17（b）、（c）所示新实体。

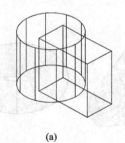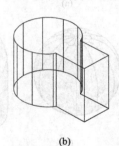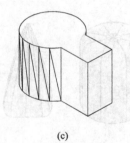

(a)　　　　　　　(b)　　　　　　　(c)

图 6-17　并集操作

(a) 布尔运算前；(b) 求并组合成新实体；(c) 求并组合消隐效果

经求差运算，组合成如图 6-18 所示新实体。经求交运算，组合成如图 6-19 所示新实体。

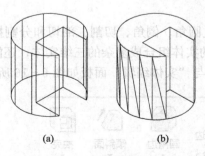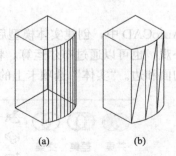

(a)　　　(b)　　　　　　　(a)　　　(b)

图 6-18　差集操作　　　　　　　图 6-19　交集操作

(a) 求差组合；(b) 求差组合消隐　　　(a) 求交组合；(b) 求交组合消隐

6.2.2　用平面剖切实体

Slice 命令可以切开实心体模型，被切开的实体可保留一半或两半都保留。保留部分将保持原实体的图层和颜色特性。单击"实体编辑"面板上"剖切"图标🔧，或菜单"修改"—"三维操作"—"剖切"命令，或键入命令 Slice 都可剖切实体。调用命令后，系统首先提示用户选择实体对象，然后提示如下：

指定切面的起点或［平面对象（O）/曲面（S）/Z 轴（Z）/视图（V）/XY（XY）/YZ（YZ）/ZX（ZX）/三点（3）］〈三点〉：

其中定义切面平面的方法为：

（1）对象（O）：将剖切面与圆、椭圆、圆弧、椭圆弧、二维样条曲线或二维多段线对齐。

（2）Z 轴（Z）：通过平面上指定一点和在平面的 Z 轴（法线）上指定另一点来定义剖切平面。

（3）视图（V）：将剖切平面与当前视口的视图平面对齐。指定一点可定义剖切平面的位置。

（4）XY 平面/YZ 平面/ZX 平面：将剖切平面与当前 UCS 的 XY、YZ 或 ZX 平面对齐。指定一点可定义剪切平面的位置。

（5）三点：用三点定义剖切平面。

例如构建如图 6-20（a）所示实体，调用 Slice 命令：

命令：slice

选择要剖切的对象：找到 1 个　　　　（选择实体对象）

选择要剖切的对象：　　　　　　　　（按 Enter 键结束选择）

指定切面的起点或［平面对象（O）/曲面（S）/Z 轴（Z）/视图（V）/XY（XY）/YZ（YZ）/ZX（ZX）/三点（3）］〈三点〉：yz

　　　　　　　　（输入 YZ，并按 Enter 键）

指定 YZ 平面上的点〈0，0，0〉：

　　　　　　　　（捕捉圆心）

在所需的侧面上指定点或［保留两个侧面（B）］〈保留两个侧面〉：

　　　　（在要保留的那边单击一点）

得到如图 6-20（b）所示剖切后的实体。

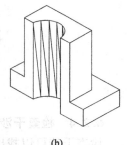

(a)　　　　　　(b)

图 6-20　剖切实体
(a) 剖切实体前；(b) 剖切实体后

6.2.3　创建实体截面

1. Section 命令

用户可采用面域的形式来创建指定实体的某个截面。与 Slice 命令类似，创建实体截面的平面是由指定的三点定义的，也可以通过其他对象、当前视图、Z 轴或 XY、YZ 和 ZX 平面定义来定义。该命令的调用方式如下：

键入命令 Section。调用该命令后，系统首先提示用户选择实体对象，然后提示如下：

指定截面上的第一个点，依照［对象（O）/Z 轴（Z）/视图（V）/XY（XY）/YZ（YZ）/ZX（ZX）/三点（3）］〈三点〉：

其中，定义截面平面的方法如下：

（1）对象（O）：可选取圆、椭圆、圆或椭圆弧、二维样条曲线、二维多段线等对象所在的平面作为截面平面。

（2）Z轴（Z）：可通过指定截面平面上的一点，以及指定该平面法线（Z轴）的另一点来定义截面平面。

（3）视图（V）：可通过指定一点，以通过该点且与当前视口的视图平面平行的平面作为截面平面。

（4）XY/YZ/ZX：可指定一点，以通过该点且与当前UCS的XY、YZ或ZX平面平行的平面作为截平面。

（5）三点：可指定截面平面的三点来定义该截面平面。

★注意：当用户选择多个实体时，将为每个实体创建独立的面域。

2. Sectionplane 命令

用户以通过三维对象和点云创建剪切平面的方式创建截面对象。使用带有截面平面对象的活动截面分析模型，将截面另存为块，可方便在布局中使用。该命令的调用方式如下：单击"截面"面板上"截面平面"图标，或菜单"绘图"—"建模"—"截面平面"命令，或键入命令 Sectionplane。调用该命令创建的截面对象如图6-21所示。

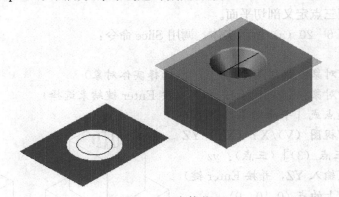

图 6-21 实体截面

6.2.4 检查干涉

检查干涉可以找出两个或多个三维实体的干涉区，并用公用部分创建三维组合实体。

单击"实体编辑"面板上"干涉"图标，或菜单"修改"—"三维操作"—"检查干涉"命令，或键入命令 Interfere 可进行检查干涉。调用该命令后，系统分别提示用户选择第一组实体对象和第二组实体对象，选择结束后，系统将检查实体对象之间的干涉，并将所有重叠的三维实体亮显。如果用户只定义了一组实体，则该组中所有实体都相互检查干涉；如果定义了两组实体，则第一组中的实体与第二个组中的实体相互检查干涉。例如检查两个实体的干涉情况，调用 Interfere 命令，系统提示如下：

命令：_interfere

选择第一组对象或 [嵌套选择（N）/设置（S）]：找到1个

选择第一组对象或 [嵌套选择（N）/设置（S）]：找到1个，总计2个

选择第一组对象或 [嵌套选择（N）/设置（S）]：   （按 Enter 键）

选择第二组对象或［嵌套选择（N）/检查第一组（K）］〈检查〉：　　　（按 Enter 键）

检查结束后，系统将显示"干涉检查"结果对话框，如图 6-22 所示。

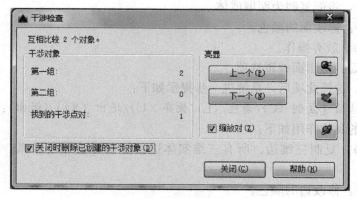

图 6-22　"干涉检查"结果对话框

★注意：①使用 Massprop 命令可计算并显示指定三维实体对象的质量特性，包括质量、体积、边界框、质心、惯性矩、惯性积、旋转半径、主力矩和质心的 X、Y、Z 轴等。该命令基于当前的 UCS 计算指定实体对象的各种质量特性，如果用户选择多个实体对象，则该命令将其作为一个整体进行分析计算。②使用 Explode 命令可将三维实体对象分解，其中平面型表面分解成面域（Region），非平面型表面分解成体（Body）。分解后的面域和体还可以使用 Explode 命令进行进一步的分解，其中面域分解为直线、圆弧或样条曲线，体分解为曲面、面域或曲线。

6.2.5　编辑实体的边、面和体

在 AutoCAD 中，提供了一个功能强大的实体编辑命令，可对三维实体的边、面和体分别进行修改。单击"实体编辑"面板上的图标，或单击菜单"修改"—"实体编辑"中的选项，或键入命令 Solidedit，系统提示如下：

命令：_solidedit

实体编辑自动检查：SOLIDCHECK=1

输入实体编辑选项［面（F）/边（E）/体（B）/放弃（U）/退出（X）］〈退出〉：

用户可分别选择面（F）、边（E）和体（B）进行编辑。

（1）面（F）。选择此项后，系统进一步提示如下：

输入面编辑选项［拉伸（E）/移动（M）/旋转（R）/偏移（O）/倾斜（T）/删除（D）/复制（C）/着色（L）/材质（A）/放弃（U）/退出（X）］〈退出〉：

其中，各项的具体作用如下：

1）拉伸（E）：将选定的一个或多个三维实体对象的面拉伸到指定的高度，或沿指定的路径拉伸。

2）移动（M）：将选定的一个或多个三维实体对象的面沿指定的高度或距离移动。

3）旋转（R）：绕指定的轴旋转一个或多个面或实体的某些部分。

4）偏移（O）：按指定的距离或通过指定的点均匀地偏移面。正值增大实体尺寸或体积，负值减小实体尺寸或体积。

5）倾斜（T）：按一个角度倾斜面。倾斜角度的旋转方向由选择基点和第二点（沿选定

矢量）的顺序决定。

6）删除（D）：删除面，包括圆角和倒角。

7）复制（C）：将面复制为面域或体。

8）着色（L）：修改面的颜色。

9）放弃（U）：放弃操作。

10）退出（X）：退出面编辑选项。

（2）边（E）。选择此项后，系统进一步提示如下：

输入边编辑选项［复制（C）/着色（L）/放弃（U）/退出（X）]〈退出〉：

其中，各项的具体作用如下：

1）复制（C）：复制三维边。所有三维实体边被复制为直线、圆弧、圆、椭圆或样条曲线。

2）着色（L）：修改边的颜色。

3）放弃（U）：放弃操作。

4）退出（X）：退出面编辑选项。

（3）体（B）。选择此项后，系统进一步提示如下：

输入体编辑选项［压印（I）/分割实体（P）/抽壳（S）/清理（L）/检查（C）/放弃（U）/退出（X）]〈退出〉：

其中，各项的具体作用如下：

1）压印（I）：在选定的对象上压印一个对象，但被压印的对象必须与选定对象的一个或多个面相交。压印操作仅限于下列对象：圆弧、圆、直线、二维和三维多段线、椭圆、样条曲线、面域、体及三维实体。

2）分割实体（P）：用不相连的体将一个三维实体对象分割为几个独立的三维实体对象。

3）抽壳（S）：抽壳使用指定的厚度创建一个空的薄层。可以为所有面指定一个固定的薄层厚度。选择面可将这些面排除在壳外。一个三维实体只能有一个壳。AutoCAD 通过将现有的面偏移出原始位置来创建新面。

4）清理（L）：删除共享边以及那些在边或顶点具有相同表面或曲线定义的顶点。删除所有多余的边和顶点、压印的以及不使用的几何图形。

5）检查（C）：校验三维实体对象是否为有效的 ACIS 实体。

6）放弃（U）：放弃操作。

7）退出（X）：退出面编辑选项。

6.2.6　三维实体操作

1. 三维阵列命令

在 AutoCAD 的三维空间内，用户可以使用三维阵列命令来创建指定对象的三维阵列。同二维阵列命令一样，三维阵列也有矩形阵列、路径阵列和环形阵列三种形式。该命令的调用方式如下：单击"常用"选项卡中"修改"面板上"阵列"图标，选择要阵列的对象，然后在出现的"阵列创建"上下文选项卡中设置参数，或选择路径，按提示进行操作。

例如以坐标原点为球心绘制一球体。命令行提示如下：

命令：_sphere

当前线框密度：ISOLINES＝18
指定球体球心〈0，0，0〉：   （按 Enter 键，确定球心在原点处）
指定球体半径或［直径（D）］：5   （指定球体半径为 5）

选择"阵列"命令，选择球体为阵列对象，在出现的"阵列创建"选项卡中设置参数。

如果选择矩形阵列，依次指定列数为 2，列间距为 30，行数为 2，行间距为 20，层数为 2，层间距为 40，得到如图 6-23（a）所示的矩形阵列。

如果选择环形阵列，选择球体后再指定中心点或旋转轴，依次输入阵列数目为 6，接受默认 360°的填充角度，行数为 2，行间距为 15，层级为 1，旋转阵列对象，得到如图 6-23（b）所示的环形阵列。

如果选择"路径阵列"选项，可以沿路径或部分路径均匀分布对象副本。设置项数为 5，项间距为 15，行数为 1，层级为 2，行间距为 15，层间距为 20，得到如图 6-23（c）所示的路径形阵列。

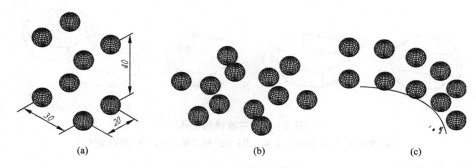

图 6-23 三维阵列操作
(a) 矩形阵列；(b) 环形阵列；(c) 路径阵列

2. 三维镜像命令

在 AutoCAD 的三维空间内，用户可以使用三维镜像命令，沿指定的镜像平面来创建指定对象的空间镜像。该命令的调用方式为：单击"修改"面板上"三维镜像"图标，或在菜单"修改"—"三维操作"中，选择"三维镜像"命令，或者键入命令 Mirror3d。

调用该命令后，系统提示用户选择对象，然后显示如下选项用于指定镜像平面：

指定镜像平面（三点）的第一个点或

［对象（O）/最近的（L）/Z 轴（Z）/视图（V）/XY 平面（XY）/YZ 平面（YZ）/ZX 平面（ZX）/三点（3）］〈三点〉：

(1) 三点：通过指定的三个点来定义镜像平面。

(2) 对象：使用指定的平面对象作为镜像平面。

(3) 最近的：使用最后一次定义的镜像平面。

(4) Z 轴：根据平面上的一个点和平面法线上的一个点定义镜像平面。

(5) 视图：通过指定点，并与当前视图平面平行的平面。

(6) $XY/YZ/ZX$：通过指定点，并与 XY、YZ 或 ZX 平面平行的平面。

定义了裁剪平面后，系统还将提示用户指定是否删除源对象。

例如在 XY 平面内绘制正六边形，使其中心为坐标原点，内切于半径为 10 的圆。单击

"建模"面板上的图标 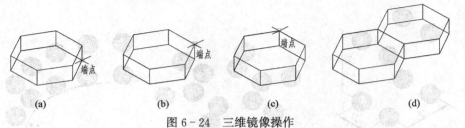（无），调用"拉伸"命令，将六边形转换为三维实体，拉伸高度为5。调用三维镜像命令，命令行提示：

命令：_mirror3d
选择对象：找到1个　　　　（选择拉伸实体）
选择对象：　　　　　　　　（按 Enter 键结束选择）
指定镜像平面（三点）的第一个点或［对象（O）/最近的（L）/Z 轴（Z）/视图（V）/XY 平面（XY）/YZ 平面（YZ）/ZX 平面（ZX）/三点（3）］〈三点〉：
　　　　　　　　　　　　　　［选择如图6-24（a）所示第一点］
在镜像平面上指定第二点：　［选择如图6-24（b）所示第二点］
在镜像平面上指定第三点：　［选择如图6-24（c）所示第三点］
是否删除源对象？［是（Y）/否（N）］〈否〉：　（按 Enter 键）
得到如图6-24（d）所示实体。

图6-24　三维镜像操作
（a）指定第一点；（b）指定第二点；（c）指定第三点；（d）所得实体

3. 三维旋转命令

在 AutoCAD 的三维空间内，用户可以使用三维旋转命令，围绕任意三维空间轴线来旋转指定的对象。该命令的调用方式如下：单击"修改"面板上"三维旋转"图标（无），或在菜单"修改"—"三维操作"中，选择"三维旋转"命令，或者键入命令 3drotate。

调用该命令后，系统提示用户选择对象，然后显示如下选项用于指定旋转轴：
指定轴上的第一个点或定义轴依据
［对象（O）/最近的（L）/视图（V）/X 轴（X）/Y 轴（Y）/Z 轴（Z）/两点（2）］：
（1）对象：将旋转轴与某个现有对象对齐。
（2）最近的：使用最后一次定义的旋转轴。
（3）视图：定义通过指定点并与当前视图平面垂直的直线方向为旋转轴。
（4）X 轴/Y 轴/Z 轴：定义通过指定点并于 X、Y 或 Z 轴平行的直线方向为旋转轴。
（5）两点：通过指定两个点来定义旋转轴。
定义了旋转轴后，用户还需要指定对象的旋转角度。
例如调用"三维旋转"命令，选择六边形拉伸实体为旋转对象，如图6-25（a）所示。指定旋转轴的第一点，如图6-25（b）所示。指定旋转轴的第二点，如图6-25（c）所示。输入旋转角度45°，得到的结果如图6-25（d）所示。

4. 三维对齐命令

用户可以在二维和三维空间中将对象与其他对象对齐。该命令的调用方式为：单击"常用"选项卡中"修改"面板上"三维对齐"图标（无），在菜单"修改"—"三维操作"中，

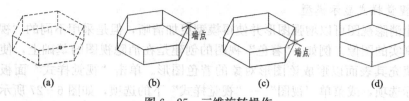

图 6-25　三维旋转操作

（a）选择选择对象；（b）指定第一点；（c）指定第二点；（d）三维旋转结果

选择"三维对齐"命令，或者键入命令 3dalign。

调用该命令后，系统提示"选择对象，指定源平面和方向..."，选择对象后，在要对齐的对象上指定最多三个点，然后系统显示"指定目标平面和方向..."，在目标对象上指定最多三个相应的点，即可以实现指定对象的自动对齐。

6.3　消隐、着色和渲染

在 AutoCAD 中，三维建模时通常采用线框形式，以方便计算机快速运算。建好模型后，再进行消隐、着色和渲染，以观察三维模型的整体效果。

6.3.1　创建消隐或着色三维图

在对模型进行最后的渲染之前，可以先使用"消隐（Hide）"、"着色（Shade）"等命令对模型进行消隐着色，这样可以比较快速、形象地查看三维模型的整体效果。

1. 创建消隐图

线框图有多义性，用 Hide 命令来创建模型对象的消隐视图，用以隐藏被前景对象遮掩的背景对象，从而使图形的显示更加简洁，设计更加清晰。该命令的调用方式如下：单击"可视化"选项卡中"视觉样式"面板上"隐藏"图标 ，如图 6-26（a）所示，或菜单"视图"—"消隐"，或键入命令 hide。

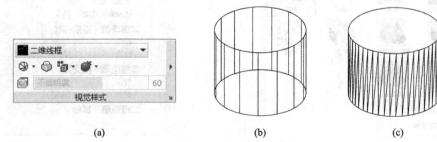

图 6-26　圆柱体消隐

（a）"视觉样式"面板；（b）消隐前；（c）消隐后

Hide 命令将圆、二维填充、宽线、面域、宽多段线、三维面、多边形网格和非零厚度对象的拉伸边作为不透明的表面，因此在其后面的对象将被隐藏。用"消隐"命令对如图 6-26（a）所示圆柱体进行消隐处理，显示效果如图 6-26（b）所示。

★注意：该命令不考虑被冻结的图层和已关闭图层。

2. 使用视觉样式显示模型

虽然创建消隐视图可以增强图形并使得模型更加清晰，但是采用不同的"视觉样式"可以产生出较真实的图像。例如，"着色"视图的创建是在消隐视图的基础上，使用图形对象自身的颜色填充其表面以形成该图形对象的着色图形。单击"视觉样式"面板上"视觉样式"下拉图标选项，或菜单"视图"—"视觉样式"下的选项，如图 6-27 所示，可使用不同的视觉样式显示模型。

其中，各选项含义如下：

（1）二维线框：通过使用直线和曲线表示边界的方式显示对象。光栅和 OLE 对象、线型和线宽均可见。

（2）线框：通过使用直线和曲线表示边界的方式显示对象。

（3）消隐：使用线框表示法显示对象，而隐藏表示背面的线。

（4）真实：使用平滑着色和材质显示对象。

（5）概念：使用平滑着色和古氏面样式显示对象。古氏面样式在冷暖颜色而不是明暗效果之间转换。效果缺乏真实感，但是可以更方便地查看模型的细节。

（6）着色：使用平滑着色显示对象。

（7）带边缘着色：使用平滑着色和可见边显示对象。

（8）灰度：使用平滑着色和单色灰度显示对象。

（9）勾画：使用线延伸和抖动边修改器显示手绘效果的对象。

（10）X 射线：以局部透明度显示对象。

单击图 6-27 中"视觉样式"面板右下角小斜箭头，可打开"视觉样式管理器"，如图 6-28 所示。可在其中进行相关参数设置。

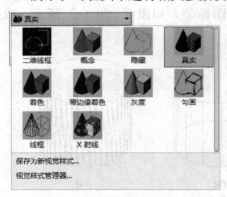

图 6-27 "视觉样式"下拉图标

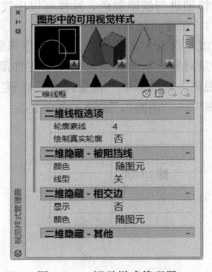

图 6-28 视觉样式管理器

在"着色"视觉样式中，当四处移动模型时，面由跟随视点的两个平行光源照亮。该默认光源被设计为照亮模型中的所有面，以便从视觉上可以辨别这些面。仅在其他光源（包括阳光）关闭时，才能使用默认光源。

可以随时选择一种视觉样式并更改其设置。这些更改反映在应用该视觉样式的视口中，如图 6-29 所示。有关面设置、环境设置和边设置的详细信息，请参见"自定义"视觉样式。对视觉样式所做的任何更改都将保存在图形中。

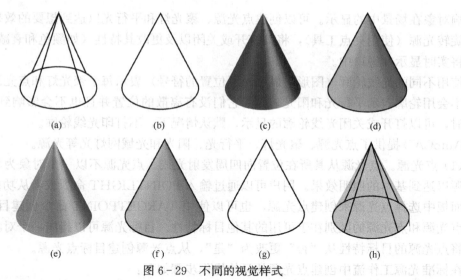

图 6 - 29　不同的视觉样式

（a）线框；（b）消隐；（c）真实；（d）概念；（e）带边缘着色；（f）灰度；（g）勾画；（h）X 射线

6.3.2　渲染

虽然模型的消隐视图和着色视图可以比较直观、形象地表现模型的整体效果，但其真实感还不能令人满意。为此，在 AutoCAD 中，还可以使用渲染命令（RENDER）来为模型创建具有最终演示质量的渲染图。"可视化"选项卡中的"渲染"面板如图 6 - 30 所示。

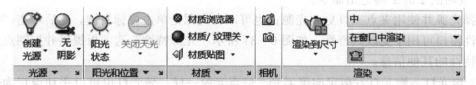

图 6 - 30　"可视化"选项卡中的渲染面板

在使用渲染命令之前，可以在三维空间中添加和调整各种光源，并为模型对象赋予各种材质属性，从而可以用渲染命令将模型渲染为具有真实感的图像。

1. 在三维空间中创建光源

在创建三维模型渲染图的过程中，光源是一项必不可少的要素。添加光源可为场景提供真实的外观。光源可增强场景的清晰度和三维性，光源的选择取决于场景是模拟自然照明还是人工照明。

模拟自然照明的场景（如日光或月光）从单一光源获取最重要的照明。日光是具有来自单一方向的平行光线，方向和角度根据时间、纬度和季节而变化。例如，晴天时日光颜色为浅黄色，RGB 值为 250、255、175（HSL 45、80、255）；多云天气会使日光呈蓝色，而暴风雨天气会使日光呈深灰色；空气中的微粒会使日光呈橙色或褐色；日出和日落时，橙色或红色会比黄色多。

人工照明场景由点光源、聚光灯或平行光组成。例如，光源光线射到曲面上时，曲面将反射光线（至少会反射一部分），从而使我们可以看到曲面。曲面的外观取决于射到曲面上的光线和曲面材质的颜色、平滑度、不透明度等特性。光源的颜色、强度、衰减和入射角度也影响对象在场景中的显示。可以创建点光源、聚光灯和平行光以达到想要的效果。可以移动或旋转光源（使用夹点工具），将其打开或关闭以及更改其特性（如颜色和衰减），更改的效果将实时显示在视口中。

使用不同的光线轮廓（图形中显示光源位置的符号）表示每个聚光灯和点光源。在图形中，不会用轮廓表示平行光和阳光，因为它们没有离散的位置并且也不会影响到整个场景。绘图时，可以打开或关闭光线轮廓的显示。默认情况下，不打印光线轮廓。

AutoCAD提供了点光源、聚光灯、平行光、阳光和光域网灯光等光源。

（1）点光源。点光源从其所在位置向四周发射光线。点光源不以一个对象为目标。使用点光源以达到基本的照明效果。用户可以通过输入POINTLIGHT命令或者从功能区的"光源"面板中选择点光源来创建点光源，也可以使用TARGETPOINT命令创建目标点光源。目标点光源和点光源的区别在于可用的其他目标特性。目标光源可以指向一个对象，也可以通过将点光源的目标特性从"否"更改为"是"，从点光源创建目标点光源。

在标准光源工作流中创建点光源的具体操作步骤如下：

1）单击"光源"面板—"创建光源"—"点光源"💡。

2）在合适的位置单击光标处图形，以指定光源位置。

3）在命令提示下，输入N并输入一个名称。此名称将显示在特性及"模型中的光源"窗口（LIGHTLIST）中。通过输入选项，可以继续指定特性，也可以退出并以交互方式设定特性。如果使用交互方法，则可以在操作过程中查看更改结果。

4）按两次Enter键退出命令。

选择光源并使用夹点工具更改光源；也可以在光源上单击鼠标右键，然后单击"特性"。光源特性窗口可用于更改其特性，如图6-31所示"光源特性"选项板提供并控制点光源有关这些特性的其他信息。

（2）聚光灯。聚光灯发射定向锥形光。像点光源一样，聚光灯也可以手动设定为强度随距离衰减。但是，聚光灯的强度始终还是根据相对于聚光灯的目标矢量的角度衰减。此衰减由聚光灯的聚光角角度和照射角角度控制。聚光灯可用于亮显模型中的特定特征和区域。自由聚光灯（FREESPOT）与聚光灯类似。聚光灯具有目标特性。

创建聚光灯的具体操作步骤如下：

1）单击"光源"面板—"创建光源"—"聚光灯"🔦。

2）在合适的位置单击光标处图形，以指定光源位置。

3）沿聚光灯照射方向拖动，将聚光灯引向对象，单击光标处图形。

4）在命令提示下，输入N并输入一个名称。此名称将显示在特性及"模型中的光源"窗口（LIGHTLIST）中。

通过输入选项，可以继续指定特性，也可以退出并以交互方式设定特性。如果使用交互方法，则可以在操作过程中查看更改结果。

5）按两次Enter键退出命令。

选择光源并使用夹点工具更改光源；也可以在光源上单击鼠标右键，然后单击"特性"。使用光源特性选项板可以更改其特性，如图6-32所示"光源特性"选项板提供并控制聚光灯有关这些特性的其他信息。

图 6-31　"光源特性"选项板控制点光源　　　　图 6-32　"光源特性"选项板控制聚光灯

（3）平行光。平行光仅向一个方向发射统一的平行光光线。可以在视口中的任意位置指定 FROM 点和 TO 点，以定义光线的方向。使用不同的光线轮廓表示每个聚光灯和点光源。在图形中，不会用轮廓表示平行光，因为它们没有离散的位置并且也不会影响到整个场景。

平行光的强度并不随着距离的增加而衰减。对于每个照射的面，平行光的亮度都与其在光源处相同。统一照亮对象或照亮背景时，平行光十分有用。

建议用户不要在块中使用平行光。

创建平行光的具体操作步骤如下：

1）单击"光源"面板—"创建光源"—"平行光" 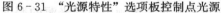。

2）在"光度控制平行光"对话框中选择"允许平行光"。

3）单击以指定光源来向。

4）单击以指定去向。

5）在命令提示下，输入 N 并输入一个名称。此名称将显示在特性及"模型中的光源"窗口（LIGHTLIST）中。

通过输入选项，可以继续指定特性，也可以退出并以交互方式设定特性。如果使用交互方法，则可以在操作过程中查看更改结果。

6）按两次 Enter 键退出命令。平行光不显示为光线轮廓。

更改平行光的特性的步骤：在命令提示下，输入 Lightlist。在"模型中的光源"窗口中，从光源列表中双击平行光的名称并使用"光源特性"选项板更改其颜色及其他特性。

（4）阳光。阳光是一种类似于平行光的特殊光源。用户为模型指定的地理位置以及指定的日期和当日时间定义了阳光的角度。可以更改阳光的强度及其光源的颜色。使用"阳光特性"选项板，如图6-33所示，用户可以调整它们的特性。

（5）光域网灯光。光域灯光是具有现实中的自定义光分布的光度控制光源。光域灯光是光源的光强度分布的三维表示。光域灯光可用于表示各向异性（非统一）光分布，此分布来源于现实中的光源制造商提供的数据。与聚光灯和点光源相比，它提供了更加精确的渲染光源表示。

通过在命令提示下输入命令 WEBLIGHT 和 FREEWEB 可以将使用光域网的光源添加到图形中。WEBLIGHT 命令用于创建目标光域灯光，而 FREE-WEB 命令用于创建没有明确目标的光域灯光。

要描述光源发出的光的方向分布，AutoCAD 通过置于光源的光度控制中心的点光源为近似光源。使用此近似，可将分布描述为发出方向的功能。系统提供用于水平角度和垂直角度预定组的光源的照度，并

图6-33 "阳光特性"选项板

且可以通过插值计算沿任意方向的照度。

★ 注意：仅在渲染图像中使用光域分布。光域灯光与视口中的点光源近似。可以用菜单"工具"—"选项"的"草图"选项卡中"光线轮廓设置"控制光域轮廓的大小。某些光域轮廓可能在屏幕上显示的很小且可能需要进行调整。

2. 给图形对象赋予材质

（1）使用预定义材质。先从 AutoCAD 的材质库中选择并使用 AutoCAD 中预定义的材质。调用命令：单击"材质"面板上"材质浏览器"图标🗐，或菜单"视图"—"渲染"—"材质浏览器"，或键入命令 Rmat。系统弹出"材质"对话框，如图6-34所示。使用"材质浏览器"可导航和管理材质，并且可以组织、分类、搜索和选择要在图形中使用的材质。在"材质浏览器"中可以访问 Autodesk 库和用户定义的库。

Autodesk 库中包含 700 多种材质和 1000 多种纹理。此库为只读，但可以将 Autodesk 材质复制到图形中，编辑后保存到用户自己的库。

图6-34 "材质"对话框

（2）使用贴图技术创建新的材质。为了使渲染后的模型图像具有照片级的真实感，可以在三维对象表面上投影二维图像，并且必须使用"照片级真实感"或"照片级光线跟踪"类型的渲染程序进行渲染。在 AutoCAD 中，照片级真实感渲染贴图包括 BMP、RLE、DIB、GIF、JFIF、JPG、JPEG、PCX、PNG、TGA 和 TIFF 等几种格式的二维图形。

现在使用贴图技术来创建两种新的材质，如图 6-35 所示。

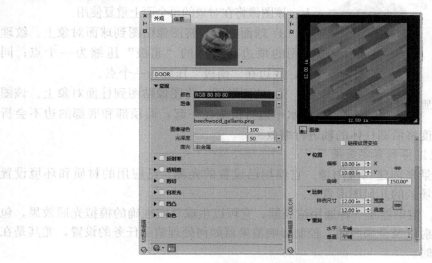

图 6-35　创建贴图材质

1）调用 Rmat 命令弹出"材质"对话框，并单击底部"创建新材质"图标，在弹出的快捷菜单中选择"新建常规材质"，将出现"材质编辑器"对话框。

2）首先在"材质名称"编辑框内输入新材质的名称"DOOR"，并在"常规"栏颜色选项中选择"颜色/调色板"项。然后单击图像空白框，选择 C：\ Program Files \ Common Files \ Autodesk Shared \ Materials \ Textures \ 1 \ Mats 目录下的"beechwood _ galliano. png"文件。

3）在随后出现的"纹理编辑器"对话框中对图像亮度、贴图的比例和位置等进行调整。

4）调整好后关闭"纹理编辑器"结束调整操作。至此，名为"DOOR"的新材质就创建完成了，现在再关闭"材质编辑器"返回到"材质"对话框。

5）重复上述过程，再定义一个名为"WALL"的材质，该材质的贴图文件可自选。具体过程请读者自行完成。

若要将材质应用于对象或面（曲面对象的三角形或四边形部分），可先选择对象，然后从"材质浏览器"中选择材质，材质将添加到图形中，还会作为样例显示在"材质浏览器"中。在"材质浏览器"中创建或修改材质时，可以执行以下操作：

1）在库中单击材质，材质将应用于图形中的任何选定对象。

2）将材质样例直接拖动到图形中的对象上。

3）在"材质浏览器"中的材质样例上，单击快捷菜单中的"指定给当前选择"，将材质指定给对象。

（3）指定材质贴图。将平面位图投影到三维模型表面上时，使用不同的形式将会得到不同的效果，如图 6-36 所示。在 AutoCAD 中提供了以下几种投影类型：

1）平面贴图。将图像贴图到对象上，正如将其从幻灯片投影仪投影到二维曲面上一样。图像不会因投影方向而失真，但如果投影到曲线式曲面上并从侧面查看，则会失真。图像不会根据对象进行缩放。该贴图最常用于面。

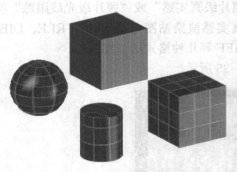

2）长方体贴图。将图像贴图到类似长方体的实体上。该图像将在对象的每个面上重复使用。

3）球面贴图。将图像贴图到球面对象上。纹理贴图的顶边在球体的"北极"压缩为一个点；同样，底边在"南极"压缩为一个点。

4）柱面贴图。将图像贴图到柱面对象上。该图像水平边将折绕在一起，而顶部和底部的边不会折

图 6-36　材质贴图效果

绕在一起。图像的高度将沿圆柱体的轴进行缩放。

3. 渲染三维对象以得到真实效果

渲染基于三维场景来创建二维图像。它使用已设置的光源、已应用的材质和环境设置（如背景和雾化），为场景的几何图形着色。

（1）设置渲染器。渲染器是一种通用渲染器，它可以生成真实准确的模拟光照效果，包括光线跟踪反射和折射以及全局照明。控制影响渲染器如何处理渲染任务的设置，尤其是在渲染较高质量的图像时。

单击"渲染"面板右下角小箭头或输入 RPREF 命令可以打开渲染预设管理器，如图 6-37 所示，从中可以设定渲染位置：将当前视图渲染到"渲染"窗口、在当前视口中渲染当前视图或渲染指定区域。渲染尺寸大小、渲染质量、选定渲染预设的名称和说明等参数。

（2）控制渲染环境。可以使用环境功能来设置广场、雪地等效果或背景图像。通过设置效果或将位图图像添加为背景来增强渲染图像。

单击"渲染"扩展面板上选项"渲染环境和曝光"，或输入 RENDERENVIRONMENT 命令可以打开"渲染环境和曝光"对话框，如图 6-38 所示。在对话框中设置基于图像的照明、背景、曝光指数、白平衡等。

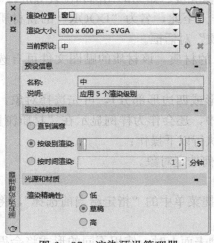

图 6-37　渲染预设管理器

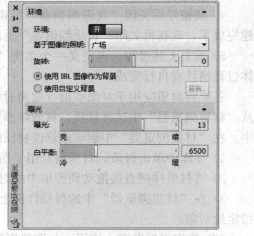

图 6-38　"渲染环境和曝光"对话框

（3）设定输出分辨率。在图 6-37 中选择"渲染大小"选项"更多输出设备"，弹出如图 6-39 所示的"尺寸输出设置"，对话框。可以设定渲染图像的输出尺寸和分辨率。有三项分辨率设置控制渲染图像的显示外观：宽度、高度和图像宽高比。宽度和高度设置控制渲染图像的大小（以像素为单位进行测量）。像素（图像元素的简称）是指图形图像中的单个点。默认的尺寸是 800×600，输出分辨率为 150 像素/英寸。像素范围，1～12 000；英寸范围 0.033～40；厘米范围 0.008 46～101.6。分辨率越高，像素越少并且细节越清楚。高分辨率图像花费的渲染时间也较多。四个唯一的输出尺寸可临时存储在"输出尺寸"下拉列表中，但是不能与当前图形一起保存，也不能跨绘图任务保留。用户在测试模型中对象的显示外观时，通常使用较低的分辨率设置，大约为 800×600。由于添加了更多细节和材质，用户将转为使用中等设置，如 1024×768。最终渲染往往使用工程所需的最高分辨率（1920×1080 或更高），因为该图像要呈现给客户或要交付打印。

（4）高级渲染。高级渲染技术使用户可以渲染非常详细和真实照片级图像。如图 6-37 所示，在"渲染预设管理器"中可以设定渲染参数。

（5）创建渲染图。可以使用渲染命令来创建模型的渲染图。选择是在窗口渲染还是在视口渲染或某个区域渲染。单击"渲染"面板上"渲染到尺寸"图标 ，或下拉菜单"视图"—"渲染"命令，或键入命令 Render（或 rr）。调用该命令后，系统将弹出"渲染"对话框，如图 6-40 所示。

图 6-39 "渲染到尺寸输出设置"对话框

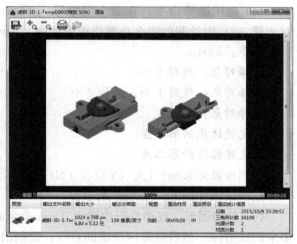

图 6-40 渲染窗口

6.4 三维轴盖绘制实例

轴盖是一个较为简单的零件，其绘制过程中综合运用了一些基本的三维绘图命令。先通过二维绘图命令将平面图绘制出来，然后再通过"拉伸"、"圆柱"、旋转坐标系、布尔运算等命令绘制三维实体，最后对实体进行视觉效果编辑。具体步骤如下：

（1）新建文件，命名为轴盖.dwg，在"图层"工具栏中建立"中心线"和"轮廓线"两个新图层，并将中心线图层置为当前图层。然后在启动直线命令 Line 绘制两条长度为

250、相互垂直且垂足为原点的中心线。

（2）绘制轴盖底面圆。先将图层面板中"轮廓线"图层置为当前图层，然后在命令行中输入 Circle 或直接单击快捷图标执行绘制圆命令，以中心线交点为圆心绘制一个半径为 120 的圆，如图 6-41（a）所示。

（3）以圆心为原点再次绘制两条长度为 180 的直线为下一步的绘制小圆定位，并使用极坐标定位使其旋转一定角度。绘图过程如下：

命令：l　　　　　　　　　　　　　　　　　　　　（按 Enter 键）

LINE 指定第一点：　　　　　　　　　　　　　　（左键单击圆心）

指定下一点或［放弃（U）］：@180＜50　　（输入"@180＜50"并按 Enter 键）

指定下一点或［放弃（U）］：　　　　　　　　　（按 Enter 键）

以同样方式绘制另一条直线：

命令：l　　　　　　　　　　　　　　　　　　　　（按 Enter 键）

LINE 指定第一点：　　　　　　　　　　　　　　（左键单击圆心）

指定下一点或［放弃（U）］：@180＜-15　（输入"@180＜-15"并按 Enter 键）

指定下一点或［放弃（U）］：　　　　　　　　　（按 Enter 键）

以上一步中绘制的两条直线另一端点为圆心分别绘制两个半径为 80 的圆。绘制完毕后，效果如图 6-41（b）所示。

（4）运用镜像命令，在命令行中输入 Mirror 或在"修改"面板中单击"镜像"图标，对步骤（3）中绘制的两个小圆作镜像处理。AutoCAD 提示命令如下：

命令：mirror　　　　　　　　　　　　　　　　　（输入"镜像"命令）

选择对象：找到 1 个　　　　　　　　　　　　　（选择一个小圆）

选择对象：找到 1 个，总计 2 个　　　　　　　（选择另一个小圆）

选择对象：　　　　　　　　　　　　　　　　　　（按 Enter 键或单击右键）

指定镜像线的第一点：　　　　　　　　　　　　（单击竖直中心线端点）

指定镜像线的第二点：　　　　　　　　　　　　（单击竖直中心线另一端点）

要删除源对象吗？［是（Y）/否（N）］〈N〉：　（按 Enter 键）

绘制结果如图 6-41（c）所示。

（5）剪切图形。在命令行中输入 Trim 命令或在"修改"面板中单击"修剪"图标，将多余的线剪掉，然后删除两条辅助直线，绘制出轴盖的主体底面平面图形，并将此封闭图形转化为面域。绘制结果如图 6-41（d）所示。

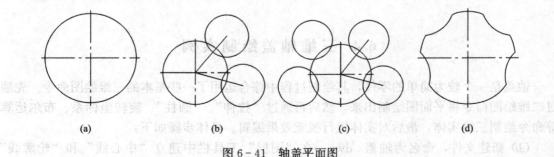

(a)　　　　　　　　(b)　　　　　　　　(c)　　　　　　　　(d)

图 6-41　轴盖平面图

（6）转换图形视角。在"视图"面板中单击"西南等轴测"将视角转换为西南方向。以中心线交点为圆心分别绘制半径为 30 和 50 的两个圆，再以坐标点（0，90）为圆心绘制一个半径为 12 的圆并转换为面域。绘制结果如图 6－42（a）所示。

（7）拉伸底面图形。在命令行中输入 Extrude 命令并按 Enter 键或者在"建模"面板中单击"拉伸"图标，将步骤（6）中形成面域的底面和小圆一并拉伸，拉伸高度为 18，生成立体图形。AutoCAD 提示命令如下：

命令：extrude　　（按 Enter 键）

当前线框密度：ISOLINES＝4，闭合轮廓创建模式＝实体

选择要拉伸的对象或 ［模式（MO）］：找到 1 个　　　　　　　（选择底面）

选择要拉伸的对象或 ［模式（MO）］：找到 1 个，总计 2 个　　（选择小圆）

选择要拉伸的对象或 ［模式（MO）］：　　　　　　　　　　　（按 Enter 键）

指定拉伸的高度或 ［方向（D）/路径（P）/倾斜角（T）/表达式（E）］：18

（输入 18 并按 Enter 键）

绘制结果如图 6－42（b）所示。

（8）运用阵列命令。在命令行中输入 Array 命令并按 Enter 键或在"修改"面板中单击"阵列"图标，在弹出的"阵列"对话框中选中"环形阵列"单选按钮，以底面圆心为中心，以在步骤（7）中拉伸小圆生成的圆柱体为阵列对象，设置项目总数为 5，填充角度为 360°，执行命令，图形效果如图 6－42（c）所示。

（9）拉伸底面圆并执行布尔运算。在命令行中输入 Extrude 命令并按 Enter 键，再次运用拉伸命令将底面中心的两个圆拉伸，生成高为 50 的两个圆柱体并进行消隐处理。对此图形作布尔运算的并集处理。在命令行中输入 Union 命令并按 Enter 键或者在"实体编辑"面板中单击"并集"按钮，执行并集命令，将底面和中心的大圆柱体合并成为一个整体，再对图形作布尔运算的差集处理，将底面上五个小圆柱体和中心的小圆柱体从图形中减去，图形效果如图 6－42（d）所示。

轴盖的零件图绘制完成后，可以根据需要选择不同视觉式样，例如将图 6－42（d）所示图形附着材质并选择"真实"视觉样式后，效果如图 6－42（e）所示。

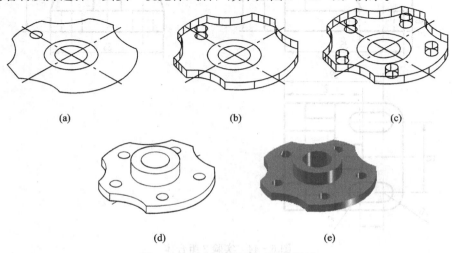

(a)　　　　　　　　　　(b)　　　　　　　　　　(c)

(d)　　　　　　　　　　(e)

图 6－42　轴盖三维模型视觉效果

6.5 上 机 实 验

实验1：按如图6-43所示组合体的尺寸建立三维实体模型，并着色。

1. 目的要求

通过此实验，掌握立体的造型方法和步骤。

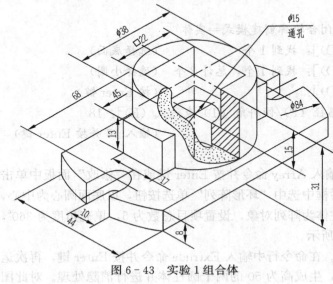

图6-43　实验1组合体

2. 操作指导

(1) 可充分利用三维镜像功能来简化复杂对称形体的造型过程。

(2) 在定位实体时，根据需要移动 UCS，可以使定位准确。

实验2：按如图6-44所示组合体的三视图尺寸绘制三维模型，并参照本章内容进行附材质、打灯光、设置背景、建立场景、渲染操作。

1. 目的要求

通过此实验，掌握组合体的造型方法和步骤，并了解 AutoCAD 的渲染功能。

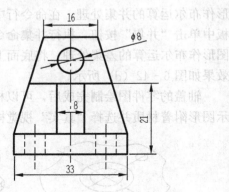

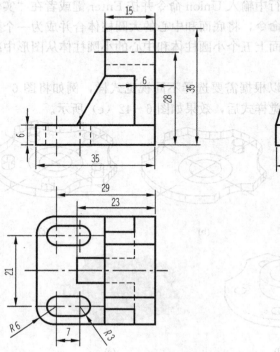

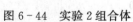

图6-44　实验2组合体

2. 操作指导

（1）造型过程中注意布尔运算等编辑操作的应用。

（2）渲染时可以多设置几个场景，进行渲染效果比较。

思　考　题

6-1　列举 4 种三维实体造型命令及其具体用法。

6-2　编辑三维实体有哪些方法？其作用分别是什么？

6-3　在三维建模过程中，拉伸、移动及偏移实体表面各有什么作用？

6-4　列举两种以上三维建模的方法，并举例说明。

第 7 章　三维零件和装配体设计绘制

本章概要　　介绍用 AutoCAD 进行机件的三维设计过程。以柱塞泵为实例，讲述了柱塞泵每部分的三维造型过程，并介绍了怎样进行三维视点观察，如何着色渲染。

工程师通过绘制多个平面图来反映产品的结构形状，但平面图的缺点在于不能使用户全局观察产品的设计效果。通过第 6 章学习，知道了 AutoCAD 除了具有强大的二维绘图功能外，还可以很方便地建立对象的三维模型。本章以柱塞泵的设计为例来介绍产品的三维设计过程。

7.1　柱塞的造型

柱塞的造型首先是在三维建模工作环境的模型空间中绘制出柱塞的一半投影，然后将它定义为一个面域，再将这个面域进行旋转，即得到柱塞的三维造型。

7.1.1　绘好的柱塞

图 7-1　渲染好的柱塞三维造型

图 7-1 所示是一个已经渲染好的柱塞三维造型。

7.1.2　绘图步骤

1. 绘制轴线

为了方便绘图操作，在二维模型空间先画出一根轴线。单击"常用"选项卡中"绘图"面板上"直线"图标，画轴线。

轴线的起、终点坐标：（-5，0）、（73，0）。

★注意：这里给出的轴线的起、终点坐标值仅作为参考值，也可以用鼠标直接在二维模型空间画条轴线。绘完柱塞的三维模型后，应将轴线删除。

2. 绘制柱塞外轮廓

单击"绘图"面板上"矩形"图标□。

命令：_rectang （画矩形）

指定第一个角点或 ［倒角（C）/标高（E）/圆角（F）/厚度（T）/宽度（W）］：0，0

指定另一个角点或 ［面积（A）/尺寸（D）/旋转（R）］：65，9

单击"绘图"面板上"圆"图标⊘。

命令：_circle

指定圆的圆心或 ［三点（3P）/两点（2P）/相切、相切、半径（T）］：52，0　　（输入圆心）

指定圆的半径或 ［直径（D）］：16　（输入半径）

单击"修改"面板上的"倒角"图标⌐。

命令：_chamfer　（倒角）

（"修剪"模式）当前倒角距离 1＝0.0000，距离 2＝0.0000

选择第一条直线或［放弃（U）/多段线（P）/距离（D）/角度（A）/修剪（T）/方式（E）/多个（M）］：d　　（设置倒角长度）

指定第一个　倒角距离〈0.0000〉：1　　（倒角长度值）

指定第二个　倒角距离〈1.0000〉：1　　（倒角长度值）

选择第一条直线或［放弃（U）/多段线（P）/距离（D）/角度（A）/修剪（T）/方式（E）/多个（M）］：　　（拾取直线1）

选择第二条直线，或按住 Shift 键选择要应用角点的直线：　　（拾取直线2）

然后再利用"修改"面板上"裁剪"图标 -/-，将多余线条去除，结果如图 7-2 所示。

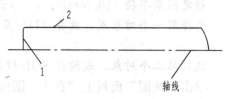

图 7-2　绘制柱塞外轮廓

3. 绘制柱塞沟槽

单击"绘图"面板上"直线"图标 /。

命令：_line

指定第一点：32，9　　　　　　　　（输入第一点）

指定下一点或［放弃（U）］：@0，－1（输入第二点）

指定下一点或［放弃（U）］：@1，0　（输入第三点）

指定下一点或［闭合（C）/放弃（U）］：@0，1　（输入第四点）

指定下一点或［闭合（C）/放弃（U）］：　　　　（按 Enter 键）

单击"修改"面板上"复制"图标 ％。

命令：_copy（复制）

选择对象：指定对角点：找到 3 个　　（拾取刚画好的三条直线）

选择对象：　　（按 Enter 键）

当前设置：复制模式＝多个

指定基点或［位移（D）/模式（O）］〈位移〉：　　（指定基点）

指定第二个点或〈使用第一个点作为位移〉：@7，0

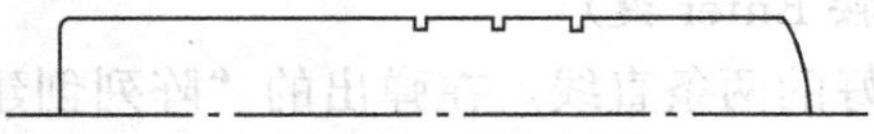

同样复制刚复制好的三条直线段，相对刚复制的距离为 7，结果如图 7-3 所示。

图 7-3　绘制柱塞沟槽

4. 绘制内腔

单击"绘图"面板上"矩形"图标 ▭。

命令：_rectang（画矩形）

指定第一个角点或［倒角（C）/标高（E）/圆角（F）/厚度（T）/宽度（W）］：0，0

指定另一个角点或［面积（A）/尺寸（D）/旋转（R）］：22，7

单击"修改"面板上"倒角"图标 ◺。

命令：_chamfer　　（倒角）

（"修剪"模式）当前倒角距离 1＝1.0000，距离 2＝1.0000

选择第一条直线或［多段线（P）/距离（D）/角度（A）/修剪（T）/方式（M）/多个（U）］：　　（拾取直线1）

选择第二条直线：　　（拾取直线3）

单击"修改"面板上"圆角"图标▱。

命令：_fillet（倒圆角）

当前设置：模式＝修剪，半径＝0.0000

选择第一个对象或［放弃（U）/多段线（P）/半径（R）/修剪（T）/多个（M）］：r

指定圆角半径〈10.0000〉：1　　（设置圆角半径）

选择第一个对象或［放弃（U）/多段线（P）/半径（R）/修剪（T）/多个（M）］：

（拾取直线3）

选择第二个对象，或按住Shift键选择要应用角点的对象：　　（拾取直线4）

单击"绘图"面板上"直线"图标✎。

命令：_line

指定第一点：1，0　　　　　　　　（直线起点）

指定下一点或［放弃（U）］：@0，7　　（直线终点）

指定下一点或［放弃（U）］：　　　　（按Enter键）

然后再利用"修改"面板上"延长"图标➝，将线条补全，结果如图7-4所示。

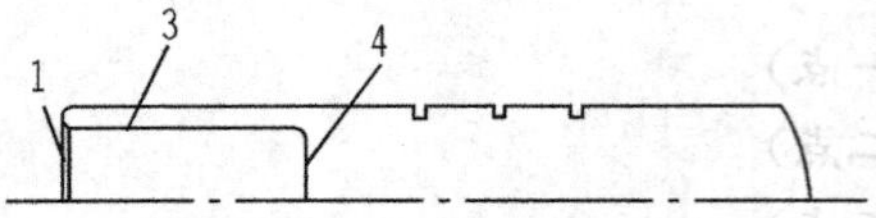

5. 绘制螺纹孔

单击"绘图"面板上"直线"图标✎。

命令：_line

图 7-4　绘制内腔

指定第一点：34，4　　　　　　　　（直线起点）

指定下一点或［放弃（U）］：@2，-4　　（直线终点）

指定下一点或［放弃（U）］：　　　　　（按Enter键）

同样绘制出其他直线，为（34，0）-（34，5）。

命令：_line　　　　（重复画直线命令）

指定第一点：22，5　　（输入第一点）

指定下一点或［放弃（U）］：@1.5147<-60　　（输入第二点）

指定下一点或［放弃（U）］：@1.5147<60　　（输入第三点）

指定下一点或［闭合（C）/放弃（U）］：　　　　（按Enter键）

单击"修改"面板上"阵列"图标▦。选择刚画好的两条直线。在弹出的"阵列创建"上下文选项卡中设置选择行数为1，列数为20，列偏移为1.5147，单击"关闭"按钮。再利用"修改"面板上"修剪"图标⤬，将多余的直线条删除。结果如图7-5所示。

★注意：绘制柱塞螺纹的准确方法应该是先绘制出螺旋线，再绘制出沿螺旋线法线方向的单个螺纹的截面，然后使用Extrude命令中的沿路径拉伸功能，将螺纹截面沿螺旋线拉伸。而在实际操作中，经常采用的绘制方法是：首先绘制出螺纹的整个径向截面，然后绕轴线旋转。该方法绘制出来的螺纹仅是一个螺纹近似图，并不是一个真正的螺纹。

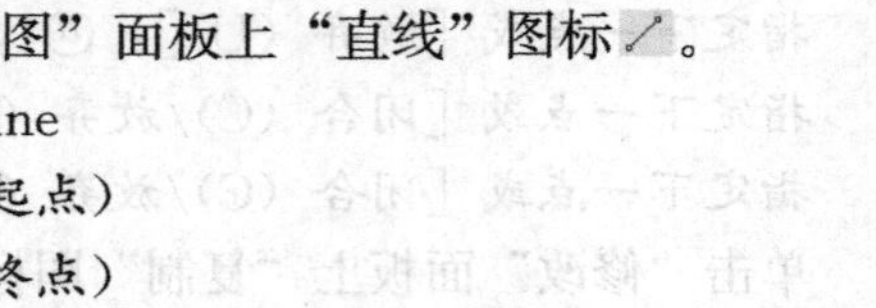

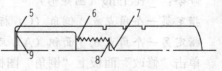

图 7-5　绘制螺纹孔

6. 修剪线条

单击"绘图"面板上"直线"图标 ✎。

命令：_line

指定第一点：36，0

指定下一点或 [放弃（U）]：@32，0

指定下一点或 [放弃（U）]：　（按 Enter 键）

单击"修改"面板上"修剪"图标 ⊷。

命令：_ trim　　（修剪多余线段）

当前设置：投影＝UCS，边＝无

选择剪切边 ...

选择对象或〈全部选择〉：指定对角点：找到 1 个　　（拾取直线 5）

选择对象：找到 1 个，总计 2 个　（拾取直线 6）

选择对象：找到 1 个，总计 3 个　（拾取直线 7）

选择对象：　　　　　　　　　　（按 Enter 键）

选择要修剪的对象，或按住 Shift 键选择要延伸的对象，或 [栏选（F）/窗交（C）/投影
（P）/边（E）/删除（R）/放弃（U）]：　　（拾取直线 1 的下面部分）

（拾取直线 4 的下面部分）

（拾取直线 8 的下面部分）

（按 Enter 键）

单击"修改"面板上"删除" ✎ 图标。

命令：_erase　（删除）

选择对象：找到 1 个　　（拾取直线 9）

选择对象：　　（按 Enter 键）

结果如图 7-6 所示。

7. 定义面域

单击"绘图"扩展面板上"面域"图标 ◙。

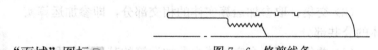

图 7-6　修剪线条

命令：_region

选择对象：找到 39 个　（拾取除中心线以外的所有线条）

选择对象：　　　　　　（按 Enter 键）

已提取 1 个环。

已创建 1 个面域。

8. 旋转面域

单击"建模"面板上"旋转"图标 ◙。

命令：_revolve

当前线框密度：ISOLINES＝4，闭合轮廓创建模式＝实体

选择要旋转的对象或 [模式（MO）]：_MO 闭合轮廓创建模式 [实体（SO）/曲面
（SU）]〈实体〉：_SO

选择要旋转的对象或 [模式（MO）]：找到 1 个　（拾取刚定义的面域）

选择要旋转的对象或 [模式（MO）]：　　　　　（按 Enter 键）

指定轴起点或根据以下选项之一定义轴 ［对象（O）/X/Y/Z］〈对象〉：x

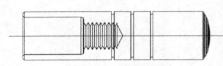

图 7-7　旋转面域

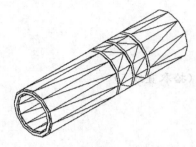

图 7-8　柱塞的三维造型

指定旋转角度或 ［起点角度（ST）/反转（R）/表达式（EX）］〈360〉：　　（按 Enter 键）

结果如图 7-7 所示。

★注意：在定义面域时，线条一定要构成封闭的区域，才能够定义为面域，否则无效。在旋转面域时，旋转的轴线应是柱塞的中心线。

7.1.3　观察三维对象

经过旋转面域后，已经获得了柱塞的三维模型。但是由于视角的关系，看到图形窗口上显示的仍然是平面图形。要观察到柱塞的三维立体模型，必须改变视角。

单击绘图窗口左上角"视图控件"—"西南等轴测"。

柱塞的三维立体模型（已消隐）如图 7-8 所示。

7.2　泵体的造型

泵体结构较复杂，由底板、空心立方体、空心圆柱等组成。在进行泵体的三维造型时，首先绘制出泵体实体，然后再绘制出挖空的部分，最后进行布尔运算。

AutoCAD 的布尔运算包括交集、并集和差集三种，它们的含义与熟悉的数学中集合运算概念非常相似。

（1）并集：取合并参加运算的所有部分实体。

（2）交集：取参加运算实体的相交部分，即参加运算实体的公共部分。

（3）差集：取一个实体减去参加运算的其他实体剩下的部分。

在绘制泵体时，应注意当前使用的坐标系是用户坐标系还是世界坐标系。

7.2.1　绘好的泵体

图 7-9 所示为一个已经渲染好的泵体三维造型。

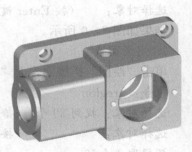

图 7-9　渲染好的泵体三维造型

7.2.2　绘制泵体

为了便于绘制泵体的三维图形，设置模型空间平铺视口为四个。

单击绘图窗口左上角"视口控件"—"视口配置列表"—"配置..."，如图 7-10（a）所示，或菜单"视图"—"视口"—"新建视口"，在如图 7-10（b）所示的"视口"对话框的"新建视口"选项卡中选择"四个：相等"；在"设置"下拉列表框中选择"三维"。按我国绘图习惯，在"预览"窗口调整视口。

1. 绘制中心线

用鼠标单击"俯视"视口，将"俯视"视口设置为当前视口。为了方便操作，先画出两

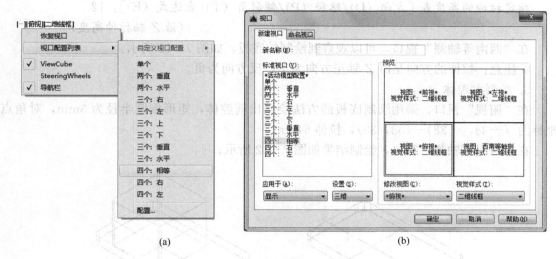

图 7-10　视口设置

(a)"视图控件"下拉菜单；(b)"视口"对话框

条中心线，便于定用户坐标系。

单击"常用"选项卡中"绘图"面板上"直线"图标 ∕ 。

命令：_line

指定第一点：80，150　　　　　　　　（中心线起点）

指定下一点或 [放弃（U）]：@200，0　（中心线终点）

指定下一点或 [放弃（U）]：　　　　　（按 Enter 键）

同样绘制另一条中心线，为（200，94）—（200，204）。

★注意：绘完三维造型后，要将中心线删除。

2. 绘制底板

单击"绘图"面板上"矩形"图标 □ 。

命令：_rectang　　（画矩形）

指定第一个角点或 [倒角（C）/标高（E）/圆角（F）/厚度（T）/宽度（W）]：f（倒圆角）

指定矩形的圆角半径 〈0.0000〉：10　　（输入圆角半径值）

指定第一个角点或

[倒角（C）/标高（E）/圆角（F）/厚度（T）/宽度（W）]：—103，—48　（起点）

指定另一个角点或 [面积（A）/尺寸（D）/旋转（R）]：@162，96　　　（终点）

单击"建模"面板上"拉伸"图标 ⬚ 。

命令：_extrude

当前线框密度：ISOLINES=4，闭合轮廓创建模式=实体

选择要拉伸的对象或 [模式（MO）]：_MO 闭合轮廓创建模式 [实体（SO）/曲面（SU）] 〈实体〉：_SO

选择要拉伸的对象或 [模式（MO）]：找到 1 个　　（拾取矩形）

选择要拉伸的对象或 [模式（MO）]：　　　　　（按 Enter 键）

指定拉伸的高度或 [方向 (D)/路径 (P)/倾斜角 (T)/表达式 (E)]：12

（沿 Z 轴拉伸高度）

在"西南等轴测"视口，可以观察到绘制的底板，如图 7-11 所示。

★注意：拉伸的方向是沿 Z 轴正方向为正，反方向为负。

3. 绘制前腔体

在"俯视"视口，采用绘制底板的方法绘制出前腔体，矩形倒圆半径为 3mm，对角点坐标为（-38，-38）—（38，38），拉伸 64mm。

在"西南等轴测"视口，绘制结果如图 7-12 所示。

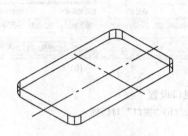

图 7-11　绘制底板

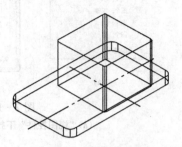

图 7-12　绘制前腔体

4. 绘制左腔体

将"西南等轴测"视口设为当前视口。在命令行输入 UCS。

命令：ucs　　　　　　　　　　（改变坐标系）

当前 UCS 名称：＊世界＊

指定 UCS 的原点或 [面 (F)/命名 (NA)/对象 (OB)/上一个 (P)/视图 (V)/世界 (W)/X/Y/Z/Z 轴 (ZA)]〈世界〉：0，0，32

指定 X 轴上的点或〈接受〉：　　（按 Enter 键）

命令：_ucs　　　　　　　　　　（重复 UCS 命令）

当前 UCS 名称：＊没有名称＊

指定 UCS 的原点或 [面 (F)/命名 (NA)/对象 (OB)/上一个 (P)/视图 (V)/世界 (W)/X/Y/Z/Z 轴 (ZA)]〈世界〉：y

指定绕 Y 轴的旋转角度〈90〉：-90

单击"绘图"面板上"矩形"图标□，对角点坐标为（-32，-28）—（28，28），圆角半径为 5mm，绘制出矩形，再将它拉伸 103mm。

单击"绘图"面板上"圆"图标⊙。

命令：_circle

指定圆的圆心或 [三点 (3P)/两点 (2P)/相切、相切、半径 (T)]：0，0，0

（输入圆心）

指定圆的半径或 [直径 (D)]：28　　（输入半径值）

再将它拉伸 107mm，结果如图 7-13 所示。

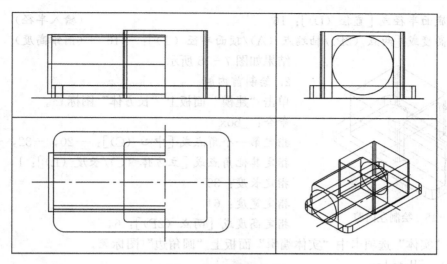

图 7-13　绘制左腔体

👆 **试一试**　你也可以试试在"左视"视口画左腔体。

5. 合并实体

单击"实体编辑"面板上"并集"图标 ⬚。

命令：_union

选择对象：找到 1 个　　　　　　　　（拾取底板）

选择对象：找到 1 个，总计 2 个　　　（拾取前腔体）

选择对象：找到 1 个，总计 3 个　　　（拾取左腔体）

选择对象：找到 1 个，总计 4 个　　　（拾取圆柱）

选择对象：　　　　　　　　　　　　　（按 Enter 键）

结果如图 7-14 所示。

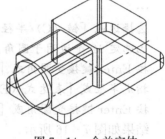

图 7-14　合并实体

💡 **技巧**　若要拾取平面内的所有实体，不必要一个个去拾取实体，只需用鼠标将所有实体框起来即可。

7.2.3　挖空内腔

1. 绘制左内腔

单击"建模"面板上"圆柱体"图标 ⬚。

命令：_cylinder

指定底面的中心点或 ［三点（3P）/两点（2P）/切点、切点、半径（T）/椭圆（E）］：0，0，0　（按 Enter 键）

指定底面半径或 ［直径（D）］：15　　　　　　　（输入半径）

指定高度或 ［两点（2P）/轴端点（A）］：107　（输入高度）

为了对孔进行倒圆角，绘制圆锥。

单击"建模"面板上"圆锥体"图标 △。

命令：_cone

指定底面的中心点或 ［三点（3P）/两点（2P）/切点、切点、半径（T）/椭圆（E）］：0，0，107　（输入圆心坐标值）

指定底面半径或［直径（D）］：16　　　　　　　　　　　　　　　（输入半径）

指定高度或［两点（2P）/轴端点（A）/顶面半径（T）］：－16　　（圆锥高度）

结果如图7-15所示。

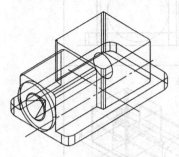

2. 绘制前内腔

单击"建模"面板上"长方体"图标▢。

命令：_box

指定第一个角点或［中心（C）］：－20，－32，－32

指定其他角点或［立方体（C）/长度（L）］：1

指定长度：39

指定宽度：64

图7-15　绘制左内腔　　　　　　指定高度或［两点（2P）］：64

单击"实体"选项卡中"实体编辑"面板上"圆角边"图标▣。

命令：_filletedge

半径＝1.0000

选择边或［链（C）/半径（R）］：　　　　　（拾取刚绘制的立方体上任意一条棱线）

选择边或［链（C）/半径（R）］：　　　　　（继续拾取棱线）

…

选择边或［链（C）/半径（R）］：　　　　　（继续拾取棱线）

已选定12个边用于圆角。

按Enter键接受圆角或［半径（R）］：r

指定半径或［表达式（E）］〈1.0000〉：3

按Enter键接受圆角或［半径（R）］：（按Enter键）

结果如图7-16所示。

3. 绘制前通孔

在命令行输入UCS。

命令：ucs　　（按Enter键）

当前UCS名称：＊世界＊

指定UCS的原点或［面（F）/命名（NA）/对象（OB）/

上一个（P）/视图（V）/世界（W）/X/Y/Z/Z轴（ZA）］〈世

界〉：y

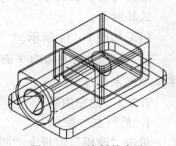

图7-16　绘制前内腔

指定绕Y轴的旋转角度〈90〉：　　（按Enter键）

单击"常用"选项卡中"建模"面板上"圆柱体"图标▢。

命令：_cylinder

指定底面的中心点或［三点（3P）/两点（2P）/切点、切点、半径（T）/椭圆（E）］：0，0，0

指定底面半径或［直径（D）］：25　　　　　　　（输入半径）

指定高度或［两点（2P）/轴端点（A）］：32　　　（输入高度）

单击"建模"面板上"圆锥体"图标△。

命令：_cone

指定底面的中心点或［三点（3P）/两点（2P）/切点、切点、半径（T）/椭圆（E）］：0，

0，32　（输入圆心坐标）

指定底面半径或［直径（D)]：26　（输入半径值）

指定高度或［两点（2P)/轴端点（A)/顶面半径（T)]：-26　（圆锥高度）

结果如图7-17所示。

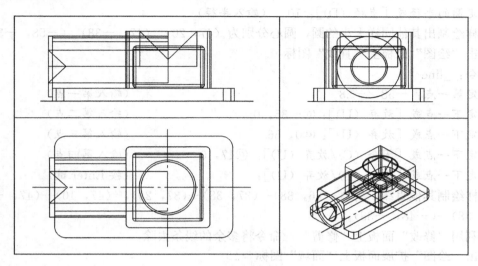

图7-17　绘制前通孔

4. 绘制后通孔

如同绘制前通孔一样绘制后通孔。

单击"建模"面板上"圆柱体"图标 □。绘制出两个圆柱，圆心坐标为（0，0，-28），半径为21mm和25mm，高度为11mm。

单击"建模"面板上"圆锥体"图标 △。输入圆心坐标（0，0，-17)，半径为22mm，圆锥高度为 -22mm。

单击"实体编辑"面板上"差集"图标 ⊚。

命令：_subtract

选择要从中减去的实体、曲面和面域…

选择对象：找到 1 个　（拾取大圆柱）

选择对象：　　　　　（按 Enter 键）

选择要减去的实体、曲面和面域…

选择对象：找到 1 个　（拾取小圆柱）

选择对象：找到 1 个，总计 2 个　（拾取圆锥）

选择对象：　（按 Enter 键）

结果如图7-18所示。

5. 绘制底板槽

在命令行输入 UCS。

命令：ucs　（按 Enter 键）

当前 UCS 名称：＊世界＊

指定 UCS 的原点或［面（F)/命名（NA)/对象（OB)/上

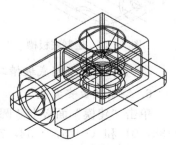

图7-18　绘制后通孔

一个（P）/视图（V）/世界（W）/X/Y/Z/Z 轴（ZA）]〈世界〉：0，0，-32

单击"绘图"面板上"圆"图标 ⊘。

命令：_circle

指定圆的圆心或［三点（3P）/两点（2P）/相切、相切、半径（T）]：-76，38   （输入圆心）

指定圆的半径或［直径（D）]：10   （输入半径）

同样绘制出其他同样大小的圆，圆心分别为（47，20）、（47，-38）、（-58，-38）。

单击"绘图"面板上"直线"图标 ⁄。

命令：_line

指定第一点：-58，-28   （输入第一点）

指定下一点或［放弃（U）]：@-35，0   （输入第二点）

指定下一点或［放弃（U）]：@0，56   （输入第三点）

指定下一点或［闭合（C）/放弃（U）]：@17，0   （输入第四点）

指定下一点或［闭合（C）/放弃（U）]：   （按 Enter 键）

同样绘制其他直线，为（-66，38）—（37，38）—（37，20），（47，10）—（47，-28），（37，-38）—（-48，-38）。

再利用"修改"面板上"修剪" ⁄-- 命令将多余的线条去除。

单击"绘图"扩展面板上"面域"图标 ◙。

命令：_region

选择对象：找到 1 个

选择对象：指定对角点：   （拾取刚绘制的线条）

选择对象：   （按 Enter 键）

已提取 1 个环

已创建 1 个面域

单击"建模"面板中"拉伸"图标 🔟。

命令：_extrude

当前线框密度：ISOLINES=4，闭合轮廓创建模式=实体

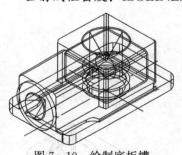

图 7-19 绘制底板槽

选择要拉伸的对象或［模式（MO）]：_MO 闭合轮廓创建模式［实体（SO）/曲面（SU）]〈实体〉：_SO

选择要拉伸的对象或［模式（MO）]：找到 1 个   （拾取刚定义的面域）

选择要拉伸的对象或［模式（MO）]：   （按 Enter 键）

指定拉伸的高度或［方向（D）/路径（P）/倾斜角（T）/表达式（E）]：4   （拉伸高度）

结果如图 7-19 所示。

🔊 **提 示**   绘制底板槽二维图形时，要注意当前坐标系所在的位置。

6. 绘制底板安装孔

单击"建模"面板上"圆柱体"图标 ▯，画两个圆柱，其参数分别为圆心坐标（-76，-38，0）和（-76，-38，7），半径值 4.5mm 和 7.3mm，高度值 7mm 和 5mm。

单击"修改"面板上"复制"图标 %。

命令：_copy　　　　　　（复制）

选择对象：找到 2 个　　（拾取刚画好的两个圆柱）

选择对象：　　　　　　（按 Enter 键）

当前设置：复制模式 = 多个

指定基点或 [位移 (D)/模式 (O)]〈位移〉：指定第二个点或 〈使用第一个点作为位移〉：@123，0

指定第二个点或 [退出 (E)/放弃 (U)]〈退出〉：　　（按 Enter 键）

同样复制刚绘制好的四个圆柱，相对刚复制的距离@0，76。

结果如图 7 - 20 所示。

7. 绘制销孔和螺孔

单击"建模"面板上"圆柱体"图标⊙，输入圆心坐标（-58，-38，0）和（47，20，0），半径值为 3mm，高度值为 12mm，绘制两个销孔。

绘制 7 个 M6 的螺孔，先绘制一个，然后复制、阵列、旋转。

结果如图 7 - 21 所示。

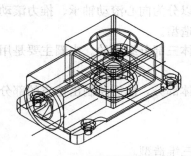　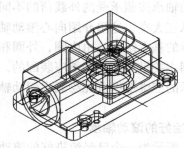

图 7 - 20　绘制底板安装孔　　　　　图 7 - 21　绘制销孔和螺孔

8. 形成内腔

单击"实体编辑"面板上"差集"图标⊚。

命令：_subtract

选择要从中减去的实体、曲面和面域 …

选择对象：找到 1 个　　（拾取泵体）

选择对象：　　　　　　（按 Enter 键）

选择要减去的实体、曲面和面域 …

选择对象：找到 22 个　　（拾取刚绘制的这些几何体）

选择对象：　　　　　　（按 Enter 键）

9. 旋转泵体

在命令行输入 UCS。

命令：ucs

当前 UCS 名称：＊世界＊

指定 UCS 的原点或 [面 (F)/命名 (NA)/对象 (OB)/上一个 (P)/视图 (V)/世界 (W)/X/Y/Z/Z 轴 (ZA)]〈世界〉：y

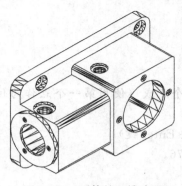

图7-22　泵体的三维造型

指定绕Y轴的旋转角度〈90〉：　　（按Enter键）

单击"修改"面板中"旋转"图标○。

命令：_rotate

UCS当前的正角方向：ANGDIR＝逆时针 ANGBASE＝0

选择对象：找到1个　（拾取泵体）

选择对象：　　　　　（按Enter键）

指定基点：0，0　　　（旋转基点）

指定旋转角度，或［复制（C）/参照（R）]〈0〉：90

（旋转角度）

泵体的三维造型（已消隐）如图7-22所示。

7.3　滚动轴承的造型

滚动轴承是现代机器广泛应用的组件之一，它主要是依靠元件间的滚动接触来支承转动零件的。滚动轴承按照承受的外载荷的不同，可以分为向心滚动轴承、推力滚动轴承和向心推力滚动轴承三大类。这里介绍向心滚动轴承的造型。

滚动轴承的基本结构是由内圈、外圈和滚动体三部分组成的。内圈主要是用来与轴颈装配的，而外圈主要是用来与轴承座装配的。

滚动轴承的三维造型首先绘制出滚动轴承实体部分，然后绘制出挖空的部分，再进行布尔运算。

7.3.1　绘好的滚动轴承

图7-23所示为一个已经渲染好的滚动轴承三维造型。

7.3.2　绘制滚动轴承

1. 绘制中心线

绘制滚动轴承时，为了方便找对称中心，先绘制中心线。进行三维造型后，要将中心线删除。

单击"常用"选项卡中"绘图"面板上"直线"图标╱。

中心线起、终点坐标：（60，60）—（100，60），（80，40）—（80，100）。

单击"视图"面板上"西南等轴测"图标◎。

在命令行输入UCS。

命令：ucs

当前UCS名称：＊世界＊

指定UCS的原点或［面（F）/命名（NA）/对象（OB）/上一个（P）/视图（V）/世界（W）/X/Y/Z/Z轴（ZA）]〈世界〉：　　（捕捉交点）

结果如图7-24所示。

图7-23　渲染好的滚动
轴承三维造型

2. 绘制外圈

单击"建模"面板上"圆柱体"图标▢。

图7-24　绘制中心线

命令：_cylinder

指定底面的中心点或 ［三点（3P）/两点（2P）/切点、切点、半径（T）/椭圆（E）］：0,
0, 0

指定底面半径或 ［直径（D）］：17.3　　　　（输入半径）

指定高度或 ［两点（2P）/轴端点（A）］：11　（输入高度）

同样绘制出另一个圆柱，圆心为（0, 0, 0），半径为 14，高度为 11。

单击"实体编辑"面板上"差集"图标◎。

命令：_subtract

选择要从中减去的实体、曲面和面域…

选择对象：找到 1 个　　　　（拾取大圆柱）

选择对象：　　　　（按 Enter 键）

选择要减去的实体、曲面和面域…

选择对象：找到 1 个　　　　（拾取小圆柱）

选择对象：　　　　（按 Enter 键）

结果如图 7－25 所示。

3. 绘制内圈

采用绘制外圈的方法绘制出内圈。绘制两个以（0, 0, 0）为圆心、半径分别为 11 和
7.3、高度为 11 的圆柱。

结果如图 7－26 所示。

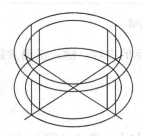 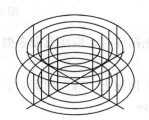

　　图 7－25　绘制外圈　　　　　　　图 7－26　绘制内圈

4. 绘制槽

单击"建模"面板上"圆环"图标◎。

命令：_torus

指定中心点或 ［三点（3P）/两点（2P）/切点、切点、半径（T）］：0, 0, 5.5　　　（输
入圆心）

指定半径或 ［直径（D）］：12.5　　　　　　（输入圆环半径）

指定圆管半径或 ［两点（2P）/直径（D）］：2.5　　（输入圆环截面半径）

单击"实体编辑"面板上"差集"图标◎。

命令：_subtract

选择要从中减去的实体、曲面和面域…

选择对象：找到 1 个　　　　（拾取外圈）

选择对象：找到 1 个，总计 2 个　（拾取内圈）

选择对象：   （按 Enter 键）

选择要减去的实体、曲面和面域…

选择对象：找到 1 个   （拾取圆环）

选择对象：   （按 Enter 键）

结果如图 7-27 所示。

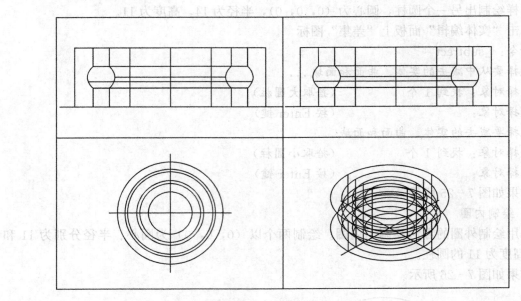

图 7-27　绘制槽

★注意：绘制圆环时，应注意命令提示行中提示的内容，输入正确参数。

5. 绘制滚子

单击"建模"面板上"球"图标○。

命令：_sphere

指定中心点或 [三点 (3P)/两点 (2P)/切点、切点、半径 (T)]：12.5，0，5.5   （输入球心）

指定半径或 [直径 (D)]：2.5   （输入半径）

单击"修改"面板上"阵列"图标▦。

命令：_array

在弹出的"阵列"对话框中点选环形阵列，单击"选择对象"按钮，选择滚子。再单击"中心点"按钮，输入阵列中心 (0, 0, 5.5)，确保阵列滚子个数总数为 8 个，填充角度为 360°，单击"确定"按钮。

结果如图 7-28 所示。

6. 倒圆角以及合并轴承

单击"实体"选项卡中"实体编辑"面板上"圆角边"图标◉。

命令：_filletedge

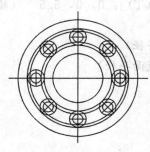

图 7-28　绘制滚子

半径＝1.0000

选择边或［链（C）/半径（R）］：　　（拾取需要倒圆角的棱边）

已选定 1 个边用于圆角。

按 Enter 键接受圆角或［半径（R）］：r

指定半径或［表达式（E）］〈1.0000〉：0.6

（设置倒圆角量）

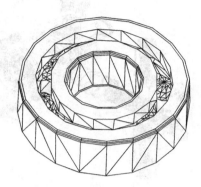

按 Enter 键接受圆角或［半径（R）］：　　（按 Enter 键）

同样绘制出其他圆角。

单击"布尔值"面板上"并集"图标◎。

命令：_union

选择对象：找到 1 个，总计 10 个

（拾取外圈、内圈和滚子）

选择对象：（按 Enter 键）

滚动轴承三维造型（已消隐）如图 7－29 所示。

图 7－29　滚动轴承三维造型

7.4　柱塞泵的着色渲染

如第 6 章所述，AutoCAD 软件提供了很强的着色和渲染功能。用户不但可以在模型空间中设置各种类型的光源（有点光源、平行光和聚光灯光源），而且可以给三维模型表面附加特殊的材质（如钢、塑料、玻璃等），还能对实体进行着色，使模型显示逼真，接近真实实体。不仅如此，还能在场景中加入背景图案，以控制物体的反射性与透明性，此外，还可以把渲染图像以不同的文件格式输出。

在 AutoCAD 中，最逼真、最真实、最理想的效果，是采用 Render 渲染命令对图像进行渲染。采用 Render 命令进行渲染的最大特点是：

（1）能够设置不同类型的灯光，使其着色渲染后的效果更为逼真。

（2）能够赋予实体各种不同类型的材质，使其实体更加接近真实物体。

（3）能够设置不同类型的场景，来更好地美化着色渲染效果。

Render 命令功能非常强大，牵涉的方面比较多，例如需要进行灯光、附加材质、增添背景的设置等。

下面以柱塞泵为例，介绍一下着色渲染的详细操作步骤。

7.4.1　打开柱塞泵组装图

将已经绘制好的柱塞泵组装图打开，将每个实体放在不同的图层上，并且每个图层上分别设置成不同的颜色，如图 7－30 所示。

7.4.2　视觉样式

单击"常用"选项卡中"视图"面板上的"视觉样式"—"真实"，视觉效果如图 7－31 所示。

7.4.3　渲染

由图 7－31 可知，原来的三维模型生动丰富了，但比较呆板，真实感不强。如果采用渲染，设置了灯光和附加了材质，则能使三维模型更生动丰富，真实感加强。

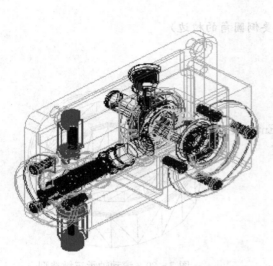

图7-31 "视觉样式"效果

图7-30 绘制好的"柱塞泵组装图"

 技巧 在设置灯光和附加材质过程中，为了能够及时地观察到图形变化效果，在设置灯光和材质之前，可先用 Render 命令的缺省值进行渲染着色，观看渲染着色效果，再进行比较，以便于修改参数。

1. 灯光设置

在这里只设置了两个"平行光"的灯光。

单击"可视化"选项卡中"光源"面板上"创建光源"—"平行光"图标 ，或菜单"视图"—"渲染"—"光源"—"新建平行光"，系统对话框提示"关闭默认光源"，"允许平行光"，命令行继续提示如下：

命令：_distantlight

指定光源来向〈0，0，0〉或 [矢量（V）]：（指定来向）

指定光源去向〈1，1，1〉：（指定去向）

输入要更改的选项 [名称（N）/强度因子（I）/状态（S）/光度（P）/阴影（W）/过滤颜色（C）/退出（X）]〈退出〉：n

输入光源名称〈平行光1〉：P1

输入要更改的选项 [名称（N）/强度因子（I）/状态（S）/光度（P）/阴影（W）/过滤颜色（C）/退出（X）]〈退出〉：   （按 Enter 键）

同上步骤设置平行光2光源名称为P2。单击菜单"视图"—"渲染"—"光源"—"光源列表"，在"模型中的光源"对话框 [见图7-32（a）] 中分别单击 P1、P2，设置光源如图7-32（b）、（c）所示。

用户还可以根据自己需要，设置点光源和聚光灯类型的光源。

2. 赋材质

单击菜单"视图"—"渲染"—"材质浏览器"，弹出"材质浏览器"对话框，如图7-33所示。

在"材质浏览器"对话框中选择合适的"材质"，单击所选"材质"，将所选"材质"拖到三维对象上，对实体进行赋材质。

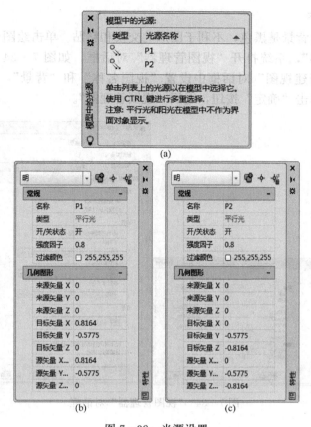

图 7 - 32　光源设置

(a)"模型中的光源"对话框；(b) 设置光源 P1；(c) 设置光源 P2

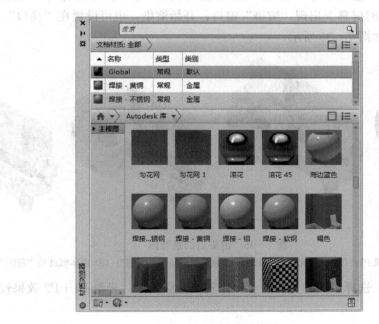

图 7 - 33　材质浏览器

3. 设置背景图案

默认渲染窗口的背景是黑色，不利于图形的交换和粘贴。单击绘图窗口左上角"视图控制"—"视图管理器"，系统打开"视图管理器"对话框，如图 7-34 所示。单击"新建"按钮，在出现的"新建视图"对话框中设置"视图名称"和"背景"，选择背景为"纯色"项，定义白色。再单击"确定"按钮，返回"视图管理器"。

图 7-34 "视图管理器"对话框

4. 渲染图

单击"可视化"选项卡中"渲染"面板上的图标，或单击菜单"视图"—"渲染"—"渲染"，此时屏幕上出现"渲染"窗口，开始渲染。也可设置在"视口"或"面域"下进行渲染，结果如图 7-35 所示。

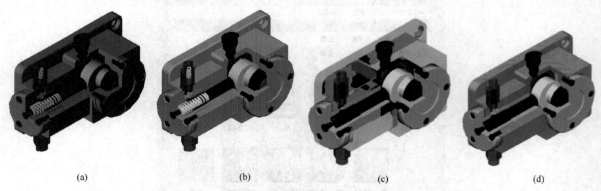

| (a) | (b) | (c) | (d) |

图 7-35 渲染后的组装图
(a) 采用光源 P1；(b) 采用光源 P1+P2；(c) 泵体赋材质"不锈钢"；(d) 泵体赋材质"黄铜"

反复上述步骤，选择不同的光源组合，比较其渲染效果，光源 P1+P2 效果较好。

7.5　柱塞泵轴测分解图

轴测分解图是一种特殊的立体图，它是按照装配顺序，将机器各个零部件沿装配轴方向分解而形成的。轴测分解图又称为爆炸图。由于轴测分解图能够比较直观、形象地反映出设备的装配关系、模型结构和工作原理，因此广泛地运用于工程设计和施工，并在方案论证、产品介绍、模拟干涉检查等方面起着越来越重要的作用。

绘制轴测分解图时，有以下两种方法：

（1）直接绘制法：在一幅图中将其所有零部件绘制出来，再将它们移至相应的位置上。

（2）拼装法：先将各个零部件的立体图绘制出来，将其定义为图块文件，再在另一张图中将各个零部件插入进来，拼装成轴测分解图。

由于在实际操作过程当中经常采用第二种方法，因此本节将以拼装法来介绍如何绘制轴测分解图。

★注意：在 AutoCAD 中绘制轴测分解图时，每个零部件都要按照绘图比例，清晰地表达出各零部件之间的关系。各个零部件一定要按照设备的拆装顺序放置在其对应的轴线上。这样方便大家查看每一个零部件的形状、拆装顺序以及装配后各个零部件间的相互位置和联系。

图 7 - 36 所示为柱塞泵轴测分解图，本节以它为例来介绍绘制轴测分解图的步骤。

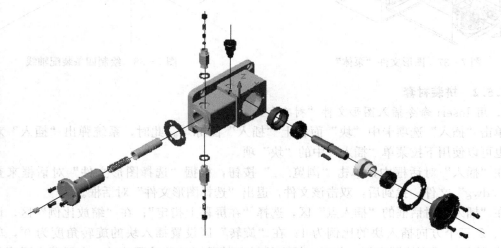

图 7 - 36　柱塞泵轴测分解图

7.5.1　绘制装配轴线

1. 打开图形文件"泵体"

在绘制柱塞泵的轴测分解图时，是以泵体作为基准件。先打开图形文件"泵体 . dwg"，如图 7 - 37 所示，然后新建"轴线"、"柱塞"、"轴"、"轴承"、"凸轮"等零件图层。

2. 绘制装配轴线

柱塞泵安装有四条装配轴线，要将各个零部件插入到相应的位置上，必须先画出这四条轴线。

设当前层为"轴线"层。

单击"常用"选项卡中"绘图"面板上"直线"图标╱。

命令：_line   （绘制轴线）

指定第一点：0，0，0   （轴线 1 起点）

指定下一点或 [放弃（U）]：@0，—650，0   （轴线 1 终点）

指定下一点或 [放弃（U）]：   （按 Enter 键）

同样绘制出另三条轴线，起、终点坐标分别为（—550，0，0，）—（0，0，0），（—92，0，300）—（—92，0，—280），（—24，0，30）—（—24，150，30）。

再单击"视图"面板上"视觉样式"—"真实"。

结果如图 7-38 所示。

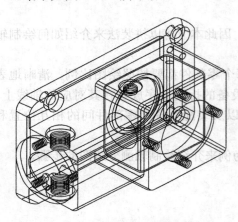

图 7-37   图形文件"泵体"

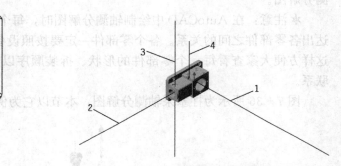

图 7-38   绘制四条装配轴线

7.5.2　拼装衬套

1. 用 Insert 命令插入图形文件"衬套"

单击"插入"选项卡中"块"面板上"插入"图标⊡。此时，系统弹出"插入"对话框；也可以使用下拉菜单"插入"中的"块"项。

在"插入"对话框中，单击"浏览…"按钮，根据"选择图形文件"对话框来查找"衬套.dwg"文件。找到后，双击该文件，退出"选择图形文件"对话框。

在"插入"对话框的"插入点"区，选择"在屏幕上指定"；在"缩放比例"区，设置 X、Y、Z 三个方向插入块的比例为 1；在"旋转"区设置插入块的旋转角度为 0°，单击"确定"按钮，回到绘图空间。此时，插入的衬套随鼠标的移动而移动，在屏幕上适当位置单击一点，衬套已插入。

★注意：插入图形的坐标系应与被插入图形的坐标系一致。

2. 移动"衬套"至装配轴线上

再单击"常用"选项卡中"修改"面板上"移动"图标✛。

命令：_move   （移动衬套）

选择对象：找到 1 个   （拾取衬套）

选择对象：   （按 Enter 键）

指定基点或 [位移（D）]〈位移〉：   （捕捉衬套圆心）

指定第二个点或〈使用第一个点作为位移〉：　　　　　（捕捉轴线 1）

将衬套放置在"衬套"层中，结果如图 7-39 所示。

7.5.3　拼装后轴承、轴、键、凸轮

1. 插入"轴承"、"轴"、"键"、"凸轮"图形文件

单击"插入"选项卡中"块"面板上"插入"图标🔩和"常用"选项卡中"修改"面板上"移动"图标✛，如同插入"衬套.dwg"一样，插入"轴承.dwg"、"轴.dwg"、"键.dwg"文件。按装配顺序将轴承、轴、凸轮移至轴线 1 上，将键插入到靠近轴处；并将轴承放置在"轴承"层上，轴放置在"轴"层上，键放置在"键"层上，凸轮放置在"凸轮"层上。

拼装结果如图 7-40 所示。

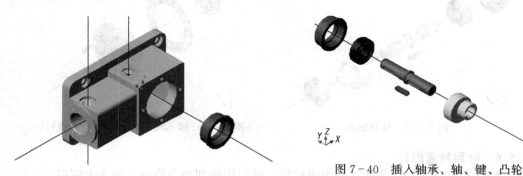

图 7-39　衬套移动后的结果　　　　　　图 7-40　插入轴承、轴、键、凸轮

2. 键与键槽干涉检查

有时因为画图误差，可能键与键槽不能正确配合，在绘制轴测图时，应进行键与键槽干涉检查。

单击"修改"面板上"移动"图标✛。

命令：_move

选择对象：找到 1 个　　（拾取键）

选择对象：　　（按 Enter 键）

指定基点或［位移（D）］〈位移〉：

　　　　　　　　　（捕捉键圆弧部分圆心）

指定第二个点或〈使用第一个点作为位移〉：

　　　　　　　　　（捕捉键槽圆弧部分圆心）

图 7-41　键移动到键槽中

将键移动到键槽中，如图 7-41 所示。

　🐞技巧　为了保证键能安装到准确的位置上，可将其先移动到键槽中，再将其沿安装方向移动出一定距离。

7.5.4　拼装前轴承

可以复制已插入的同规格轴承来拼装，也可以采用插入图块的方法插入前轴承。

单击"修改"面板上"复制"图标🗐。

命令：_copy　　　　（复制轴承）

选择对象：找到 1 个　　（拾取后轴承）

选择对象：　（按 Enter 键）

当前设置：复制模式＝多个

指定基点或［位移（D）/模式（O）］〈位移〉：　　（在轴线1上选取一点）

指定第二个点或〈使用第一个点作为位移〉：　　（在轴线1上选取另外一点）

结果如图7－42所示。

7.5.5　拼装衬盖垫片、衬盖、螺钉

利用"插入"选项卡中"块"面板上"插入"图标和"常用"选项卡中"修改"面板上"移动"图标，插入"衬盖垫片.dwg"、"衬盖.dwg"、"螺钉.dwg"，将衬盖垫片、衬盖移至轴线1上，螺钉移至衬盖螺孔处，并放在相应层上，结果如图7－43所示。

图7－42　复制轴承

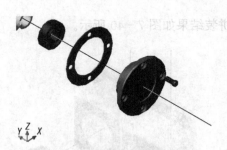

图7－43　插入衬盖垫片、衬盖、螺钉

7.5.6　阵列衬盖螺钉

固定衬盖螺钉有4个，在插入一个螺钉后，可以用阵列命令阵列其余3个螺钉。

先将当前视口设为"主视图"视口，单击"常用"选项卡中"修改"面板上的"环形阵列"图标。

命令：_arraypolar　　（阵列衬盖螺钉）

选择对象：找到1个　　（选择螺钉）

选择对象：　　（按Enter键）

类型＝极轴　关联＝是

指定阵列的中心点或［基点（B）/旋转轴（A）］：　　（捕捉衬盖中心）

选择夹点以编辑阵列或［关联（AS）/基点（B）/项目（I）/项目间角度（A）/填充角度（F）/行（ROW）/层（L）/旋转项目（ROT）/退出（X）］〈退出〉：　　（在出现的上下文选项卡中填写项目总数为4个，填充角度为360°，单击"关闭"按钮）

将视口恢复为"西南等轴测"视口，绘制结果如图7－44所示。

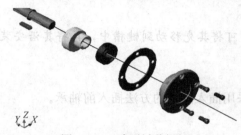

图7－44　阵列衬盖螺钉

因为三维对象的各个顶点在同一坐标系统中的坐标值是不一样的，为了容易地绘制出三维图形，需要在3D空间中，通过定义用户坐标系统（UCS）来改变原点（0，0，0）的位置、XY平面和Z轴方向，并且使3D空间上的任何平面或点都能被参照、保存和调出，这时就要用到UCS命令，改变坐标系，使绘图步骤简化。

7.5.7　拼装装配轴线2上的零件

利用"插入"选项卡中"块"面板上"插入"图标和"常用"选项卡中"修改"面板

上"移动"图标 ✛，按照装配顺序，如同拼装轴线 1 上的零部件一样，将"泵套垫片.dwg"、"柱塞.dwg"、"柱塞弹簧.dwg"、"泵套.dwg"、"泵套螺钉.dwg"、"螺塞.dwg"插入并移至轴线 2 上，并将它们放置在相应层上，如图 7 - 45 所示。

在移动弹簧过程中，若要捕捉弹簧的中心是比较困难的。可以在绘制弹簧的文件过程中给弹簧人为加入一条中心线，以便于插入之后的移动，如图 7 - 46 所示。

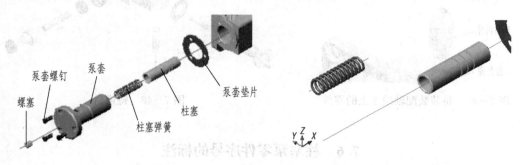

图 7 - 45　拼装装配轴线 2 上的零部件　　　　图 7 - 46　插入弹簧

👆 **试一试**　请读者如同拼装轴线 1 上的零部件一样，按照装配顺序，试试拼装轴线 2 上的零部件。

7.5.8　拼装装配轴线 3 上的零件

利用"插入"选项卡中"块"面板上"插入"图标 🔲 和"常用"选项卡中"修改"面板上"移动"图标 ✛，按照装配顺序，如同拼装轴 1 上的零部件一样，将"油封圈.dwg"、"单向阀体.dwg"、"钢球.dwg"、"球托.dwg"、"弹簧.dwg"、"调节塞.dwg"插入并移至轴线 3 上，并将它们放置在相应层上，如图 7 - 47 所示。

由于柱塞泵体上面的单向阀与下面的单向阀大小相同，因此可以采用 3D 镜像的方法快速地将其绘制出来。

命令：_mirror3d

选择对象：指定对角点：找到 6 个　（拾取油封圈、单向阀、钢球、球托、弹簧、调节塞）

选择对象：　　　　　　　　　　　（按 Enter 键）

指定镜像平面（三点）的第一个点或 ［对象（O）/最近的（L）/Z 轴（Z）/视图（V）/XY 平面（XY）/YZ 平面（YZ）/ZX 平面（ZX）/三点（3）］〈三点〉：xy　　（输入 XY 平面）

指定 XY 平面上的点 〈0，0，0〉：　　　（按 Enter 键）

删除源对象？［是（Y）/否（N）］〈N〉：　　（按 Enter 键）

结果如图 7 - 48 所示。

7.5.9　拼装装配轴线 4 上的零件

利用"插入"选项卡中"块"面板上"插入"图标 🔲 和"常用"选项卡中"修改"面板上"移动"图标 ✛，将"油杯.dwg"插入移至轴线 4 上，拼装结果如图 7 - 36 所示。

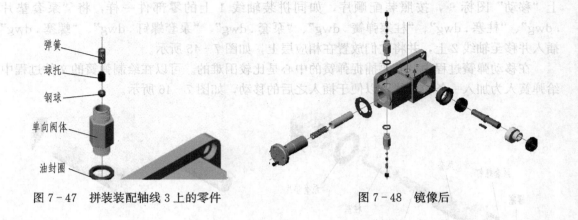

图 7-47 拼装装配轴线 3 上的零件   图 7-48 镜像后

7.6 柱塞泵零件序号的标注

在轴测分解图中，将各个零部件按装配顺序排列在相应位置轴线上之后，还要给每个零部件编上序号，即标注零件序号。

在实际操作过程中，标注零件的序号一般采用引线标注命令 Qleader 标注轴测分解图中零件的序号。

7.6.1 设置引线标注的文本样式

在标注零件序号之前，应当首先设置引出标注的文本样式。

单击"注释"选项卡中"文字"面板右侧斜箭头，或下拉菜单"格式"下的"文字样式"项，在出现"文字样式"对话框中，选择"字体"区下的"字体名"下拉列表中的"仿宋_GB2312"字体，在"高度"文本框中输入"25"。在"效果"中的"宽度比例"文本框中输入"1"。再单击"应用"按钮，使修改结果生效。在"文字样式"对话框中，单击"关闭"按钮退出设置。

7.6.2 设置引线标注的格式

引线对象包含箭头、水平基线、引线或曲线和多行文字对象或块。创建引线对象，可用 Qleader 命令或 Mleader（多重引线）命令。这里使用 Qleader 命令创建引线对象。

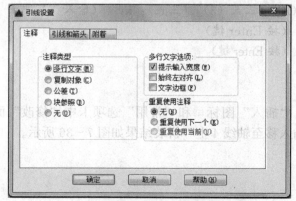

图 7-49 "引线设置"对话框

命令：_qleader

指定第一个引线点或 [设置（S）]〈设置〉：   （按 Enter 键）

此时，屏幕上出现"引线设置"对话框，如图 7-49 所示。

（1）在"引线设置"对话框的"注释"选项卡中，选中"注释类型"区的"多行文字"单选框；然后在"多行文字选项"区选中"提示输入宽度"，在"重复使用注释"区选中"无"。

（2）在"引线设置"对话框中选择"引线与箭头"选项卡；然后在"箭头"区中下拉列表中选择"小点"类型，将左下角上的"点数"项中的文本框数值调整为"3"，将右下角上的"角度约束"区中"第一段"下拉列表中选择为"任意角度"，将右下角上的"角度约束"区中"第二段"下拉列表中选择为"90°"，如图 7-50 所示。

（3）在"引线设置"对话框上面选择"附着"选项卡。单击"最后一行加下划线"项，使其在左边的小方框中出现一个小勾，如图 7-51 所示。

图 7-50　"引线与箭头"选项卡

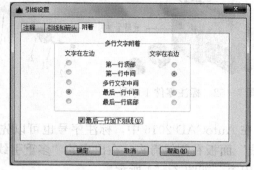

图 7-51　"附着"选项卡

（4）单击"确定"按钮，退出对话框。

7.6.3　标注柱塞泵零件序号

1. 旋转用户坐标系

为了使观看引出标注的序号时具有立体感效果，特意使用户坐标系绕 X 轴旋转了一个 90°。

在命令行输入 UCS。

命令：ucs　（改变坐标系）

当前 UCS 名称：＊世界＊

指定 UCS 的原点或 [面（F）/命名（NA）/对象（OB）/上一个（P）/视图（V）/世界（W）/X/Y/Z/Z 轴（ZA）]〈世界〉：x　（使当前 UCS 绕 X 轴旋转一定的角度）

指定绕 X 轴的旋转角度〈90〉：　（按 Enter 键）

2. 标注序号

输入 Qleader 命令，命令行中提示：

命令：qleader

指定第一个引线点或 [设置（S）]〈设置〉：　（单击点 a）

指定下一点：　　　　　　　　（单击点 b）

指定下一点：　　　　　　　　（单击点 c）

指定文字宽度〈0〉：　　　　　（按 Enter 键）

输入注释文字的第一行〈多行文字（M）〉：1　（输入零件序号）

输入注释文字的下一行：　　　（按 Enter 键）

结果如图 7-52 所示。

采用同样的方法将其他零部件标注出序号，结果如图 7-53 所示。

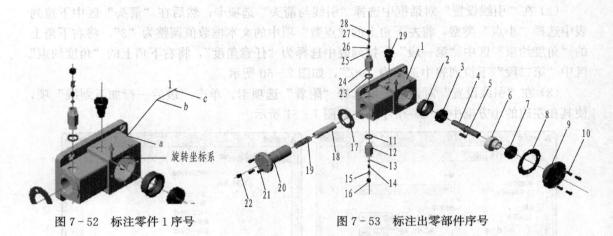

图 7-52　标注零件 1 序号　　　　　图 7-53　标注出零部件序号

在 AutoCAD 2016 中，标注序号也可以先设置多重引线样式，单击"注释"选项卡中"引线"面板右侧斜箭头，在出现的"多重引线样式管理器"中选择修改引线格式、引线结构和内容，如图 7-54 所示。

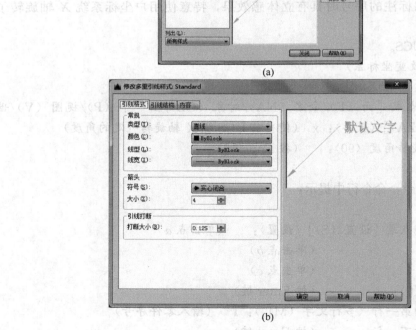

图 7-54　多重引线样式设置
（a）多重引线样式管理器；（b）修改"多重引线样式"对话框

设置好"多重引线"样式后，单击"注释"选项卡中"引线"面板上"多重引线"图标/○，然后按命令行提示操作。

通过学习以上柱塞泵的三维造型、着色与渲染过程，会发现用 AutoCAD 绘三维图并不像想象中的那么难。如果按照介绍的方法和步骤来绘三维图，很快就会掌握绘制三维图形的技巧，遇到复杂的机件，也能够轻松地进行三维造型、着色与渲染。

7.7　上　机　实　验

实验 1：创建如图 7-55 所示的零件三维模型，尺寸自定，并渲染操作。

1. 目的要求

通过此实验，掌握此类零件的造型方法和步骤，并熟悉 AutoCAD 的渲染功能。

2. 操作指导

（1）造型过程中注意布尔运算等编辑操作的应用。

（2）渲染时可以多设置几个场景，进行渲染效果比较。

实验 2：（1）创建如图 7-56 所示的轴、齿轮和平键的三维造型，尺寸自定。

图 7-55　"附着"选项卡

（2）自行设置合适材质、光源、透射视图、场景、背景等，修改实体的反射性和透明性等属性，并输出此模型的渲染效果图。

（3）最终完成轴—齿轮—平键组装图和轴测分解图，并标出零件序号。

1. 目的要求

通过此实验，掌握简单零件的三维造型和轴测分解图绘制。要求装配完成后各个零件之间的连接紧密程度适中。掌握 AutoCAD 三维零件的渲染方法。

图 7-56　实验 2 的零件

2. 操作指导

（1）对回转类零件一般先绘制截面轮廓线，然后旋转生成实体。对齿轮可以先画二维图，然后再拉伸至全部齿宽。

（2）构造过程注意布尔运算和三维阵列命令的应用。

（3）在三维图形构造过程中，可用 UCS 移动和旋转操作在实体组合及局部编辑中灵活定位。

（4）以安装、检修机器时零件的拆装顺序来装配和爆炸。

（5）对机械产品的渲染主要以结构清楚为目的，所以在操作过程中要合理地设置灯光，一般不附颜色。大多数机加零件的颜色是金属本色，少数则经过表面处理。小型机械零件的背景多是木质零件架。

思 考 题

7-1 在块插入操作中，0图层的实体和其他图层的实体有何区别？

7-2 三维造型时，透视图和平行投影有何差别？

7-3 如何调整聚光灯或平行光的灯头照射方向？

7-4 装配体序号应该怎样标注？

第8章 三维模型生成二维图

本章概要 介绍由三维模型生成二维平面图的相关知识与技巧，如模型视口与布局视口、相关命令及在图纸空间标注尺寸等。

在目前情况下，二维平面图仍然是工程设计与生产的主要技术指导文件，掌握由三维模型生成二维平面图的相关知识是学习 AutoCAD 绘图的重要任务之一。

8.1　三维模型生成二维图命令

虽然创建三维模型比较困难且较费时间，但是三维模型有诸多优势，例如，生成非常逼真的效果图；进行干涉检验、工程分析；提取工艺数据；输出模型创建动画等。因此工程设计中，先构建三维模型然后再绘制二维平面图已成为一种趋势，AutoCAD 系统提供了由三维模型生成二维平面图形的手段。

在三维模型工作空间，用于三维模型生成二维图的命令在"常用"选项卡中"建模"扩展面板上，如图 8-1 所示。

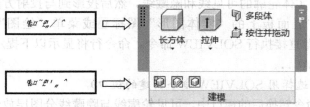

8-1　"建模"扩展面板

在 AutoCAD 中由三维模型生成二维平面图形可以采用以下两种方法：

（1）用创建实体视图命令 SOLVIEW，在图纸空间中生成实体模型的各个二维视图视口，然后使用创建实体图形命令 SOLDRAW 在每个视口中分别生成实体模型的轮廓线。

（2）用 VPORTS 或者 MVIEW 命令，在图纸空间中创建多个二维视图视口，然后使用创建实体轮廓线命令 SOLPROF，在每个视口中分别生成实体模型的轮廓线。

8.1.1　SOLVIEW 命令

SOLVIEW 命令可以自动为三维实体创建正交视图、图层和布局视口。

单击"常用"选项卡中"建模"扩展面板上"实体视图"图标，或菜单"绘图"—"建模"—"设置"—"视图"，或者直接执行 SOLVIEW 命令，命令行将显示以下提示：

输入选项 [UCS（U）/正交（O）/辅助（A）/截面（S）]：　（输入选项或按 Enter 键退出命令）

（1）UCS：创建相对于用户坐标系的投影视图。如果图形中不存在视口，UCS 选项是用于创建初始视口的好方法，其他视图可以由此创建。所有其他 SOLVIEW 选项均需要现有视口。

　　（2）正交：从现有视图创建折叠的正交视图。一旦选中想要作为投影新视图的视口的侧边，一条垂直于视口侧边的拖引线将会有助于新视图中心的定位。

　　（3）辅助：从现有视图中创建辅助视图。辅助视图投影到与已有视图正交并倾斜于相邻视图平面。

　　（4）截面：通过图案填充创建实体图形的剖视图。在通过此选项创建的截面视图中使用SOLDRAW命令时，将创建实体的临时副本，并使用SLICE在所定义的剪切平面处执行此操作；然后SOLDRAW将生成实体可见部分的投影，并放弃原副本；最后SOLDRAW将剖切该实体。不与剪切平面相交的实体生成完全投影。由于绘图标准建议不要在截面视图中绘制隐藏线，因此SOLVIEW将冻结"视图名—HID"图层。

　　利用SOLVIEW命令创建视口后，系统还将创建多个图层，分别用于放置视口边框、可见轮廓线、不可见轮廓线、尺寸标注、填充图案等，见表8-1。

表 8-1　　　　　　　　　　　　　　SOLVIEW 自动创建的图层

图层名	对象类型	图层名	对象类型
VPORTS	视口边框	视图名—DIM	尺寸标注
视图名—VIS	可见轮廓线	视图名—HAT	填充图案
视图名—HID	不可见轮廓线		

8.1.2　SOLDRAW 命令

　　由SOLVIEW命令创建的视口中，三维模型的二维视图生成只能由SOLDRAW命令完成。该命令创建表示实体轮廓的可见线和隐藏线，然后投影到与投射方向垂直的平面上。

　　单击"建模"扩展面板上的"实体图形"图标◎或菜单"绘图"—"建模"—"设置"—"图形"，或者直接执行SOLVIEW命令，命令行将显示以下提示：

　　选择要绘制的视口 ...

　　选择对象：　　（选择用 SOLVIEW 命令创建的视口）

　　经SOLDRAW命令转换后的视口中，可见轮廓线与隐藏线分图层放置在图层"视图名—VIS"、"视图名—HID"上。但隐藏线仍然是可见的，因为系统一般不会自动冻结视口的"视图名—HID"图层（但剖视图的该图层被系统自动冻结，或者说剖视图的隐藏线才是真正不可见）。若在视口中设置的是剖视图，该命令使用系统变量HPNAME（填充图案名）、HPSCALE（填充比例）、HPANG（角度）的当前值填充断面，并将剖面图案放在图层"视图名—HAT"上。

8.1.3　SOLPROF 命令

　　若视口不是由SOLVIEW命令创建的，三维模型的二维视图生成只能用SOLPROF命令实现。该命令创建图层"PV—视口内部编号"放置模型轮廓线，若选择"在单独的图层中显示隐藏的轮廓线"，还创建"PH—视口内部编号"图层。

　　单击"建模"扩展面板上的"实体轮廓"图标◎或菜单"绘图"—"建模"—"设置"—"轮廓"，或者直接执行SOLPROF命令，命令行将显示以下提示：

　　选择对象：找到1个　　（选择要转二维图形的对象）

　　选择对象：　　　　　　（按 Enter 键）

　　是否在单独的图层中显示隐藏的轮廓线？[是（Y）否（N）]〈是〉：

如果选择 Y，仅生成两个块：一个用于整个选择集的可见线，另一个用于整个选择集的隐藏线。生成隐藏线时，实体可以部分或完全隐藏其他实体。绘制可见轮廓块时使用的线型为"BYLAYER"，绘制隐藏轮廓块时使用的线型为"消隐"（如果已经加载）。如果选择 N，则把所有轮廓线当作可见线，并且为每个选定实体的轮廓线创建一个块。不管是否被另一实体全部或部分遮挡，都将创建选择集中每一实体的所有轮廓线。使用与原实体同样的线型绘制可见的轮廓块，并且放在一个按"是"选项中描述的命名规则唯一命名的图层上。

可见线和隐藏线的块分别放在按如下约定命名的图层上："PV—视口内部编号"用于可见的轮廓图层、"PH—视口内部编号"用于隐藏的轮廓图层。如果这些图层不存在，该命令将创建它们。如果这些图层已经存在，块将添加到图层上已经存在的信息中。

★注意：要确定视口中可见线和隐藏线块所在的图层名称，可以在图纸空间中选择该视口并使用 List 命令进行查看。

命令行接着提示：

是否将轮廓线投影到平面？[是（Y）/否（N）]〈是〉：

如果选择 Y，将用二维对象创建轮廓线。三维轮廓被投影到一个与观察方向垂直且通过 UCS 原点的平面上。通过消除平行于观察方向的线，以及将在侧面观察到的圆弧和圆转换为直线，SOLPROF 可以清理二维轮廓。如果选择 N，将用三维对象创建轮廓线。

命令行继续提示：

是否删除相切的边？[是（Y）/否（N）]〈是〉：

确定是否显示相切边。相切边是指两个相切面之间的分界边，它只是一个假想的两面相交且相切的边。如图 8-2 所示，如果要将方框的边做成圆角，将在圆柱面与平面相切的地方创建相切边。大多数图形应用程序都不显示相切边，如图 8-2（a）所示。

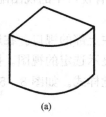 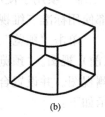

(a)   (b)

图 8-2 是否显示相切边
(a) 删除相切边后的轮廓；(b) 保留相切边的轮廓

在三维模型转化为二维图的过程中，由 SOLVIEW 命令创建了一系列的视口，各视口的观察点不同，因而显示出三维模型的不同视图，这些图形并不是二维的，仍然是三维的。若想要将三维模型转化为二维图，可以利用 SOLDRAW 和 SOLPROF 命令来实现由三维实体生成二维轮廓线，这两个命令还能把可见、不可见轮廓线分别放在不同的图层上。然后对视图进行适当编辑修改，便可得到真正的二维图。

8.2 三维模型生成二维图实例

8.2.1 轴承座三维模型生成二维平面图

利用实体命令创建轴承座三维模型，如图 8-3 所示。

轴承座三维模型生成二维图形的具体步骤如下：

(1) 通过"文件"—"打开"命令，打开轴承座三维模型。

(2) 进入图纸空间，删除视口。单击"布局 1"选项卡，进入图纸空间，单击"修改"

面板上"删除"图标✐或者利用命令 Erase，选择视口删除，如图 8-4 所示的光标位置。

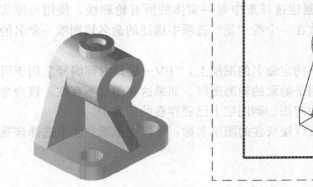

图 8-3　轴承座三维模型

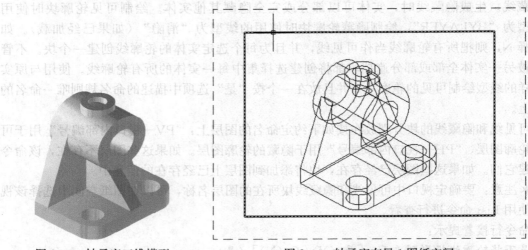

图 8-4　轴承座布局 1 图纸空间

（3）使用 VPORTS 命令创建多视口。

在命令行输入 VPORTS 命令后，弹出"视口"对话框，在"新建视口"选项卡的"标准视口"列表中选择 4 个相等视口配置。

在选项"视口间距"中选择各个视口的间距。在选项"设置"中选择"三维"。这里"二维"项用于使用当前所有视口中的视图配置，如果选择了"三维"，则配置中的每一视口都使用标准三维视图。

单击"预览"窗口中左上部的视口。在选项"修改视图"的标准视图下拉列表中选择主（前）视图。"预览"中将显示选定的视图。按前述操作步骤分别设置左视、俯视和西南等轴测视图。并设置合适的视觉样式。如图 8-5 设置完成后，按"确定"按钮。命令行接着提示如下：

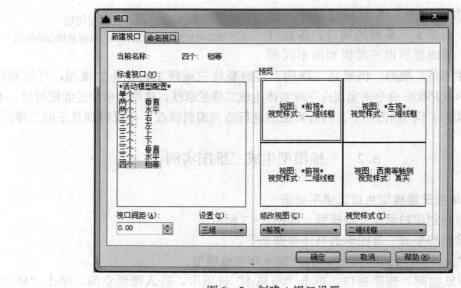

图 8-5　创建 4 视口设置

指定第一个角点或［布满（F）]〈布满〉：　　　（按 Enter 键）

正在重生成模型

结果如图 8－6 所示。

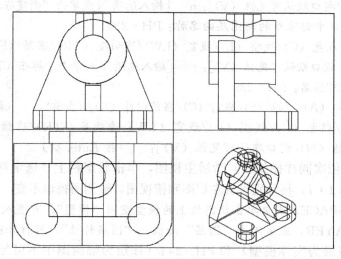

图 8－6　创建 4 视口结果

（4）使用 SOLPROF 创建轴承座三维模型轮廓线，具体命令如下：

输入命令 MSPACE，或单击状态栏上的"模型或图纸空间"按钮。

输入命令 SOLPROF，或单击"建模"扩展面板上"实体轮廓"图标 □。命令行提示如下：

选择对象：　　　（在视口中单击鼠标左键，激活该视口，激活后该视口边框线显示黑色粗实线，在视口下选择实体对象）

选择对象：找到 1 个

（以下操作选项均按照默认按 Enter 键确定即可，同时注意自动创建的图层名称）

是否在单独的图层中显示隐藏的轮廓线？［是（Y）/否（N）]〈是〉：

是否将轮廓线投影到平面？［是（Y）/否（N）]〈是〉：

是否删除相切的边？［是（Y）/否（N）]〈是〉：

其余三个视口依次采用 SOLPROF 命令同样操作后，自动生成的可见线和隐藏线图层见图 8－7。可以通过 List 命令查询各个视口对应的图层，为接下来的图层设置所用。

然后选定主视图视口，输入命令 VPLAYER（设置视口中图层的可见性）命令行提示如下：

输入选项［? /颜色（C）/线型（L）/线宽（LW）/透明度（TR）/冻结（F）/解冻（T）/重置（R）/新建冻结（N）/视口默认可见性（V）]：n　［输入选项 N 或单击"新建冻结（N）"]

输入在所有视口中都冻结的新图层的名称：PV—239（输入冻结的新图层的名称）

输入选项［? /颜色（C）/线型（L）/线宽（LW）/透明度（TR）/冻结（F）/解冻（T）/重置（R）/新建冻结（N）/视口默认可见性（V）]：t　［输入选项 T 或单击"解冻（T）"]

输入要解冻的图层名：PV-239

指定视口［全部（A）/选择（S）/当前（C）/当前以外（X）］〈当前〉：   （按 Enter 键）

输入选项［? /颜色（C）/线型（L）/线宽（LW）/透明度（TR）/冻结（F）/解冻（T）/重置（R）/新建冻结（N）/视口默认可见性（V）］：n   ［输入选项 N 或单击"新建冻结（N）"］

输入在所有视口中都冻结的新图层的名称：PH-239

输入选项［? /颜色（C）/线型（L）/线宽（LW）/透明度（TR）/冻结（F）/解冻（T）/重置（R）/新建冻结（N）/视口默认可见性（V）］：t   ［输入选项 T 或单击"解冻（T）"］

输入要解冻的图层名：PH-239

指定视口［全部（A）/选择（S）/当前（C）/当前以外（X）］〈当前〉：   （按 Enter 键）

输入选项［? /颜色（C）/线型（L）/线宽（LW）/透明度（TR）/冻结（F）/解冻（T）/重置（R）/新建冻结（N）/视口默认可见性（V）］：   （按 Enter 键）

其余三个视口依次同样操作后，激活主视图，单击状态栏上"选定视口的比例"图标在列表中选择1∶1，再分别设置左视图和俯视图，轴测图视口不变。

输入命令：PSPACE，或者单击状态栏上的模型空间"模型"，可进入图纸空间。

输入命令：LAYER，或者单击"图层"面板—"图层特性"，可打开图层对话框。

关闭 0 层（该层为实体模型）和 PH-241（该层为轴测图中不可见轮廓线，注意自动创建图层的时候该层名称），并将其余以"PH"开头的图层线型设置为"ACAD_ISOO2W100"。设置主视图、左视图和俯视图中可见线的线宽为 0.60mm。单击"新建图层"按钮，新建一个图层"Centerline"，用于绘制三视图中的轴线和中心线，并设置线型为"ACAD_ISOO4W100"，同时设置为当前层，图层设置结果如图 8-7 所示。

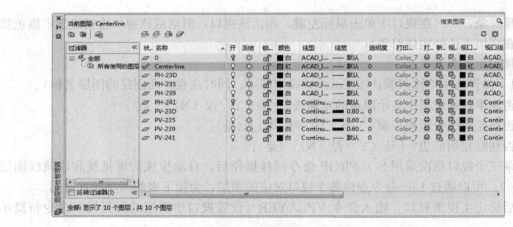

图 8-7   图层设置结果

（5）单击"绘图"面板上的"直线"图标，画出三视图中的轴线及中心线，结果如图 8-8 所示。保存文件，以便进行进一步的修改和标注。

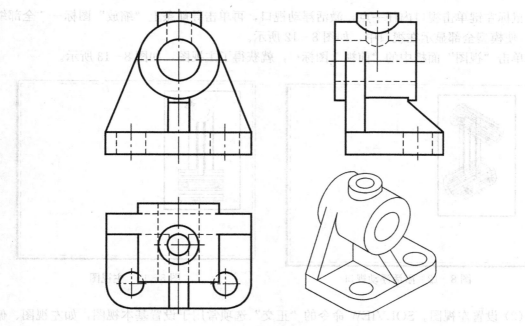

图 8-8　轴承座三维模型生成二维图形结果

8.2.2　轴套三维模型生成二维平面图

利用实体命令创建轴套三维模型,如图 8-9 所示。

下面介绍使用另一种方法使轴套三维模型生成二维平面图的详细过程。

1. 设置视图

(1) 设置主视图。单击"布局 1"选项卡,从模型空间切换到图纸空间。进入图纸空间,自动创建一个视口,如图 8-10 所示。

鼠标左键单击视口边框,选择浮动视口,激活它的控制点,通过拉伸模式调整视口大小。结果如图 8-11 所示。

图 8-9　轴套三维模型

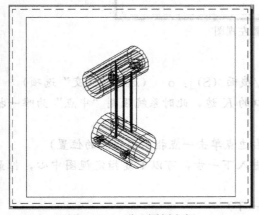

图 8-10　进入图纸空间

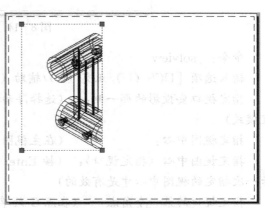

图 8-11　调整浮动视口大小

　　鼠标左键单击视口内任一点，激活浮动视口，再单击导航条上"缩放"图标—"全部缩放"，使模型全部显示在视口中，如图8-12所示。

　　单击"视图"面板中的"前视"图标◎，就获得了主视图，如图8-13所示。

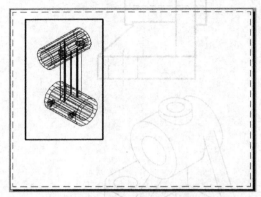

图8-12　激活浮动视口

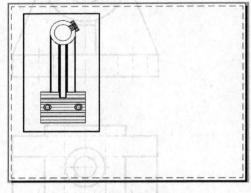

图8-13　主视图

　　（2）设置左视图。SOLVIEW命令的"正交"选项常用于设置基本视图，如左视图、俯视图等。设置左视图（见图8-14）的过程如下：

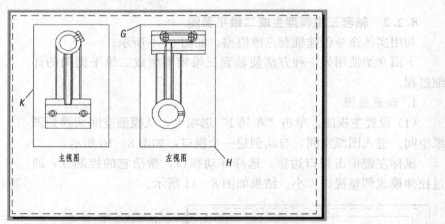

图8-14　设置左视图

　　命令：_solview

　　输入选项 [UCS（U）/正交（O）/辅助（A）/截面（S）]：o　　（选择"正交"选项）

　　指定视口要投影的那一侧：　　（选择浮动视口的K边，此时系统强制"中点"为唯一捕捉模式）

　　指定视图中心：　　　　　　（在主视图的右边点单击一点指定左视图的位置）

　　指定视图中心〈指定视口〉：　　（按Enter键进入下一步，可以重复指定视图中心，但最后一次指定的视图中心才是有效的）

　　指定视口的第一个角点：　　（在点G处单击一下）

　　指定视口的对角点：　　　　（在点H处单击一下）

　　按图8-14所示，指定两对角顶点，确定视口大小与位置。要尽量使图形处于视口中，否则视口中将看不到图形。若看不到图形，此时只能将视口置为当前，使用 Zoom 命令把视图移入视口中，但视图之间的投影对齐关系将被破坏。命令行接着提示：

　　输入视图名：左视图　　（按 Enter 键）

　　输入选项 ［UCS（U）/正交（O）/辅助（A）/截面（S）］：　　（按 Enter 键退出）

　　完成以上步骤后，图形文件中新增了"左视图—VIS、左视图—HID 和左视图—DIM"等图层，并创建了"左视图"视口。

　　（3）设置 A—B 剖视图。使用 SOLVIEW 命令的"截面"选项设置剖视图。系统默认的剖切面与现有视图的投影面垂直，所以只需两点就可确定其位置。

　　设置图 8-15 中 A—B 剖视图的过程如下：

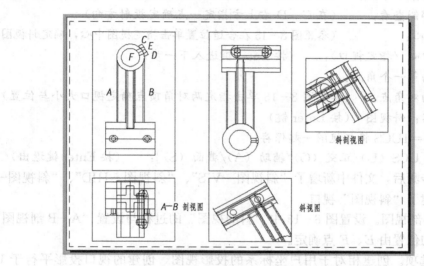

图 8-15　设置 A—B 剖视图和斜视图

命令：_solview

　　输入选项 ［UCS（U）/正交（O）/辅助（A）/截面（S）］：s　　（选择"截面"选项）

　　指定剪切平面的第一个点：　　（在主视图中鼠标左键单击指定 A 点）

　　指定剪切平面的第二个点：　　（鼠标左键单击指定 B 点，应使 A—B 水平）

　　指定要从哪侧查看：　　（在 A—B 上方指定一点确定投射方向）

　　输入视图比例〈1〉：　　（输入视口显示比例）

　　指定视图中心：　　（在主视图的下方单击一点指定 A—B 剖视图的位置）

　　指定视图中心〈指定视口〉：　　（按 Enter 键进入下一步）

　　指定视口的第一个角点：

　　指定视口的对角点：　　（按图 8-15 所示指定两对角顶点确定视口大小与位置）

　　输入视图名：A-B 剖视图　　（按 Enter 键）

　　输入选项 ［UCS（U）/正交（O）/辅助（A）/截面（S）］：　　（按 Enter 键结束）

　　完成以上步骤后，图形文件中新增了"A—B 剖视图—VIS"、"A—B 剖视图—HID"、"A—B 剖视图—DIM"、"A—B 剖视图—DAT"等图层，并创建了"A—B 剖视图"视口。

　　（4）设置斜视图。SOLVIEW 命令的"辅助"选项常用于在非正交投影面上生成视图，所得到的视图就是斜视图。系统默认的辅助投影面（斜面）与现有视图的投影面垂直，所以只需两点就可确定其位置。

设置图 8-15 中斜视图的过程如下：

命令：_solview

输入选项 [UCS（U）/正交（O）/辅助（A）/截面（S）]：a　（输入选项"斜视图"）。

指定斜面的第一个点：　（在主视图中鼠标左键单击指定 C 点）

进入 SOLVIEW 命令后系统自动关闭"对象捕捉"，且临时清除所有预设置捕捉项，这对准确指定斜投影面的位置是不利的，所以只能用"弹出捕捉菜单"—"端点捕捉"项捕获 C 点。命令行接着提示：

指定斜面的第二个点：　（在主视图中鼠标左键单击指定 D 点）

指定要从哪侧查看：　（在 C—D 右上方指定一点确定投射方向）

指定视图中心：　（参照图 8-15 在合适位置单击指定视图中心，确定斜视图位置）

指定视图中心〈指定视口〉：　（按 Enter 键进入下一步）

指定视口的第一个角点：

指定视口的对角点：　（参照图 8-15 单击指定两对角顶点确定视口大小与位置）

输入视图名：斜视图　（按 Enter 键）

UCSVIEW=1UCS 将与视图一起保存

输入选项 [UCS（U）/正交（O）/辅助（A）/截面（S）]：　（按 Enter 键退出）

完成以上步骤后，文件中新增了"斜视图—VIS"、"斜视图—HID"、"斜视图—DIM"等图层，并创建了"斜视图"视口。

（5）设置斜剖视图。设置图 8-15 中"斜剖视图"的过程与设置"A—B 剖视图"基本相同，剖切面的位置由 E、F 点确定。

（6）UCS 选项。创建相对于用户坐标系的投影视图，创建的视口投影平行于 UCS 的 XY 坐标面或者说投影方向与 XY 坐标面垂直。前面介绍的斜视图也可以用该选项完成。

2. 生成视图

由 SOLVIEW 命令创建的视口中，三维模型的二维视图生成只能由 SOLDRAW 命令来完成。将图 8-15 转换成图 8-16 的过程如下：

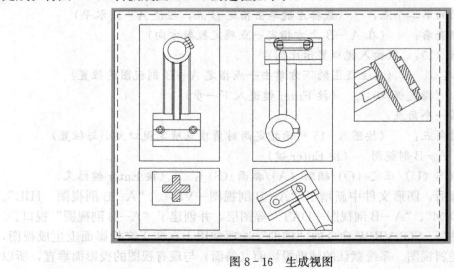

图 8-16　生成视图

命令：_soldraw

选择要绘图的视口 ...

　选择对象：　　（选择所有 SOLVIEW 视口对象，如图 8 – 15 中左视图、A—B 剖视图、斜视图和斜剖视图等）

　选择对象：　　（按 Enter 键退出对象选择，系统在选择的视口中生成视图）

　图 8 – 15 中的主视图视口不是由 SOLVIEW 命令创建的，只能用 SOLPROF 命令生成视图。过程如下：

　命令：_solprof

　选择对象：激活图 8 – 15 中的主视图视口，选择轴套三维模型

　选择对象：　　（按 Enter 键退出对象选择）

　是否在单独的图层中显示隐藏的轮廓线？［是（Y）/否（N）]〈是〉：N　　（把可见与不可见轮廓线放在同一图层内）

　是否将轮廓线投影到平面？［是（Y）/否（N）]〈是〉：　　（按 Enter 键选择"是"，该提示确定使用二维还是三维对象来表示轮廓线）

　是否删除相切的边？［是（Y）/否（N）]〈是〉：　　（按 Enter 键选择"是"，相切边是指两个相切面之间的分界边，通常认为两光滑过渡的面之间不应有分界线，所以选择"删除"）

　SOLPROF 命令创建图层"PV—视口内部编号"放置模型轮廓线。若选择"在单独的图层中显示隐藏的轮廓线"，还创建"PH—视口内部编号"图层。

　图 8 – 15 中各视口经 SOLDRAW、SOLPROF 命令处理后如图 8 – 16 所示。注意：经 SOLDRAW 命令处理后的视口中，只有属于本视口的图层才可见（剖视图的隐藏线图层也被系统冻结），其他所有图层在该视口中都被冻结。但 SOLPROF 命令生成的视图中只冻结不属于本视口的其他视口图层，非视口图层不会被冻结，其上的内容仍可见，有时三维模型和视图重叠在一起。因此经 SOLPROF 命令处理后，一般还应冻结三维模型所在图层，或删除原三维图形后才能得到仅保留视图轮廓的图形，即真正的二维图。

　3. 编辑视图

　SOLDRAW、SOLPROF 命令按严格投影关系生成视图，但实际中使用的图纸多采用表达方法，并不是严格的投影图。图 8 – 16 中所示的视图还需要编辑、修改。

　（1）依次把各视口置为当前视口，删除、添加和剪切图线，旋转图形等，如图 8 – 17 所示。

　有些轮廓线可能是多段线，将它们分解可能有助于编辑；有些表示不可见轮廓的图线可能放置在被冻结的图层上，使用前需"解冻"；添加的图线应放置在视口内（即模型空间），且在可见的图层上。若图线处于图纸空间，在视口内就不能被编辑。

　（2）调整视图位置、隐藏视口边界。由于左视图是采用两相交剖切平面（复合剖视）的局部剖视图，因此需把"斜剖视图"视口移到如图 8 – 18 所示的位置，且使 M、N 点对齐（在图纸空间对象捕捉仍能捕获视口中的点对象）。调整视口位置后，各视图之间可能不再有投影对齐关系，若需对齐可使用 MVSETUP 命令的"对齐（A）"选项。

　调整各视口位置后，隐藏视口边界，即在图纸空间先将"主视图"视口转到 Vports 图层内，然后把 Vports 图层冻结或关闭显示。编辑、调整和隐藏视口结果如图 8 – 18 所示。

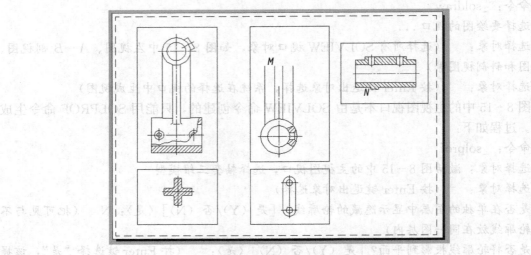

图 8-17　修改视图

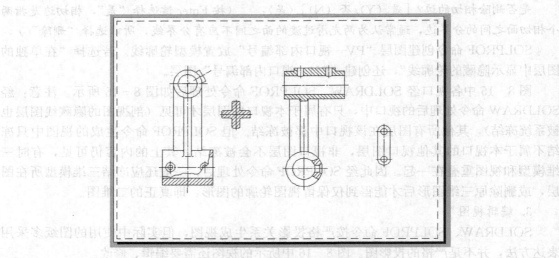

图 8-18　编辑、调整和隐藏视口结果

8.2.3　实现三维模型生成二维平面图的其他方法

合成对象是指由多个 AutoCAD 对象组成的复合对象，如图块、三维实体等都是合成对象。Explode（分解）命令可把合成对象分解为部件对象，例如，三维实体可分解为曲面体（Body）、面域、曲线等；曲面体、面域又可分解为各种线对象。

若只生成三维模型的一个视图，可在模型空间或布局的某一浮动视口中将视口设置为当前视口，然后单击"视图"工具栏中的相应图标来设置所需的视图，将三维模型"分解"成各种线对象，经编辑、修改后可得到所需的二维平面图。

若需得到三维模型的多个视图，采用"分解"方法是不值得推荐的。因为那意味着需把模型复制多份，创建多个视口并在视口中设置所需视图，然后再分解、编辑。某些技巧可简化这个过程，但仍然是很麻烦的。事实上 SOLVIEW、SOLDRAW 和 SOLPROF 命令就相当于把上述过程规范化，系统自动生成的二维平面图可减少用户的编辑、修改工作量，且生成二维平面图后不破坏原三维模型。

8.3　图纸空间、模型空间标注尺寸的异同

由于视图只不过是三维模型在某个方向上的投影，因此在模型空间中多个视图不可能处于同一平面上，直接进入模型空间给视图标注尺寸是不可取的。在图纸空间中，由于多个视图已被整合在同一个布局平面上，因此给视图标注尺寸比较方便。标注分以下两种情况：

（1）先激活布局视口，然后在视口中给视图标注尺寸，即在图纸模型空间中给视图标注尺寸。所创建的尺寸标注事实上仍放置在模型空间中。

（2）直接在图纸空间中标注尺寸。在 AutoCAD 中，可以通过在图纸空间选择模型空间的图形对象（或捕获模型空间的某些点）来创建尺寸标注，所创建的尺寸标注放置在图纸空间中，相对于模型空间而言是不可见的。

图纸空间的尺寸标注与模型空间的尺寸标注有以下异同：

1）若在"标注样式管理器"中，修改标注样式的"主单位"选项卡中的"测量比例因子"为 1 或系统变量 DIMLFAC 设置为 1，在模型空间所创建的尺寸标注总能反映图形创建时的真实尺寸。在图纸空间标注时，若尺寸和模型空间图形对象之间保持关联性（默认状态是有关联性），则所标注的尺寸不受视口显示比例的影响，也能反映图形创建时的真实尺寸；若设置为非关联标注，则必须根据视口显示比例手动设置测量比例因子。

2）若在"标注样式管理器"中，修改标注样式的"调整"选项卡中的"标注特征比例"为 1 或系统变量 DIMSCALE 设置为 1，在模型空间创建的尺寸要素（如文字、箭头、各种偏移值等）若通过视口出现在布局中，其大小等于标注样式中的设置值和视口比例的乘积。在图纸空间中创建的尺寸要素等于样式中的设置值，不受视口比例的影响。

3）模型空间的尺寸标注在每个视图中都是可见的，有可能为某个视图标注的尺寸出现在其他视图中。虽然 SOLDRAW 命令生成视图时，已把所有不属于某视口的其他图层在视口中冻结，即视口中不会显示不属于它的图形，但对多视图布局而言，在图纸模型空间中为视图标注尺寸时，可能伴随着大量的视口切换和图层切换，且需确保所标尺寸处于合适的图层内，这个过程是相当繁琐的。在图纸空间标注尺寸时，尺寸对象属于图纸空间，不会出现在模型空间中，可避免上述麻烦。

综上所述，在由 SOLDRAW 或 SOLPROF 命令生成二维视图的多视图布局中，直接在布局中标注尺寸是最合适的方法。在文件中新建"尺寸"图层，并置为当前图层，按图 8-19所示标注尺寸，在图纸空间绘制图框、标题栏（或插入标题块）等，就完成了轴套三维模型的二维平面图生成。

对简单三维模型而言，直接绘制二维平面图也许并不比由系统生成二维平面图慢。但对复杂三维模型而言，由系统辅助生成二维平面图效率是较高的。

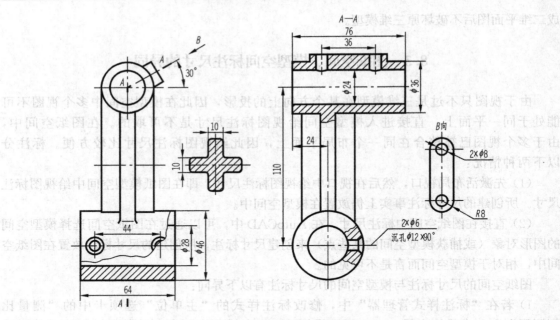

图 8-19　轴套的二维平面图

8.4　上　机　实　验

按照如图 8-20 所示零件的尺寸，上机建立三维模型，然后参照本章的内容，由三维模型生成与图 8-20 一致的二维平面图。

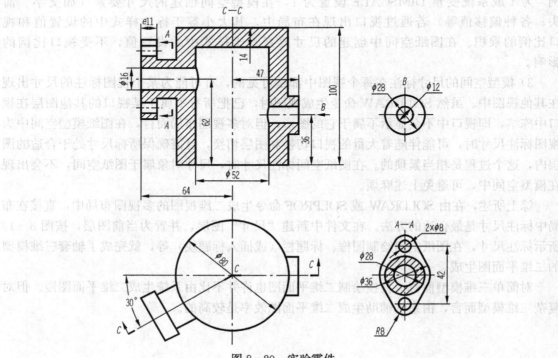

图 8-20　实验零件

1. 目的要求

通过该实验,学会由三维模型生成二维平面图的方法和步骤。

2. 操作指导

分析图 8-20 可知,$C—C$ 剖视图、B 向局部视图和 $A—A$ 剖视图都只能根据俯视图来生成,因此建立三维模型后,应先进入布局中且将默认视口设置为俯视图并调整视口的位置,然后再设置、生成视图。由于 $C—C$ 旋转剖视图是用两个相交的平面剖切而形成的,因此在 AutoCAD 中只能是设置并生成两个剖视图后再拼接。尺寸标注请在图纸空间直接标注。

思　考　题

8-1　简述视口与视图的区别。

8-2　命令 SOLVIEW、SOLDRAW 和 SOLPROF 各有何用途?

8-3　简述在 AutoCAD 中,模型空间标注尺寸和布局中标注尺寸有什么不同。

8-4　简述在 AutoCAD 中由三维模型生成二维平面图的方法与过程。

参 考 文 献

[1]　郭克希，袁果．AutoCAD 2005 工程设计与绘图教程．北京：高等教育出版社，2006．

[2]　关保清，韦珑坤．AutoCAD机械绘图经典108例．北京：中国青年出版社，2007．

[3]　林大均．计算机实验工程图形学（上册）．北京：机械工业出版社，2012．

[4]　Autodesk 公司．AutoCAD 2016 帮助．http：//knowledge．autodesk．com/support/autocad/ downloads/caas/downloads/content/download-install-autocad - 2016 - product-help． html．